国家社会科学基金项目：先秦饮食审美研究（项目号14BZX107）

国家社科基金丛书

GUOJIA SHEKE JIJIN CONGSHU

五味境界

——先秦饮食审美研究

The Realm of Five Flavors:

A Study on the Food Aesthetics in the Pre-Qin Period of China

张 欣 著

人民出版社

序 饮食之美

薛富兴

呈现在读者面前的这本关于先秦中华饮食审美研究的专著乃张欣博士积数年之功所成，它先是其博士学位论文的研究课题，而后又成为国家社科基金项目。现在它终于有机会付梓面世，我真为作者感到高兴，亦望读者诸君能开卷得益。

自 20 世纪 90 年代，中国美学研究进入自我深化期，充分实现了学科意识自觉之后的中国美学史研究者需同时关注思维之两极：一是切实从本民族文化传统实情出发研究审美问题；二是研究之最终所得又不宜完全是民族性的，因为这会导致两种难堪：美学学科似不足以笼罩中华审美资源，因而其合法性面临质疑；中华民族文化特征太过，乃至任何人类学、文化学概念均不足以有效描述，我不认为这是本领域同行们想要的结果。

在如何正确处理中国美学史研究中民族文化特殊性与美学学科普遍性关系这一点上，张欣博士的这份成果似乎可成为一个典型学案。研究中华早期饮食审美可谓切入中华文化传统之正脉。某种意义上说，并非龙，而是饕餮方可精准地传达中华文化之趣味与神韵，成为中华精神之绝佳标志。此言毫无贬义，一位并非大胃王的美食家恐无职业信誉。已出土先秦食器之丰富、复杂与精美，当是其时中华饮食文化发达水平的有力旁证。即使对先秦中华饮食制作与品鉴成就给予最为夸张的奉承,若将它仅理解为一种关于做饭与吃饭的绝活儿,仍恐言不及义,因为先秦时期,中华智者即以食为圆心,展开一幅关于人类文化基本要素、结构与环节之完善图景,据此说尽人间秘密。中国人似乎不仅味蕾最为发达,因而成就了灿烂的饮食文化,而且他于人间其余万事,当仅且当也放到饮食的天平上时,才能找到某种感觉,才会表现出其不凡天分,此概可从汉语有关饮食词汇之丰富、内涵之精妙中见出。某种意义上说,食乃中华文化之渊薮,中国人的整个人生,其生理、社会与精神世界之建构,似均缘此展开。于是,探究中国人关于饮食之行为、成果与见解,也就成为理解中国人、中华文化之不二法门。

这部著作对先秦中华饮食文化诸要素——食材食品、饮食器具、饮食活动、饮食主体以及饮食观念,做了系统的专题性考察,发掘出中华早期审美在此领域所取得的从生理感性到心理感性两方面的成就,紧紧抓住审美与文化两维进行互释,比如第一章对饮食审美与礼乐关系之讨论,为我们较完善地阐释了先秦中华饮食审美文化之然与所以然,并得出如此认识:"它已经建立起了自己独特的审美原则、审美观念和审美理想。"本著最后一章则明确地将中华先秦饮食审美成就放在普遍性视野下审视,发掘其对于整个中国古代美学实践与观念两方面的根源性影响,当是本著亮点。总之,本著从饮食审美这一个独特角度细化、深化了我们对先秦美学的理解,是先秦美学研究的可喜成果。

作为本著最早读者,我感到对先秦中华饮食审美的考察似仍有深化余地:如果这种普遍性视野不仅置之于中国古代美学史,而且置于美学一般,即美学基础理论层面,那么上述考察所获得的认识,对我们理解人类审美感性之发源、结构与特性,会有怎样的价值? 也许,我们可将饮食文化作为人类审美考察之典范,而非特殊场域,于此我们也许会获得一种关于人类审美感性之普遍性理解。如此设想似很诱人,值得期待。

2020 年 3 月 14 日于天津

目　　录

前　言

　　中华文明有着悠久的历史,先秦饮食文明是中华文明的重要内容,先民们经过长期的劳作与生活实践积累了很多的饮食智慧并不断衍生发展着,后世历代的人们都是循着这样的方向进行着。先秦时期作为中国重要的历史阶段,它所奠定的审美观念对后世的美学发展产生了深远的影响。中华早期的审美意识生成正是源于这个关键阶段,进而影响了后世历代关于审美趣味、审美理念、审美理想等方面的基本走向。

　　古代典籍与考古的发现是我们认识先秦时代饮食理念与饮食器具的重要来源。我们通过仔细梳理典籍中有关饮食方面的内容,了解了先民们的饮食观念、礼乐观念、审美观念等诸多内容;通过对先秦饮食用具的考察,通晓了先秦时代的造器技术、造器理念与审美趣味等内容。由此我们可得知,中国审美文化的开端与饮食活动有着密切的联系,"夫礼之初,始诸饮食"(《礼记·礼运》)。饮食活动是礼乐观念产生与发展的最初的一个实践场景,饮食之"味""至味""淡味",饮食之"和""五味调和""调和""中和""中庸"等观念均与饮食活动有着紧密关系,进而生发成为中国古典哲学的一项重要内容。

　　中国古典美学源自饮食活动,这是中国美学的显著特色,它以味觉开启了审美历程,有着浓厚的生活底色。饮食的审美理念在饮食之"形"美与饮食器具之造型和纹饰之美中得以彰显,食物的切割、摆放、器物的形制与纹饰都是礼制思想的重要体现。本书以"美""礼""和""味"等源自饮食活动的审美范畴为主导，与饮食器具的考古发现相融合，通过对饮食观念、饮食形态、饮食之器的考量，还原先秦先民们的饮食生活，从而揭示出审美观念渗透在先民们饮食生活的方方面面，凸显了研究先秦时代饮食生活审美的重大意义。

先秦饮食审美呈现出一种动态的历史演进过程，从遥远的旧石器时代、新石器时代至人类的早期文明社会出现，历经夏、商、周三代1800多年的历史，先秦饮食文化从满足生理活动到后来的满足心理和精神上的审美，从果腹充饥到饮食理念的总结与发展的过程中激发着审美观念的萌发，先秦时代饮食活动在维持了人类生命的同时也酝酿着中国审美文化的生成与演进。从生理上的快感到精神上的审美享受，先民们经过长期的生活实践认识了天地自然的各种物象，对各类食材的形制、味道、食用性等方面的辨识与食材的加工，饮食器具的制作，饮食场景的布置等都是先民们要面对的实际问题。日常生活实践是精神观念生成的基础，饮食活动也为饮食理念的产生提供了生活场景，饮食是先秦时代生活中的重要内容，"夫饮食者，至寻常、至易行之事也，亦人生至重要之事而不可一日或缺者也"①。早在先秦时代，"食"列为"八政"之首，"食官"的数量多且地位高，饮食不只是个人的行为更是族群的聚会，祭祀活动更是饮食活动的一种延伸，祭祀鬼神、祖先成为先民们热衷的饮食仪式，礼乐精神的产生与发展正是由此而来。饮食是日常生活中的一项基础性内容，人们对饮食的重视也成为中华文明中的一项重要内容。"有人将中国文化归结为食文化，虽嫌偏颇，但不能不承认中国民族饮食文化的发达和它对世界文明的贡献。确实，古人精神文化活动中的许多方面都从饮食中汲取灵感，审美也不例外。"②"王者以民为天，而民以食为天"（《汉书·卷四十三·郦陆朱娄叔孙传·郦食其》）的观念已经成为中华文明中的一种基本观念，成为历代人们的一项生活智慧与生命体验，而中国美学的核心范畴"中和"的审美理想也正是在先秦时代先民们日常的烹调实践中得以生成的。

---

① 孙中山：《建国方略》，中国长安出版社2011年版，第5页。
② 薛富兴：《"味"：意境欣赏论》，《云南社会科学》1999年第5期。

　　饮食一直伴随着人类的发展，但饮食问题在先秦时代尤为突出。"民有三患，饥者不得食，寒者不得衣，劳者不得息，三者民之巨患也"（《墨子·非乐上》）。"食"为"三患"之首，困扰着先秦初民。在那个物质文明尚不完善的时代，饮食问题已超越了个人与家庭的温饱与安居，饮食关乎国家的存亡。农耕是食物的重要来源，"食为政首"的实质即是农业的问题，"以农为本"的理念成为历代君王施政的一项重要原则，农业生产也是一项君王亲自参与的重要事项。《周易·系辞下》中记载："包牺氏没，神农氏作，斫木为耜，揉木为耒，耒耨之利，以教天下，盖取诸《益》。"中华民族早期的农业生产就已经掌握了一套比较完整的方法。《史记·夏本纪第二》中记载："令益予众庶稻，可种卑湿。命后稷予众庶难得之食。食少，调有余相给，以均诸侯"，"与益予众庶稻鲜食。以决九川致四海，浚畎浍致之川。与稷予众庶难得之食。食少，调有余补不足，徙居。众民乃定，万国为治。"《诗经·鲁颂·閟宫》："黍稷重穋，植稚菽麦。奄有下国，俾民稼穑，有稷有黍，有稻有秬。"《孟子·滕文公下》："汤使亳众往为之耕，老弱馈食。"这些均记录着先王为民食、为耕作而作出的种种努力，他们以农业为国政之根本。此外，一些思想家们也关注饮食问题，探究饮食的制作与审美，在儒家典籍《论语》《孟子》《荀子》中对饮食均有深刻的论述。不仅如此，墨家、道家、法家、杂家也均有关于饮食的精辟论述，在《墨子》《老子》《庄子》《管子》《韩非子》《吕氏春秋》中或记录了他们的片言只语，或大段阐发食品文化思想，其中供今人犹可体味者甚多。如老子所言，"治大国若烹小鲜"（《老子·下篇·第六十章》）成为引申饮食活动的经典，又出现了《黄帝内经》的医学专著，"病随五味所宜"深刻揭示了饮食五味是身体健康的核心要素，"毒药攻邪，五谷为养，五果为助，五畜为益，五菜为充，气味合而服之，以补精益气。此五者，有辛酸甘苦咸，各有所利，或散或收，或缓或急，或坚或软，四时五藏，病随五味所宜也"（《黄帝内经·素问·藏气法时论篇》）。先民们通过研究饮食问题进而对人本身、社会、世界有了更加清晰的认识，诸多思想家们关于饮食问题的阐发已经超越了日常饮食生活而将饮食文化上升到系统化的理论总结。

国内外学者关注中国饮食问题,以不同的角度展现丰富的中华饮食文化。有的是从饮食史的角度对中国历代饮食发展状况进行梳理①,有的是重在从饮食文化的角度进行研究②,有的是重在探究饮食文化与礼仪文化的问题③,有的是侧重从先秦饮食文化中的某一方面进行研究④,有的是对古代典籍中有关饮食方面内容的解析⑤,有的是从烹饪技术、饮食养生的角度来解析先民们的饮食生活⑥,有

① 此类研究成果主要有王仁湘主编:《中国史前饮食史》,青岛出版社 1997 年版;王学泰:《中国饮食文化史》,广西师范大学出版社 2006 年版;赵荣光:《中国饮食文化史》,上海人民出版社 2006 年版;[日]篠田统:《中国食物史研究》,高桂林、薛来运等译,中国商业出版社 1987 年版;李春光:《吃的历史》,天津人民出版社 2008 年版;等等。

② 此类研究成果主要有王仁湘:《饮食与中国文化》,人民出版社 1996 年版;王仁湘:《往古的滋味:中国饮食的历史与文化》,山东画报出版社 2006 年版;高成鸢:《饮食之道:中国饮食文化的理路思考》,山东画报出版社 2008 年版;万建中:《饮食与中国文化》,江西高校出版社 1995 年版;王学泰:《华夏饮食文化》,中华书局 1993 年版;姚淦铭:《先秦饮食文化研究》,贵州人民出版社 2005 年版;贤之:《历史食味:古代经典饮食故事》,中国三峡出版社 2006 年版;穆艳霞编:《饮食文化》,内蒙古人民出版社 2006 年版;等等。

③ 此类研究成果主要有张法:《礼乐文化中美学的三大概念:旨、甘、味》,《河南师范大学学报(哲学社会科学版)》2014 年第 3 期;万建中:《先秦饮食礼仪文化初探》,《南昌大学学报(人文社会科学版)》1992 年第 3 期;苏振兴:《先秦饮食与礼仪文化初探》,《华夏文化》2003 年第 2 期;等等。

④ 此类研究成果主要有申宪:《商周贵族饮食活动中的观念形态与饮食礼制》,《中原文物》2002 年第 2 期;姚伟钧:《商周饮食方式论略》,《浙江学刊》1999 年第 3 期;谢定源:《先秦楚国的饮食风俗》,《中国食品》1996 年第 1 期;沈刚:《周代食政的特点与形成因素探论》,《史学集刊》2001 年第 2 期;陈永祥、蓝湘:《先秦楚人饮食文化》,《华夏文化》1998 年第 2 期;陈永祥:《浅谈先秦时期楚人的饮食文化》,《黄淮学刊(哲学社会科学版)》1998 年第 4 期;陈文华:《新石器时代的饮食》,《南宁职业技术学院学报》2004 年第 2 期;陈文华:《新时期时代饮食文化的萌芽》,《农业考古》1999 年第 1 期;徐文武:《楚国饮食文化三论》,《长江大学学报(社会科学版)》2005 年第 2 期;宋涛:《齐家文化时期先民的饮食生活》,《丝绸之路》1999 年第 S1 期;等等。

⑤ 此类研究成果主要有黄宇鸿:《〈说文解字〉蕴涵的中国饮食文化〈说文〉汉字民俗文化溯源研究之三》,《钦州师范高等专科学校学报》2003 年第 2 期;冯尔康:《从〈论语〉、〈孟子〉饮食规范说到中华饮食文化》,《史学集刊》2004 年第 2 期;孟庆茹、索燕华:《〈诗经〉与酒文化》,《北华大学学报(社会科学版)》2002 年第 3 期;华献:《古籍中的饮食文化》,《华夏文化》1999 年第 2 期;等等。

⑥ 此类研究成果主要有刘军社:《"先秦人"的饮食生活》,《农业考古》1994 年第 1 期;胡志祥:《先秦主食烹食方法探析》,《农业考古》1994 年第 1 期;霍彦儒:《炎帝与中国饮食文化》,《华夏文化》2002 年第 3 期;杨钊:《中国先秦时期的生活饮食》,《史学月刊》1992 年第 1 期;等等。

的是从饮食器皿的角度来研究饮食文化[①],有的是从审美角度概观历代中国饮食文化[②]。如上所述,综合既有的研究成果,笔者认为:

　　当前研究饮食文化的专著、学术论文本身并不是很多,且大多从感官表层谈论;而且专著、学术论文中涉及先秦饮食的也几乎无一例外地都是从礼仪文化、史论角度以及考古角度来谈论;从审美角度来谈先秦饮食的并不多,在很大程度上忽略了对饮食文化的审美研究。

　　基于对学术的探知,笔者意从美学角度对传统饮食文化的发轫、奠基的先秦阶段,对饮食文化作一点粗浅的尝试。虽不能有所建树,但求能为填补饮食美学这一领域的资料搜集整理做到尽心尽力而已。

　　先秦美学作为研究中国美学史的起点,是中华审美意识的发生阶段。关于先秦时代的饮食审美是先秦美学需要认真研究的一个重要的具体领域。先秦饮食审美为整个先秦审美意识奠基,发源性是其主要特色。先秦美学史、中国美学史上许多重要现象都涉及先秦时代的饮食生活与日常生活实践,先秦饮食审美为此后整个美学史铺下了极为浓厚的民族性底色。

　　先秦时代的先民们对饮食已经有了较为完善的理解,并对饮食的观念进行拓展,饮食走过了从满足"吃"到超越"吃"本身,从满足生理活动到后来的满足心理和精神上的审美,再到对社会生活产生广泛影响的饮食文化的过程,并在饮食审美实践的基础上产生了一系列重要的饮食审美观念,对后世的中国美学产生了深远的影响。"饮食在文化中的重要性,在其由礼于原始时代产生及向夏商周的演进过程中形成的,这一渊源也决定了饮食在中国美学形

---

　　① 　此类研究成果主要有赵荣光:《箸与中华民族饮食文化》,《农业考古》1997 年第 1 期;吴晓林:《从餐饮礼器看中华饮食文化之发展》,《浙江工艺美术》2007 年第 2 期;乔宇:《半坡文化饮食器具设计研究初探》,《美术观察》2016 年第 3 期;等等。

　　② 　此类研究成果主要有杨东涛等:《中国饮食美学》,中国轻工业出版社 1997 年版;赵建军:《中国饮食美学史》,齐鲁书社 2014 年版;林少雄:《中国饮食文化与美学》,《文艺研究》1996 年第 1 期;彭兆荣:《吃出形色之美:中国饮食审美启示》,《文艺理论研究》2012 年第 2 期;等等。

成中的重要性。"①先秦饮食审美对先秦美学的发源性以及对后世中国美学的重要影响,本书以中国先秦时段的典籍、考古发现为基本材料,探讨先秦饮食审美在人类早期审美意识中的意义,并尝试对人类饮食审美产生、发展的基本规律作一些理论上的说明。本书的研究思路有二:

第一,专题实证研究。学界目前有关先秦饮食的研究尚属少见,中国美学史研究中对先秦饮食的研究则更少。从审美的角度来研究先秦饮食是本书写作的重点。本书通过对先秦有关饮食信息的细致梳理,呈现先秦饮食审美实践和饮食审美观念之大致情形,从中总结出一些规律性的认识。

第二,普遍价值。本书虽然是以先秦饮食审美的专题实证研究,但是仍然不愿意就事论事,而是努力通过这一专题性实证研究,总结出中华早期饮食活动从感性审美实践到理性审美观念,乃至以饮食审美为基础,整个中华早期审美意识从形式审美到心理情感、从生理快感到精神快感发展的基本规律,努力地从中华审美特殊性材料中见出人类审美意识发展的普遍规律,以期实现将中国传统审美智慧融入人类美学知识体系的目标。

本书关注先秦时代的饮食文化,针对与饮食相关的一系列审美理念进行了梳理,对先秦时代的陶制、青铜制、漆制食器进行了考察。饮食是中国之"美"的重要来源之一,"羊"与"美"的关系密切,关于"养大为美""羊人为美"的讨论也成为美学家们关注的重要话题。中国之"礼"诞生于饮食,也是中国礼制文化、礼乐文化的特色,长幼尊卑、社会等级秩序等在饮食活动中均有生动的体现。中国之"和"源自饮食"调和""五味调和"的理念,先民们制作的美食——"和羹"体现着"和"的理念。"和"是"礼""乐"制度运用的最终目标,礼乐相和体现着先民们对生活安稳、社会和谐的向往。"五味调和"是中国饮食烹制的核心理念,中国美食的特色源于"五味调和"理念的运用。"中

---

① 张法:《礼乐文化中美学的三大概念:旨、甘、味》,《河南师范大学学报(哲学社会科学版)》2014 年第 3 期。

和""中庸"是"和"观念的发展,也是"和"观念的运用与体现,"礼""乐"实施的"度"在于"中和","中和""中庸"是先民们倡导的饮食、为政、为人、做事等各方面的基准。"味"是美食的核心内容,"调味"的过程中也体现着"和"观念,先民们对"厚味"与"寡味"也有着诸多讨论,道家倡导的"淡味""无味"也深刻影响着文学、艺术的发展。先秦时代先民们对食材的辨识、选取、培育,对食材的加工与烹制,不同阶层饮食者的状态等都反映出饮食理念与审美态度。通过考古发现,现存的诸多陶制的、青铜制的、漆制的饮食器具中蕴藏着丰富的审美文化,饮食器具为古代造器之大宗,饮食器具数量多,造型多样,纹饰精美,体现着先民们的制器工艺、器物设计、器物审美、礼乐观念等内容。

　　本书想通过饮食文化窗口里的一点一滴,来细心发掘许多已被中国人自己都遗忘了的审美文化。这本书,严格来说应该是一本笔记。其中所记,多是前人提供的文献,本人实际上只是在古文献提供的基础上不断综合、整理而已,是一种资料的收集、研究和汇编。"选取一个典型的文化个案来研究美的产生的逻辑,同时胸怀世界史的进程,在需要的时候,用其他文化资料予以补充和丰富"①,"自觉以人类审美意识发展共性为民族审美研究之根本指导与旨归,要以中华审美特殊材料研究人类美学普遍问题,融中华传统审美智慧入人类美学知识体系"②。鉴于先秦饮食审美对中国古典美学有着特殊的影响,所以本书聚焦先秦时代日常饮食生活的场景,对从饮食生活中生发而成的审美观念进行梳理与解析。"从近年来的研究状况看,美学史界之所以将关注视域向中国历史的后半段转移,原因无非在于中国宋元以后的审美趣味与当代文化的消费主义潮流有隐在的契合,而前半段的美学则更多关乎家国命运。对于中国美学的整体进程而言,单纯关注个体趣味和家国情怀,都存在重大缺失;根据其中的某一侧面提炼出所谓的中华美学精神,更是对这一精神的片面理解和误读。据此来看,强化对中国美学早期历史的研究,为审美文化研究补

---

① 张法:《美学导论》,中国人民大学出版社 1999 年版,第 170 页。
② 薛富兴:《普遍意识:中国美学自我超越的关键环节》,《江海学刊》2005 年第 1 期。

精神的厚重高远,为个体趣味补家国情怀,为中国美学建立整体化的历史观,应是当前中国美学研究重返历史的必要途径"①。

　　中国的审美文化中有诸多的内容蕴含饮食的元素,自饮食活动而产生的审美理念也深刻影响着中国的审美文化的发展进程,饮食审美是中国美学研究中的一项重要内容,先秦饮食更是体现着诸多中国审美的原初状态。"'品'与'味'概念的出现,是中华早期饮食行为从果腹阶段发展到口福阶段的重要标志。先秦时代,中华早期饮食文化已然进入到一个'味'的大发展时代。时人不仅实现了'味'的自觉,即体会到各类食物果腹之外的滋润口舌功能,而且进一步追求'味'的丰富性。"②饮食活动是先民们重要的实践活动与生活内容,正是经过千百年来的长期生活实践,先民们的审美观念才得以产生。因此,为了能更加深入地探究中国审美文化的内在精神和气质,我们应该以一种饮食文化的审美眼光来加以考察与分析,从先秦饮食审美特殊性材料中见出中华审美意识发展的普遍规律。

---

　　① 刘成纪:《中国美学研究亟待重回中国历史本身》,《中南民族大学学报(人文社会科学版)》2017年第6期。
　　② 薛富兴:《品:一个关于审美判断的普遍性范畴》,《南开学报(哲学社会科学版)》2019年第4期。

第一章　先秦饮食与"礼乐之美"

考察一种文化、一种制度、一种观念,首先要关注当时社会生活的基本状况以及生活方式。正如恩格斯在马克思墓前的讲话中所指出的,"马克思发现了人类历史的发展规律,即历来为繁芜丛杂的意识形态所掩盖着的一个简单事实:人们首先必须吃、喝、住、穿,然后才能从事政治、科学、艺术、宗教等等"①。我们考察中国的礼仪观念与礼制发展,也要从人的日常起居、基本生活行为入手。在古籍中记录着先秦时期先民们的生活场景,我们发现先民们的饮食活动已经进入了有规矩、有分别、有长幼尊卑的状况,已经脱离了动物的饮食行为,很早就进入到了文明阶段。

先秦时期先民们的生活形态、审美观念、礼乐思想等深深影响着后世的人们,"先秦两汉是中国文明的轴心时代,也是中国艺术、美学、哲学最具原创性、最能彰显本土价值的时代。……先秦两汉之于中国文明,犹如古希腊、古罗马之于欧洲文明"②。中国自古就是礼仪之邦,饮食的礼仪也是诸多礼仪规范中的重要方面之一。更重要的是,饮食活动为华夏礼仪的生成提供了重要的生活场景,饮食成为我们探求礼仪诸多成因中的一项重要起源,祭祀、饮食、乐舞等活动也成为先民们娱神娱情的首要活动,这样的生活实践也孕育着原

---

① 《马克思恩格斯文集》第 3 卷,人民出版社 2009 年版,第 601 页。
② 刘成纪:《先秦两汉艺术观念史》上卷,人民出版社 2017 年版,第 1 页。

始的审美观念的产生。"饮食文化是一个具有丰富内涵的视角,通过它我们可以进一步探索从古至今的中国思想与中国社会。"①我们正是以先秦时代的饮食文化为基点,探求中华文明的美学特质与审美理想。

第一节 饮食与"美"

中华之"美",从一开始就与饮食有着密切的关系,"美"是源于对"食"的品味,"最初,'味'即'美味',也即'美'。在先秦,'美'的元初义,就是指味道的美,亦即好吃"②。我们探究中华之"美"的源流也绕不开先民们的饮食生活,寻找食材、培育食材、烹制食材、祭祀食物、享用食物等诸多方面是先民社会生活中的重要内容,这样的生活状态也成为先民们审美观念生发的现实基础。

"羊"作为一种动物、一种人类早期进行饲养的家畜,与"美"有着诸多的联系。"羊"是先秦时代的先民们日常生活中的一种重要的生活资料。先民们的生活方式也在不断地转变,从以游牧为主的居无定所的生活模式逐渐过渡到以农耕为主的居有定所的生活模式,获取食物以打猎食肉为主向以农业耕种食用谷物蔬菜为主转变,农事耕种成为人们的主要生产劳动,自土壤培育出的植物及种子不断丰富着先民们的食谱。"庖人掌共六畜、六兽、六禽,辨其名物"(《周礼·天官冢宰·庖人》)。先民们日常生活中的"六畜",亦即羊、牛、马、犬、豕、鸡,这六种家畜成为日常饮食中肉食的主要来源,在临近江河的地域鱼也是餐桌上的美味。饲养的阶段称为"畜",以之祭祀之时称为"牲","凡王之馈,食用六谷,膳用六牲,饮用六清,羞用百有二十品,珍用八物,酱用百有二十瓮"(《周礼·天官冢宰·膳夫》)。

---

① [英]胡司德:《早期中国的食物、祭祀和圣贤》,刘丰译,浙江大学出版社2018年版,第192页。

② 李天道:《老子美学思想的当代意义》,中国社会科学出版社2008年版,第266页。

"六畜"在先民们游牧生活的阶段就逐渐被人驯化,进入到农耕时代,依然保留着人与动物的亲密关系。在生产活动过程中,牛、马等大型的家畜可以为人类活动助力,犬有灵敏的听觉能看家护院,相比之下,羊、猪、鸡这三者较前三者数量更多,除了公鸡有报时功能外,羊和猪的用途就倾向于被饲养与食用。羊是以草为食,周身较干净,性情温顺,肉质细嫩鲜美,相较于猪与鸡,食用起来的味道更佳。羊这种家畜具有良好的品性深受人们的喜爱,也因此有着不同于其他家畜的寓意,成为吉祥美好的象征。

《说文解字》中讲,"羊,祥也。从ᵞ,象头角足尾之形。孔子曰:'牛羊之字以形举也'"①。这里解释"羊"时,首先便表明了羊的象征意义。而同样作为家畜的豕,《说文解字》的解释为,"豕,彘也。竭其尾,故谓之豕。象毛足而后有尾,读与豨同"②。"豕"在这里就没有美好的寓意了。"六畜之中,提供人们吃肉的主要是羊。可见羊在先秦时期饮食之中的重要地位。膳者善也,羊者祥也,羊大则美,膳、善、祥、美都有羊字在里面,古人造字的方法和用意都尽量切近生活。"③因此,作为"六畜"之一的"羊"是承载着先民们美好的象征意义的动物,同时也是先民们日常生活饮食活动中的重要食材。

一、"羊大为美"

在中国的审美文化中有"羊大为美""羊人为美"的说法,"羊大为美"的观念源于东汉许慎所作的《说文解字》,"美,甘也。从羊从大。羊在六畜主给膳也。美与善同意。臣铉等曰,'羊大则美,故从大'。无鄙切"④。在这里,"羊"是"美"味的来源,"美"的味道是"甘","羊"肉的味道符合这一特点。《说文解字》中讲,"甘,美也。从口含一。一,道也。凡甘之所属皆从甘。古

---

① (东汉)许慎:《说文解字》,中国书店1989年版,说文四上·六。
② (东汉)许慎:《说文解字》,中国书店1989年版,说文九下·五。
③ 谢栋元编著:《〈说文解字〉与中国古代文化》,河南人民出版社1994年版,第50页。
④ (东汉)许慎:《说文解字》,中国书店1989年版,说文四上·七。

三切"①。在这里,"口"中的"一"便是羊肉之类美味的肉食。食物含在口中而不急于吞入胃里,食物停留在口中咀嚼,这就有了充足的时间释放食味,口舌也有了机会细品食之美味。可见,"含"是获取饮食美感的关键性动作,是品味的一个重要前提。《说文解字·甘部》中还有"甜","甜"古同"甜",解释为"甜,美也。从甘从舌。舌,知甘者。徒兼切"②。"甘"就意味着"甜","甘"与"甜"都是"美"观念在味觉上的体现。"训有之,内作色荒,外作禽荒。甘酒嗜音,峻宇雕墙。有一于此,未或不亡"(《尚书·夏书·五子之歌》)。在这里,"甘酒"即为甘甜美味的好酒。"在先秦文献里,甘不仅作为饮食之味,有甘味、甘腥、甘肥、甘醴、甘饵,等;而且可用于自然之水,有:甘泽、甘水、甘露、甘雨、甘泉、甘井,等;用于植物之类,有:甘草、甘棠、甘瓢、甘瓠、甘栌,等;用于动物之类,有:甘鸡、甘鱼,等;用于人物之类,有:甘君、甘人,等;用于语言之辞,有:甘言、甘辞,等;用于心理感受,有:甘心、甘与、甘受、甘冥、甘利(心以有利为美)、甘节(心以节俭为美),等;甘可以从味之美感而扩展为一般的美感。先秦的以甘为之美,进而为普遍之美。《说文解字》释'美'就用'甘也',可见甘在普遍美感上的重要性。"③"甘受和,白受采;忠信之人,可以学礼。苟无忠信之人,则礼不虚道。是以得其人之为贵也"(《礼记·礼器》)。"甘味"可以用来调和五味,"白色"可以用来调五彩,人有"忠信"的品格是学礼的基本素质。可见,"甘"在"五味"中是作为基础性的味,"甘"能在很大程度上决定"五味调和"的结果,正如"忠信"是做人的根本,"甘味"是达成美味的本源。

"旨,美也。从甘匕声。凡旨之属皆从旨。"④"旨"在古文中的写法为上"千"下"甘",千甘有甘味甚多之意,故"旨"便是一种"甘"的高密度形态,

---

① (东汉)许慎:《说文解字》,中国书店1989年版,说文五上·五。
② (东汉)许慎:《说文解字》,中国书店1989年版,说文五上·五。
③ 张法:《礼乐文化中美学的三大概念:旨、甘、味》,《河南师范大学学报(哲学社会科学版)》2014年第3期。
④ (东汉)许慎:《说文解字》,中国书店1989年版,说文五上·六。

"旨"就是一种普遍化的美味、美好。"我有旨蓄,亦以御冬。宴尔新昏,以我御穷"(《诗经·邶风·谷风》)。在这里,"旨蓄"便是指鲜美的干菜和腌菜。"防有鹊巢,邛有旨苕。谁侜予美? 心焉忉忉。中唐有甓,邛有旨鹝。谁侜予美? 心焉惕惕"(《诗经·陈风·防有鹊巢》)。在这里,"旨苕""旨鹝"均为味美的草本植物。"旨"除了有食物鲜美之意外,还作为普遍意义上的"美",用来形容美好的事物。比如,"王曰:'旨哉! 说。乃言惟服。乃不良于言,予罔闻于行'"(《尚书·商书·说命中》)。这里的"旨"便超越了饮食美味的原意,而有着"赞美""赞同"之意。

在先秦时代先民们的食物并不丰富,温饱问题关乎族群生命能否延续的状况下,美味的食物是平日生活中所追求的理想,具有甘甜味道的食物能引起人们的生理快感,同时在心理上也带来了愉悦感、舒畅感。人们对"甘(甜)"的敏感度有其生理基础,"味觉感受器的激发时间是很短的,从承味物质开始刺激到感觉有味,仅需1.5—4.0毫秒,其中以甜味的感觉最快,苦味最慢"[1]。生理快感往往是人类审美过程中的必要环节,"美的东西就是一般产生快感的东西"[2]。饮食是人的本能,食欲也是人类的基本欲望之一,"凡人有所一同:饥而欲食,寒而欲暖,劳而欲息,好利而恶害,是人之所生而有也,是无待而然者也,是禹桀之所同也。目辨白黑美恶,耳辨声音清浊,口辨酸咸甘苦,鼻辨芬芳腥臊,骨体肤理辨寒暑疾养,是又人之所常生而有也,是无待而然者也,是禹桀之所同也"(《荀子·荣辱》)。在这里,"饥而欲食"为饮食的必要性,"口辨酸咸甘苦"则指出了以"口"辨"味"是人的基本生理机能。"甘"是五味之一,相对而言,酸味、辛味、咸味、苦味这四种味道是常人难以单独食用的,只是以调味、调和来用,最终要达到"和"味。

"羊大"故其肢体肥大,这样的羊肉中脂肪含量较高,以膏脂多的羊肉来作食材,易于烹调出"甘"味。"膏"与"甘"同意,在古时人们将"甘露"一般也

---

① 季鸿崑:《烹饪学基本原理》,上海科学技术出版社1993年版,第100页。
② [意]克罗齐:《美学原理》,朱光潜译,外国文学出版社1983年版,第93页。

写作"膏露"。① "羞"也有美食、美味之意,"可荐于鬼神,可羞于王公"(《左传·隐公三年》),"雍巫有宠于卫共姬,因寺人貂以荐羞于公"(《左传·僖公十七年》)。"羞""荐羞"就是将美味的食物进献给某人,"羞"既可作为名词有"美食"之意,又可作为动词有"献美食"之意。"羊的价值首先在于其甘美的滋味,所以,羞首先涉及的是有滋味的食物。"②在先民们看来,"羊"既是一种美食又是作为进献礼物的佳品,"羞"在甲骨文、金文中的写法就是"羊"与"又"(手)的组合,"以羊来表示进献之物,是因为羊在古代是具有代表性的食物和礼品"③。

"美"与"善"具有相同的意义,二者均与"羊"的关系紧密,"善,吉也。从誩,从羊。此与义、美同意。常衍切"④。这里提到了"义","义,己之威仪也。从我、羊。臣铉等曰,'此与善同'。義,故从羊。宜奇切"⑤。由此可见,"羊"的引申意义很多,主要有"美""善""义","羊"象征着先民们的美好愿望,在充满不确定性的远古时代,吉祥如意的生活正是先民们所期望的,在宗教巫术祭祀鬼神的活动中,"羊"也是一种重要的牺牲。因此,关于"美"源于品尝食物的感受与快感的这种观念由来已久,至晚于东汉时期便已形成。彭兆荣先生认为:"中国古代的'美'字与'羊'、'甘'、'善'等互证。换言之,中国的美学发生学、审美语义直接来自于动物(羊)作为食物缘生形态的解释。或者可以说,中国古代的'美'是从食物、品尝、口味中来,甚至可能'美感'指的就是'品尝'。我们现在所有大学科系中的美学知识谱系主要来自于西方、借鉴于西方,并以西方美学体系的'话语范式'替代了中国自己的美学发生学原理。而诸如'美味佳肴'、'肥美甘醇',甚至'食色性'等可能却是我国传统美学之正义!"⑥

---

① 参见《汉书·宣帝纪》"甘露二年"条,王氏补注。
② 贡华南:《味与味道》,上海人民出版社 2008 年版,第 143 页。
③ 王贵元:《汉字与历史文化》,中国人民大学出版社 2008 年版,第 104 页。
④ (东汉)许慎:《说文解字》,中国书店 1989 年版,说文三上·七。
⑤ (东汉)许慎:《说文解字》,中国书店 1989 年版,说文十二下·六。
⑥ 彭兆荣:《吃出形色之美:中国饮食审美启示》,《文艺理论研究》2012 年第 2 期。

"羊大为美"的理念影响深远,以美食而引发的口欲之快为美成为自东汉许慎以来历代文人的主流观点。当代学者也接纳了这样一种观念,比如季羡林先生曾讲:"'美'的原义是指羊肉的肥美,来源于五官中的舌头,与西方迥乎不同。我在这里必须补充说明:'美'的原义虽然如此,但是它同世界上万事万物一样,不会停止在这一点上,而是继续发展延伸,以至延伸到其他器官上,眼和耳都延伸到了,这在西方是美的源头。"①日本学者对中国审美的源头也发表过类似的观点,比如笠原仲二先生曾讲:"中国人最原始的审美意识起源于'膘肥的羊肉味甘'这一古代人的味觉感受。"②"羊大"其肉在味觉感受上才会有"甘"味,并不是取"大羊"在视觉上的一种雄壮的姿态,"甘"这种味觉体验的审美感受是"美"的原初涵义。口与舌是感受"甘"的最直接的器官,以口舌品味就成为获取美感的主要方式。

人类通过饮食获得了营养,生命得以保持与延续,饮食活动是人们日常生活中的必要内容,除此之外,我们也要看到饮食活动也是中国审美意识萌芽的重要场景,先民们以饮食活动的方式开启了中国审美文化发展的大幕。饮食或者味道从来就是审美文化中的重要内容,朱光潜先生指出:"汉文'美'字就起于羊羹的味道,中外文都把'趣味'来指'审美力'。原始民族很早就讲究美,从事艺术活动。"③以寻"味"的方式来探究"美"是人类早期审美实践的重要内容,可以说"羊大为美"的观念从古至今就是中国学人对中国审美文化的基本看法,这样的观念深植于人们的观念与行动中,"品味""味道""调和""中和""至味""淡味"等审美观念均与此有着密切的联系,深刻地影响着中国绘画、书法、诗歌等艺术的发展面貌,形成了不同于西方文学与艺术的风格特色。当然,"羊大为美"的观念也不能说完全是正确的,还有其他多种观点

---

① 季羡林:《美学的根本转型》,《文学评论》1997年第5期。
② [日]笠原仲二:《古代中国人的美意识》,杨若薇译,生活·读书·新知三联书店1988年版,第3页。
③ 朱光潜:《谈美书简》,人民文学出版社2001年版,第17页。

来解释中国之"美"的源头。

二、"羊人为美"

"羊人为美"是关于"美"的起源的另一种观念,这种说法已经远离了羊肉的"甘"味,不是从饮食味道的角度来解析"美"的概念。何况羊肉也未必就是众人心目中的最佳美味,"公孙丑问曰:'脍炙与羊枣孰美?'孟子曰:'脍炙哉!'公孙丑曰:'然则曾子何为食脍炙而不食羊枣?'曰:'脍炙所同也,羊枣所独也。讳名不讳姓,姓所同也,名所独也'"(《孟子·尽心章句下》)。"羊人为美"的观念由萧兵先生提出,他认为先民们的图腾巫术宗教仪式的举行是"美"的真正涵义,"羊人为美"是"羊大为美"的前一阶段,他通过对"美"字的甲骨文分析得出"美"字是"羊"与"大人"的一种组合,"这个'大'(人)在原始社会里往往是有权力有地位的巫师或酋长,他执掌种种巫术仪式,把羊头或羊角戴在头上以显示其神秘和权威"[1]。还有一种类似的说法,"美字就是这种动物扮演或图腾巫术在文字上的表现"[2]。这种观念还原了先民们的部落生活的场景,这个巫术盛行的时代或许早于农耕时代。

巫术与舞蹈在远古时代同样也是关乎族群生存与发展的重要内容,其意义不亚于日常的生活饮食,巫术与舞蹈构建了先民们的精神世界,饮食活动则是侧重于人们的物质生产与生活,"美"作为人们的一种精神追求,"羊大为美"观念中的这种源于物质生活领域的"甘"味似乎不足以说明"美"的精神特质。李泽厚先生认为:"巫术礼仪和图腾活动在培育、发展人的心理功能方面,比物质生产劳动更为重要和直接。图腾歌舞、巫术礼仪是人类最早的精神和符号生产。"[3]这样,"美"就失去了"羊"味,"羊"成为一种巫术礼仪的道具,

---

① 萧兵:《从"羊人为美"到"羊大则美"——为美学谈论提供一些古文字学资料》,《北方论丛》1980年第2期。
② 李泽厚、刘纲纪:《中国美学史:先秦两汉编》,安徽文艺出版社1999年版,第75页。
③ 李泽厚:《美学三书》,天津社会科学院出版社2003年版,第202页。

并且能参与这神圣仪式的只是羊的一小部分——羊头骨,它只是一种象征、一种装饰,巫师或族长将其戴在头上,形象高大迥于常人,竖起的羊角也似乎显示着一种权威或能与天地神灵沟通的特殊能力。

前面提到过孔子说"牛""羊"的字形源于牛羊的形貌。同样是有角的家畜,为何是"大人"头上戴"羊"而不是戴"牛",大概除了与"羊"有吉祥之意外,似乎还与对头上所戴之物的重量与尺寸相关。尽管牛的形象与体量较羊更为威猛也更能体现庄重与力量,但是牛头的重量与尺寸超出了"大人"的实际承载能力,大概于此而不便形成"牛"与"大人"的组合。"因此,美作为大人,不是一般的大人,而是与羊相关的大人。美是在远古与羊相关的仪式整体之中产生出来的。美包含着羊饰之人、羊享之肉、羊之圣言,三者共同汇成有善之目的和美之外形的仪式整体。因此,美的起源,应在远古以羊为仪式主体的范围去找。在汉语中,与羊相关,而又不仅限于对羊作生物学描述,而与社会文化意义相关联的字,有一大批:美、善、祥、义、仪、娓、羹、养、羌、姜……在这些字中,羌与姜是具有紧密关联的族群,二者都与羊相关。"①

"羌,西戎牧羊人也。从人从羊,羊亦声。南方蛮闽从虫,北方狄从犬,东方貉从豸,西方羌从羊:此六种也。"②可见,最擅长养羊、牧羊的是羌人,他们过着四处游走、不耕农田的游牧生活,这与中原地区的农民生活很不相同,羌人们"所居无常,依随水草。地少五谷,以产牧为业。其俗氏族无定,或以父名母姓为种号"(《后汉书·列传·西羌传》)。黄帝带领子民定居耕种,发展农业,并战胜了炎帝。"时播百谷草木,淳化鸟兽虫蛾,旁罗日月星辰水波土石金玉,劳勤心力耳目,节用水火材物。有土德之瑞,故号黄帝"(《史记·本纪·五帝本纪第一》)。经过长期的发展,有一部分羌人开始与中原的农耕民族混居并不断融合,神农与炎帝就是姜姓羌人的后裔,"岐水又东,径姜氏城

---

①　张法:《"美"在中国文化中的起源、演进、定型及特点》,《中国人民大学学报》2014 年第 1 期。

②　(东汉)许慎:《说文解字》,中国书店 1989 年版,说文四上·七。

南为姜水。按《世本》，炎帝姜姓。《帝王世纪》曰：炎帝，神农氏，姜姓。母女登，游华阳，感神而生炎帝，长于姜水，是其地也"（《水经注·卷十八渭水》）。东西南北四方与中原的融合逐渐演化为华夏，不同地区的文化也在不断地互动着、交流着、碰撞着，"各种动物成为头饰，是为了在仪式之中成为具有神性之人，以获得通天的神力和世上的权威"①。来自各方的"大人"头戴的"羊饰""牛饰""鸟饰""龙饰"便拥有了通神的能力，"动物头饰"——"大人"的组合便有了强大的魅力，这是一种借助于形式上"美"以彰显和树立"大人"的权威。"由于中国史前文化已形成一种重瓣花朵式的向心结构，进入文明时期以后，很自然地发展为以华夏族为主体，同周围许多民族、部族或部落保持不同程度关系的政治格局，奠定了以汉族为主体的、统一的多民族国家的基石。这种格局不但把统一性和多样性很好地结合起来，而且产生出强大的凝聚力量。"②

先民们身上披着兽皮、手挽手跳舞的形象出现在中国国家博物馆藏的"马家窑舞蹈纹彩陶盆"纹饰中，这件彩陶盆出自青海省大通县孙家寨，只可惜限于陶盆彩绘的篇幅所致，并没有完整刻画出舞者头饰的图像，只有脑后的"小辫"或是"兽尾"飞扬起来。"身披兽皮、头戴兽角、拖着兽尾手舞足蹈，这在原始舞蹈中本是最早也最为普遍的表演形式，它们或为狩猎舞，或为图腾舞，都与氏族的生产和繁衍息息相关。而这种载歌载舞，无疑是时人最为激动人心的审美活动，那跳得最好的舞者，也就是时人心目中最美的形象。"③"羊人为美"的观念开启了一个"物"与"大人"的组合模式，组织巫术礼仪活动的"大人"的头上戴着或装饰着什么样的物品才能体现出"美"，有没有比"羊"的头或"羊"的角更加轻巧且好看的物品来代替呢？

---

① 张法：《"美"在中国文化中的起源、演进、定型及特点》，《中国人民大学学报》2014 年第 1 期。

② 严文明：《中国史前文化的统一性与多样性》，《文物》1987 年第 3 期。

③ 廖群：《中国审美文化史·先秦卷》，山东画报出版社 2000 年版，第 144 页。

头上可以戴羽毛、宝石等头饰以代替"羊","美"字的甲骨文书写看起来很像一个人头戴某个头饰。从近年来中国的考古发现来看,先秦时代的先民们远在新石器时期便存在以制作头饰来进行身体装扮的情况,由此判断先民们的审美意识的发展状况。周锡保先生认为:"在仰韶文化和龙山文化层中出现了陶笄、骨笄、骨簪来看,似乎在这时期已有束发甚至戴冠的头饰了。"①而且先民们对头饰越来越重视,头饰的尺寸从小变大,"到殷商以后,骨笄的普遍出现,并且在笄头上镂刻着精美的鸟首形和饕餮等装饰纹样,且有较长的骨笄,长度可能到 20 厘米左右"②。这样看来重量较轻、样式精美的头饰之"美"是人们不难驾驭的。以饰物作为装扮,人会看起来更加美丽,"人美"这或许也是"美"的一种来源,高建平先生曾讲:"把'美'字看成是象人头戴冠、笄等头饰似乎证据更充分一些。用笔画来表现头饰,实际上是以此来代表盛装的、美丽的人。"③

"美人之美"、女子容貌之"美"、男子英武之"美"在先秦典籍中多有记载,这种"美"是诉诸人的视觉,比如,"山有榛,隰有苓。云谁之思? 西方美人。彼美人兮,西方之人兮"(《诗经·邶风·简兮》)。"静女其娈,贻我彤管。彤管有炜,说怿女美。自牧归荑,洵美且异。匪女为美,美人之贻"(《诗经·邶风·静女》)。"手如柔荑,肤如凝脂。领如蝤蛴,齿如瓠犀。螓首蛾眉,巧笑倩兮,美目盼兮"(《诗经·卫风·硕人》)。对于以视觉感知"美"古已有之,但应有所节制以防其害,"夫乐不过以听耳,而美不过以观目。若听乐而震,观美而眩,患莫甚焉"(《国语·周语下·单穆公谏景王铸大钟》)。人的外观之美是一种视觉感官之美,也是流传至今的最为人们所乐于与易于感知到的一种"美"。

关于"美"的解释有很多种,学者们一直在找寻着中国之"美"的源头,它

---

① 周锡保:《中国古代服饰史》,中国戏剧出版社 1984 年版,第 3 页。

② 周锡保:《中国古代服饰史》,中国戏剧出版社 1984 年版,第 4 页。

③ 高建平:《"美"字探源》,《天津师大学报(社会科学版)》1988 年第 1 期。

是探究中国传统审美文化的一项重要内容。"羊大为美"观念是依据小篆之"美"字来展开探讨的,"羊人为美"观念依据较小篆更早的甲骨文、金文而得出的解释,"美人之美"观念是依据考古出土的饰物为依据而作出的分析。可以说,关于"美"的观念的考察,从最初的口中之"羊"味变为眼中之"羊"形,进而又完全脱离了"羊",回到了"人"本身。尽管如此,源于先秦时代饮食生活的"羊大为美"的观念在中国传统审美中已经持续了千百年的时间,成为中国传统文化中的一项重要内容,并且也影响着中国哲学、文学、艺术等方面的发展面貌。

我们对饮食审美的探讨也不能只盯着"羊"这种美味的食材而不放,毕竟不仅仅是关于"羊"味的审美,饮食审美还有相当多的内容值得我们深入思考。

第二节　饮食与"礼"

饮食为"养生之事"它是人类生存的基础,也是人类文明发展的重要基础,"大凡人类初生,由野番以成部落,养生之事,次第而备,而其造文字,必在生事略备之后"①。"礼"源自于饮食活动,"食"也是各种"礼"仪场景中不可或缺的重要内容。而"食"乃是民之大事、国之大事,"食"是"国之宝",是维持国家正常运转的工具之一,"食者,国之宝也;兵者,国之爪也;城者,所以自守也。此三者,国之具也"(《墨子·七患》)。在敬神、祭祖仪式中,"饮食"也是要精心准备的,"工祝致告,徂赉孝孙。苾芬孝祀,神嗜饮食"(《诗经·小雅·楚茨》)。饮食器具、饮食礼节、饮食方式能体现出人的修养与人的等级,以"食""养"人,以"食"尽"孝",以"食""传"情,以"食""敬"人,以"食""别"人,饮食不仅仅为了果腹、维持生命,饮食更是展现人类文明进程的重要标尺。

---

① 夏曾佑:《中国古代史》(上),吉林人民出版社 2013 年版,第 11 页。

"夫礼之初,始诸饮食"(《礼记·礼运》),"礼"自从"食"中诞生以后,"食"便始终也没有离开"礼","礼"成为中国饮食审美文化中的一项重要内容。

一、"夫礼之初,始诸饮食"

《礼记》中记载着中国礼仪的原初状况,"夫礼之初,始诸饮食。其燔黍捭豚,污尊而抔饮,蒉桴而土鼓,犹若可以致其敬于鬼神。及其死也,升屋而号,告曰:'皋！某复。'然后饭腥而苴孰。故天望而地藏也,体魄则降,知气在上,故死者北首,生者南乡,皆从其初"(《礼记·礼运》)。由此可见,"礼"诞生于"饮食",为饮食活动中的礼仪创建提供了首个应用场景。"礼的起源在于饮食,目的在于致敬鬼神,先民看来,鬼神掌握人的天地人的规律,人礼敬鬼神而为了自身的幸福。远古之时,人以经常饱食为大幸,同样认为,'神嗜饮食'(《诗经·小雅·楚茨》)和'鬼尤求食'(《左传·宣公四年》)。"①

在没有锅灶之前,先民们采用在火石上加热食材,炙烤谷物(黍)和肉类(豚),并且还要饮酒。尽管最早还没有专门的酒器,先民们就在地上挖洞来盛酒,用双手捧着喝酒。此外,"乐"也是必不可少的,"土鼓"是人类最早发明的乐器之一,先民们以土为原料来制作鼓。"土鼓、蒉桴、苇龠,伊耆氏之乐也。拊搏、玉磬、揩击、大琴、大瑟、中琴、小瑟,四代之乐器也"(《礼记·明堂位》)。"土鼓"是"伊耆氏"(神农)时代的乐器,在时间上早于虞夏殷周四代。在考古出土文物中也可见"土鼓"的样貌,"所谓土鼓,就是用陶土烧制成鼓框,再蒙上动物的皮膜做成的陶鼓。这种土鼓出土较多,主要分布在甘肃、青海、河南和山东等地的新石器时代遗址中,说明它们的时代比较早,是今天所见鼓类文物的早起标本"②。"坎其击鼓,宛丘之下。无冬无夏,值其鹭羽。坎其击缶,宛丘之道。无冬无夏,值其鹭翿"(《诗经·陈风·宛丘》)。"击鼓"

① 张法:《礼乐文化中美学的三大概念:旨、甘、味》,《河南师范大学学报(哲学社会科学版)》2014年第3期。
② 王子初:《中国音乐考古学》,福建教育出版社2004年版,第81页。

"击缶"能发出富有节奏感的"坎坎"声,"日昃之离,不鼓缶而歌,则大耋之嗟,凶"(《周易·离卦》)。"鼓"与"缶"联系紧密,"击缶与击鼓并举,则是土鼓之为瓦缶,实为最适当之解释"①。"缶,瓦器。所以盛酒浆,秦人鼓之以节歌。象形。凡缶之属皆从缶。方九切。"②盛酒器物——"缶"亦可作为乐器——"鼓"来使用,食器与乐器同一,此为先秦饮食礼乐文化的一大特色。

日常"饮食"与"祭祀"祖先神灵相通并且有着诸多的相似之处,"鬼神祭祀其实也是人类生活中烹饪与饮食的一部分,或者是其延伸。这两种行为本身都具有不同程度的抽象性。从集体的层面来看,这是回报祖先或者其他鬼神的礼仪与盛宴。从个体的层面来看,通过饮食神灵可以进入精通礼仪的人的身体里,这种看法是养生与修身的思想基础。人类的饮食与祭祀鬼神二者之间的类似之处还有很多。这种相似性体现在区分祭物的种类时,反映在关于味道和香气的各种认识中,表现于准备并呈奉祭物的操作过程中——简而言之,相似性存在于对任何鬼神共同的感官刺激中"③。

在整个祭祀仪式中,饮食是其中的重要内容,饮食中的"谷"—"肉"—"酒"—"乐"成为一个完整的组合。也就是说,自先秦时代便出现的"礼"其最初形态便涵盖了饮食的这四项基本要素。"乐"从一开始就与"食"相连,"乐"是构成"食礼"的一项必要内容,"礼"与"乐"并不是后来才有的组合,"乐"是从"礼"中逐渐壮大进而分离出来的。"中国素有'礼乐之邦'的美称,如果我们将礼的实质做一分析,就可以看出它本源于古代的饮食,也就是说,中国饮食文化孕育出了后来一整套的社会制度和行为规范。"④先秦时代的饮食生活为中国古代审美观念的生发提供了一项重要的实践基础,我们追溯"礼""乐""和""味"等观念的起源都会发现其背后蕴藏着深厚的"饮食"文化。

---

① 徐中舒:《徐中舒论先秦史》,上海科学技术文献出版社 2008 年版,第 201 页。

② (东汉)许慎:《说文解字》,中国书店 1989 年版,说文五下·四。

③ [英]胡司德:《早期中国的食物、祭祀和圣贤》,刘丰译,浙江大学出版社 2018 年版,第 81 页。

④ 林少雄:《中国饮食文化与美学》,《文艺研究》1996 年第 1 期。

二、"礼"的最初形态

《说文解字》中列出了礼的两种词义,"禮,履也。所以事神致福也。从示,从豐,豐亦声。灵启切"①。这里的"履",亦即指履而行之,重在规范施行。此外,按照礼法祷祠祭祀鬼神的结果是可以得到福佑,远离祸乱。礼从豐,"豐,行礼之器也。从豆,象形。凡豐之属皆从豐。读与礼同。卢启切"②。与"豆"相似的还有"皿","皿,饮食之用器也。象形,与豆同意。凡皿之属皆从皿。读若猛,武永切"③。"豆"与"皿"均为先秦饮食器具的典型形态。"礼"字在甲骨文中写作"豊"字,它的上半部有两个"丰"字,下半部为"豆"字,"一献而三酬,则一豆矣;食一豆肉,饮一豆酒,中人之食也"(《周礼·冬官考工记·梓人》)。"豆"为先民们用于盛放食物的容器,"卬盛于豆,于豆于登,其香始升"(《诗经·大雅·生民》)。《郑玄·笺》对此解释为:"祀天用瓦豆,陶器质也。"也就是说,先民们早期祭祀是用陶豆而不是用青铜豆或漆豆作为礼器的。

通过考察这种形象应该是以器物盛放着两串玉石或是两串贝壳,玉与贝在远古时代都是人们最宝贵的财富象征,以这种方式来敬献充满未知的天地自然、祭拜鬼神,以祈求赐福安详。"琀,送死口中玉也。从玉从含,含亦声。胡绀切。"④可见,在先秦时期有着这样的一种风俗,人在去世后口中要含着玉,"含玉的用意是:事死如事生。亲人死了,孝子'不欲虚其口',口中含玉,象永远在吃东西似的"⑤。也可以说,"玉"就是一种"食",祭祀活动就是一种为神灵准备的"酒食"盛宴。王国维认为祭祀的器物中承载的应该是玉,他认为,"盛玉以奉神人之器谓之'𧮫'若'豊'。推之而奉神人之酒醴,亦谓之

---

① (东汉)许慎:《说文解字》,中国书店 1989 年版,说文一上·一。
② (东汉)许慎:《说文解字》,中国书店 1989 年版,说文五上·七。
③ (东汉)许慎:《说文解字》,中国书店 1989 年版,说文五上·九。
④ (东汉)许慎:《说文解字》,中国书店 1989 年版,说文一上·六。
⑤ 谢栋元编著:《〈说文解字〉与中国古代文化》,河南人民出版社 1994 年版,第 30 页。

'醴',又推之而奉神人之事通谓之'礼'"①。由此可见,"豊"—"醴"—"礼"为"礼"的三种形态,每种形态都有着特定的内涵。"豊"为先民们举行祭祀仪式之奉神器物,"玉"满满地盛于"豆"中。"醴"为敬献天地神灵的"酒"。"礼"为祭祀奉神之事,"礼"已脱离了祭祀的物质形态,成为一种祭祀活动的抽象形态或精神形态。

中国自古就有"君子比德于玉"的观念,玉有着独特的品质为人所珍视,"夫昔者君子比德于玉焉:温润而泽,仁也;缜密以栗,知也;廉而不刿,义也;垂之如队,礼也;叩之其声清越以长,其终诎然,乐也;瑕不掩瑜、瑜不掩瑕,忠也;孚尹旁达,信也;气如白虹,天也;精神见于山川,地也;圭璋特达,德也。天下莫不贵者,道也。《诗》云:'言念君子,温其如玉。'故君子贵之也"(《礼记·聘义》)。这样一来,玉的一些物理性质与礼制观念有了对应关系:温润—仁、缜密—智、方正—义、垂(密度高而厚重)—礼(谦恭)、声清—乐、瑕与瑜—忠、(类似青竹的)颜色—信、光彩—天、精气神采—地等,可以说,玉是礼制观念的集中反映,玉是"德"的象征,是美好品德的物质化呈现。"内金,示和也。束帛加璧,尊德也"(《礼记·礼器》)。祭祀中所用币帛加上了玉璧,以此来表示尊"德"。

通过梳理"礼"观念的演变,我们可以看到"礼"是由"物"逐步转化为"事",由物质形态转化为精神观念,这个漫长的演化过程可以分为四个阶段。

在第一个阶段,"礼"的最初形态是以器物承载玉,类似于以碗盛肉,这是巫术宗教祭祀活动中最为重要的器物,也可能是在诸多祭祀物品中,以这种形式的祭祀品价值最高,故单独命名为"曲若醴",神灵并不需要真正食用这些祭祀品,故器物中盛放的玉器只是象征着当时先民们所能获得的最珍贵的食物,祈求神灵能够领略到人们的虔诚心意,在那个生命难以维系,食物极为短缺的时代,食物就意味着生命,有了食物族群的血脉便能继续延续,举行各种祭祀鬼神

---

① 王国维:《王国维手定观堂集林》,浙江教育出版社 2014 年版,第 156 页。

活动的实用目的也是为了保全族群的生命发展。"可见'礼'最早源于古代的饮食器,后来人们以其奉玉以事神(从'钰'),或者敲击以娱神,遂发展为'乐'。"①

在第二个阶段,"礼"从起初神圣的祭祀活动世俗化为人类活动后,"礼"的物质形态也转化为能够真正食用的珍贵食物,酒是由谷物酿制而成,是先秦时代珍贵的食物,这样"礼"便由"豆"中之"玉"替换为"豆"中之"酒",这也是"夫礼之初,始诸饮食"所描述的阶段,"礼"从"事神"转为"事神和事人",在这一阶段酒是重要的祭祀用品,与此同时,酒也是款待嘉宾的必备之物。

在第三个阶段,"礼"失去了其原有的物质形态,"礼"又从"事神和事人"转化为以"事人"为主,先民们的生存状况不再严重依赖举行祭祀鬼神的仪式,社会森严的等级制度决定着人的生存状态,"礼"就成为维系这一生活方式的重要制度形式,"礼"是社会生活中的一种核心观念,人们的行为举止处处要受到"礼"的约束。

在第四个阶段,"礼"已失去了在社会生活中的核心作用,"礼"对人的规范从注重具体行为礼法发展为"礼"内化为人们心中的伦理道德观念,"礼"不再执着于人与人之间的刻意的繁复的行为方式。因此,"礼"演化过程中其内涵也在变换着,"礼"的物质形态随着"礼"的对象与功能的变更,经历了祭祀活动—饮食活动—礼乐制度—礼仪文化,这四种场景大致体现着中国"礼"观念的传承过程。

祭祀活动借助于人们日常生活中的饮食器具来表达族群强烈的生存愿望,祭祀活动是一种特殊的饮食活动,饮食的对象不是现场的人们,而是不在仪式现场的、人们心目中的主宰者,先民们虔诚祈祷着呼唤着,希望饮食对象能接受现场人们的邀请。在"礼"的第一阶段和第二阶段,饮食器具与饮食活动作为"礼"的主要形式,为"礼"的观念萌芽与发展提供了重要的物质基础与应用情景。

---

① 林少雄:《中国饮食文化与美学》,《文艺研究》1996 年第 1 期。

以饮食器具中盛放美味的食物或美好的物品敬献给长者，以这样的方式来表达对尊贵的人的崇敬之情。"礼"与"醴"同，二者本为一字，"醴，酒一宿孰也。从酉豊声。卢启切"①。先民们在刚开始使用火，学会以火炙肉之时，便已开始酿造"醴酪"了。"后圣有作，然后修火之利，范金合土，以为台榭、宫室、牖户，以炮以燔，以亨以炙，以为醴酪；治其麻丝，以为布帛，以养生送死，以事鬼神上帝，皆从其朔"（《礼记·礼运》）。甜酒—"醴"、乳酪—"酪"可谓先民们进入文明时代最早一批的人工制品。这些"以炮以燔，以亨以炙，以为醴酪"的食物与饮料，除了满足生日饮食之外，更重要的用途是作为"养生送死"以及"事鬼神上帝"的祭拜贡品。

"礼"与酒相关，"醴"本就是一种甜酒，以酒敬献给尊贵的礼宾。"以御宾客，且以酌醴"（《诗经·小雅·吉日》）。这里讲到的是在喜庆的节日里，以美酒招待贵客，敬酒是饮食礼仪的一项重要内容。"丰年多黍多稌，亦有高廪，万亿及秭。为酒为醴，烝畀祖妣。以洽百礼，降福孔皆"（《诗经·周颂·丰年》）。这里描绘了经过辛劳的耕种终于迎来了粮食的丰收，先民们用收获的谷物（黍、稌）酿造成醇香的甜酒，敬献给他们的祖先品尝，一同分享丰收的喜悦，也祈求神灵保佑人们来年继续有这样的丰收景象。"酒醴异气，饮之皆醉；百谷殊味，食之皆饱"（《论衡·卷三十·自纪》）。王充在这里也是讲"醴"为酒，饮之过多也同样会使人醉倒。可见，"醴"原初为酒，后来人们才将敬酒的行为或者以酒祭祀天地鬼神的仪式称之为"礼"。随着时代的发展，"礼"的含义也不断地拓展，逐渐远离了谷物酿制的美酒的本意。我们可以借助汉墓画像石《酿造图》的形象追溯先秦时代的饮酒风尚与酿酒工艺的发展状况。河南密县打虎亭汉墓中出土的《酿造图》画像石中刻画了大大小小的储酒陶器、酿酒器具以及众多酿酒人物劳作形象，再现了以粮食为原料经由多项步骤最终酿出酒来的繁复而忙碌的过程。

---

① （东汉）许慎：《说文解字》，中国书店1989年版，说文十四下·八。

先民们以龟甲来占卜人事,这种"人情不失"往往成为巫术祭祀活动中的重要环节,"四灵以为畜,故饮食有由也。何谓四灵?麟凤龟龙,谓之四灵。故龙以为畜,故鱼鲔不淰;凤以为畜,故鸟不獝;麟以为畜,故兽不狘;龟以为畜,故人情不失。故先王秉蓍龟,列祭祀,瘗缯,宣祝嘏辞说,设制度,故国有礼,官有御,事有职,礼有序"(《礼记·礼运》)。这里讲到先民们的四类饮食来源——"四灵","四灵"即麟凤龟龙,"麟"为群兽之首,"凤"为群鸟之首,"龟"为"人情不失"之用,"龙"为群鱼之首,天上飞的、地上跑的、水里游的动物皆为饮食的范围。

尽管"龟"并不是某一类食物或动物的代表,但"龟"作为先民进行占卜之术的必要用具,在此也列为"四灵"之一,占卜是在祭祀中获取神灵启示的一项重要方式,也是饮食活动的一项重要内容。"大飨其王事与!三牲鱼腊,四海九州岛之美味也;笾豆之荐,四时之和气也。内金,示和也。束帛加璧,尊德也。龟为前列,先知也。金次之,见情也。丹漆丝纩竹箭,与众共财也"(《礼记·礼器》)。"龟"排在了祭祀贡品的首位——"龟为前列",凸显了以龟占卜吉凶祸福是先民们举行祭祀活动的一项核心内容。

"礼"之初均有实物相对应,这些实物是"礼"的表达亦是"礼"其本身,"中国哲人绝不认为本根实而不现,事物现而不实,而以为实物亦实,本根亦现;于现象即见本根,于本根即含现象"①。饮食器具、饮食食材等实物本身就是先民们"礼"观念的核心内容,物质与精神一体,有形的物质亦体现着无形的精神,祭祀仪式上摆放着的种种实物就是"礼"观念的最圆满的呈现。

通过梳理,我们发现"礼"是由围绕着饮食、祭祀活动而形成的多种元素的集成,正是由于其来源的多元化使得"礼"成为自先秦以来中国文化的重要内容,"礼"中所包蕴的丰富内涵也为衍生发展出多种中国审美文化的理念提供了可能。"由礼器系列所呈现的'象'的特点、由饮食系列所呈现的'味'的

---

① 张岱年:《中国哲学大纲——中国哲学问题史》(上),昆仑出版社2010年版,第20页。

特点、由'玉'系列所呈现的'玉'的特点、由礼示之人所呈现的'文'的特点、由'示'系列所突出的'中'的特点、由'豊'系列和饮食系列共同呈现的'和'的特点、由中杆之观进而演化为坛台之观而呈现出的'观'的特点、由仪式以舞乐为核心的行礼之感而呈现出的'乐'的特点。由礼的整体性而来的八大概念——'象''味''玉''文''中''和''观''乐',在先秦的百家争鸣中得到了理性化,又在秦以后两千多年的演进中,生长出了丰富的内容,成为中国古典美学的主要概念。"①

　　"礼"在古代社会生活中是非常重要的,先民们视"礼"如生命,"夫礼,先王以承天之道,以治人之情。故失之者死,得之者生"(《礼记·礼运》)。"优优大哉! 礼仪三百,威仪三千"(《礼记·中庸》)。"礼"从饮食活动中的一种"酒",逐渐发展成为上至庙堂下至僻野的通行法则。"礼"逐渐发展成为一种包罗万象的通用理念,顾希佳先生认为:"在中国古代,礼仪的含义有广义狭义之分。广义的礼仪,几乎是礼的同名词,它一度曾是无所不包的。把典章制度、朝政法规、生活方式、伦理风范、治国根本、做人本分统统都包括进去了。而狭义的礼仪,则主要指人际交往中,为了维护正常社会秩序而逐渐形成的一系列行为规范。"②"礼"成为人之为人的必备常识,"不学《诗》,无以言","不学《礼》,无以立"(《论语·季氏》)。

　　"礼"观念的产生伴随着人类社会的创建而诞生,礼制观念的演化发展是一个漫长的过程,周公"制礼作乐"是"礼"观念发展的一项重要成就,"周礼"是中国"礼"观念的一种传承。"武王崩,成王幼弱,周公践天子之位以治天下;六年,朝诸侯于明堂,制礼作乐,颁度量,而天下大服;七年,致政于成王;成王以周公为有勋劳于天下,是以封周公于曲阜,地方七百里,革车千乘,命鲁公世世祀周公天以子之礼乐"(《礼记·明堂位》)。周公在崇神的"礼"观念的基础上进一步提升了"礼乐"观念在社会生活中的地位,进一步发挥了以重人

---

① 张法:《礼:中国美学起源时期的核心》,《美育学刊》2014年第2期。
② 顾希佳:《礼仪与中国文化》,人民出版社2001年版,第25页。

治的"礼乐"制度来辅助阶级统治的现实功用。"这种'礼'当然也并非周公所发明。周公所'制'之'礼'不同于前代的根本之点乃是将事神之礼仪式化,等级化,对祭祀的不同对象、规模都做出种种规定,使之成为体现和加强宗法等级关系的有力表现形式,从而凸显了祭祀仪式对人的示范教化意义;更进一步,随着从神治走向人治的发展趋向,又把'礼'由祭祀之仪扩展为社会生活各种活动、交往的典礼仪节,这就建立起了周人所特有的礼制规范。"①周公所制之"礼"在实际运用中获得了良好的成效,成王积极采纳并"命鲁公世世祀周公天以子之礼乐"以保证实施礼制的持久性。

三、"礼"与祭祀活动

先秦时代的"食"与"祭"为一体,正式就餐之前"祭地"仪式是必备的重要环节,"以饮食祭地也。人将饮食,谦退,示当有所先。孔子曰:'虽疏食菜羹瓜,祭,必斋如也。'《礼》曰:'侍食于君,君使之祭,然后饮食之。'祭,犹礼之诸祀也"(《论衡·卷二十五·祭意》)。先"祭祀"后"饮食"是先秦饮食的标准模式,也就是说,"祭"是饮食活动的第一阶段,在"祭"之前是不能进食的。这样,饮食的餐具同时也作为祭祀活动的祭器,也充当了象征"礼"的礼器,先秦时代的饮食器具成为集食器、祭器、礼器、乐器于一身的多功能器物。"鼎,象也。以木巽火,亨饪也。圣人亨以享上帝,而大亨以养圣贤。巽而耳目聪明,柔进而上行,得中而应乎刚,是以元亨"(《周易·下经·鼎》)。烹饪是以火来加热食材,依据火候的大小,食材由生变熟,经过烹饪的食材既可以祭祀天地鬼神——"上帝",又可以宴请宾客——"圣贤","鼎"用来盛放"烹饪"之物,"鼎"为"祭"之器亦为"食"之器,"祭祀"与"饮食"同为"烹饪"的结果。以"食"来"祭"成为华夏民族的一项传统文化,自先秦以降作为"食"文化的一项重要内容。

---

① 廖群:《中国审美文化史·先秦卷》,山东画报出版社 2000 年版,第 178 页。

先民们重视"祭","礼"的五经之首便是"祭"。"从战国至汉代,祭礼是日常宗教生活中最主要的内容。无论祭献给鬼神的祭品是生的还是熟的,是动物还是植物,祭祀活动本身就是从家庭扩展至乡里、国家、帝国甚至整个天下的一种行为。"①先秦时代有专门负责祭祀礼仪的官员,"小宗伯之职,掌建国之神位,右社稷,左宗庙。……掌五礼之禁令,与其用等"(《周礼·春官宗伯·小宗伯》)。吉、凶、宾、军、嘉统称为"五礼",其中"吉礼"是关于祭祀敬神之礼,"凶礼"是关于逝者丧葬之礼,"宾礼"是关于朝聘盟会之礼,"军礼"是关于军事战斗之礼,"嘉礼"是关于婚姻宴饮之礼,"五礼"涵盖了先秦时代先民们生活中最重要的五个方面内容。"第一、第二类处理人与宇宙和自然的关系,前者祈福后者止祸;第三类处理敌我关系;第四类处理中央与地方的关系;第五类处理人生重要时刻和日常重要时刻。吉礼是从宇宙的角度来看待人事,有一个天(包括昊天上帝、日、月、五星、十二辰、二十宿等)、地(包括社稷、五祀、五岳、山林川泽、四方百物等)、人(包括祖先和先师系列)的结构。宾礼呈现了一种中央与地方的关系结构。这里以朝廷为中心,向四方衍射,至四海八荒。嘉礼包含了整个人生结构。周礼把个人、家族、天下、宇宙进行了一种文化的编码而组织了起来。"②"小宗伯"负责"五礼"的组织与实施,以及礼仪所用牺牲祭品和礼器的选用。其中,"祭"是"五礼"之中最重要的礼仪,"凡治人之道,莫急于礼。礼有五经,莫重于祭。夫祭者,非物自外至者也,自中出生于心也,心怵而奉之以礼。是故,唯贤者能尽祭之义"(《礼记·祭统》)。可见,"祭"是一种人们由内而外的自觉的行为,并非是被外界力量所强制的被动的行为。人对生命短暂易逝的体悟,看四季轮回触景生情,举行仪式怀念逝去的亲人的行为就是祭之以"礼"。

"祭"也是"孝"道的一种体现,"是故,孝子之事亲也,有三道焉:生则养,

---

① [英]胡司德:《早期中国的食物、祭祀和圣贤》,刘丰译,浙江大学出版社 2018 年版,第117 页。
② 张法:《礼:中国美学起源时期的核心》,《美育学刊》2014 年第 2 期。

没则丧,丧毕则祭。养则观其顺也,丧则观其哀也,祭则观其敬而时也。尽此三道者,孝子之行也"(《礼记·祭统》)。"养""丧""祭"是"孝"的三个阶段,与亲人生活在一起时要以"养"尽"孝",亲人过世要以"丧"尽"孝"举行丧礼,服丧期满后则要按时举行祭祀,以"祭"尽"孝"。在情感表达方面,这三个阶段也有所差别,生前供养重在顺心、孝顺,丧礼之时心情哀伤、悲痛,祭祀礼仪则要表达对祖先的崇敬、尊重。"如果说,礼以仁为内容,那么,仁以礼为形式。换句话说,礼是仁的外在化、物态化、形式化。对于礼来说,形式非常重要,它往往成为固有的程式,特别是重要的祭祀活动、政治活动。这种程序化了的礼为礼仪。礼仪无疑具有一定的审美性。"①"故人者,其天地之德,阴阳之交,鬼神之会,五行之秀气也"(《礼记·礼运》)。可见,先民们认为"人"并非只是一个纯粹的生命个体,"人"是一种有着复杂关系的综合体,"人"的生死存亡体现了"天地""阴阳""鬼神""五行"等诸要素的运行状态,"人"不仅仅是单纯地为自己的生理意义上的生存而活,而是要承担更多的伦理意义上的使命,以举行种种祭拜天地、鬼神仪式的形式来表达"人"的生存价值。

"礼也者,合于天时,设于地财,顺于鬼神,合于人心,理万物者也。是故天时有生也,地理有宜也,人官有能也,物曲有利也。故天不生,地不养,君子不以为礼,鬼神弗飨也"(《礼记·礼器》)。献"礼"要综合考虑"天时""地利""鬼神""人心""万物"等要素,合于"天时""地利""人之官能""万物之用"才能合"礼",才符合敬献鬼神的标准,否则"鬼神弗飨"。"天下有始,以为天下母"(《老子·德经·第五十二章》)。天地万物均有其根源,先民们也是通过献"礼"活动来沟通天地、追溯其生命的本源。生食—玄酒—大羹,为"以嘉魂魄"的祭品组合,祭玄酒、荐血毛、腥其俎是"事神"的礼法。经过"退而合亨"加工之后,制成熟食成为人们宴饮的食物。

在祭祀仪式中主要是对牺牲、酒、食器等的一系列操作,祭祀完毕还要重

---

① 陈望衡:《论孔子的礼乐美学思想》,《求索》2003 年第 1 期。

新煮熟祭品以招待宾客和兄弟,以此来向神表达孝敬之意。以食物(生食)作为祭品祭祀祖先神灵,再食用祭祀后的食物(经过加热成熟食)。食物成为沟通鬼神与世人的媒介,世人以食物(祭品)来表达对鬼神的敬意,祈求得到神灵的保佑与降福。"作其祝号,玄酒以祭,荐其血毛,腥其俎,孰其殽,与其越席,疏布以幂,衣其浣帛,醴盏以献,荐其燔炙,君与夫人交献,以嘉魂魄,是谓合莫。然后退而合亨,体其犬豕牛羊,实其簠簋、笾豆、铏羹。祝以孝告,嘏以慈告,是谓大祥。此礼之大成也"(《礼记·礼运》)。经过祭祀后的食物有了更丰富的意义,"孝告""慈告"蕴含其中,这样的饮食能给人带来"大祥"(大吉大祥),先祭祀(神食)再饮食(人食),才算圆满地做到了"礼"。

祭祀仪式饱含着尊亲孝道,它是"礼"的最高表现,"故先王案为之立文,尊尊亲亲之义至矣。故曰:祭者,志意思慕之情也。忠信爱敬之至矣,礼节文貌之盛矣,苟非圣人,莫之能知也"(《荀子·礼论》)。日常饮食与祭祀活动的相连,甚至连负责备置饮食的工作人员都不曾换过,比如,"庖人""内饔""外饔""亨人""渔人""腊人"等人,他们均是既负责提供日常餐饮又能为祭祀仪式提供牺牲贡品的,也就是说,这"一套人马"负责"食"与"祭"这两件事情,"食"与"祭"相通,"食"与"祭"所用之物的来源是一致的。"烹"与"调"是由"祭"转"食"的关键环节,"烹"——以火烹制食材,使得食物由"生"变"熟"(食物则无血腥之味并且易嚼易消化);"调"——以调味料调和食物,使得味道由"淡"转"和"(比如"大羹"经调和转为"铏羹","铏羹"是盛放在铏器中经过调味的羹,增加了调味料食物更加可口)。"祭"重"本味",强调食材的原初状态,"食"重"和味",强调食品的审美体验。

以饮食"敬"祖先是"祭"的重要内容,先民们通常会倾注全力寻找美味的食材,然后将这些美味家珍铺陈开来祭祀祖先。"水草之菹,陆产之醢,小物备矣;三牲之俎,八簋之实,美物备矣;昆虫之异,草木之实,阴阳之物备矣。凡天之所生,地之所长,苟可荐者,莫不咸在,示尽物也。外则尽物,内则尽志,此祭之心也"(《礼记·祭统》)。可见,先民们在祭礼之上将世上能吃到的食材都已准备齐全以表达对祖先的敬意。尽管逝去的亲人不能真正地食用这些佳肴，但这种敬献饮食的方式能够表达出参加祭祀活动的家族成员的赤诚的心意。"馂余不祭。父不祭子，夫不祭妻"（《礼记·曲礼上》）。当然，吃剩的饭菜是不能作为祭祀贡品的。值得注意的是"祭"之饮食崇尚"淡味"，很多汤羹采用不加调味的"大羹"，肉食也是不经烹制的生肉，酒是采用淡味的"玄酒"。"大飨，尚玄尊，俎生鱼，先大羹，贵食饮之本也。飨，尚玄尊而用酒醴，先黍稷而饭稻粱；祭，齐大羹而饱庶羞，贵本而亲用也"（《荀子·礼论》）。祭礼之上饮食数量多、品类全，这是日常生活饮食中所不能比拟的，以如此大规模的饮食展现对祖先的"敬"意，祭祀活动体现了先秦时代先民对饮食的高度重视。

先民们以血祭天、以生肉袷祭，这是遵循远古时代的风俗，"君子曰：礼之近人情者，非其至者也。郊血，大飨腥，三献爓，一献孰。是故君子之于礼也，非作而致其情也，此有由始也"（《礼记·礼器》）。祭品的效力不仅在于食物本身的品质，还在于各种气味、颜色与声音组成的祭祀仪式整体过程中它们所发挥的作用。祭祀对象级别越高则敬献的牺牲越"血腥"，比如，牲血—"郊血"—祭天神，生肉—"大飨"—祭先王，半生不熟的肉—"三献"—祭祀社稷和五祀之神，熟肉—"一献"—小鬼神。"毛、血，告幽全之物也。告幽全之物者，贵纯之道也。血祭，盛气也。祭肺、肝、心，贵气主也"（《礼记·郊特牲》）。以牲畜的"毛"和"血"进献以示其是否健壮，牺牲一定要毛色纯正、体质健壮，强调牺牲"气血"的旺盛，而"肺、肝、心"正是"血气"产生的主要器官，所以也一起被用于祭祀。"郊血，大飨腥，三献爓，一献孰；至敬不飨味而贵气臭也。诸侯为宾，灌用郁鬯。灌用臭也，大飨，尚腶脩而已矣"（《礼记·郊特牲》）。可见，祭祀贵"臭"或"难闻之气"，以此表现对神灵的敬畏。

与之相反，朝拜君王所备宴饮贵"香"或"可口的美味"，比如，"郁鬯"为用郁草浸泡的美酒，"腶脩"为加以调料的干肉，这样的美酒美食才合时人的口味。"礼也者，反本修古，不忘其初者也。故凶事不诏，朝事以乐。醴酒之用,玄酒之尚。割刀之用,鸾刀之贵。莞簟之安,而稿鞂之设。是故,先王之制礼也,必有主也,故可述而多学也"(《礼记·礼器》)。"祭礼其实是一套综合的仪式,它提供了与神灵世界进行感官交流的多种渠道,如嗅觉、味道、声音、视觉呈现以及动作。为了更有效地达到祭祀的目的,负责祭祀的祝史会认真准备各种仪式与祭品。"①

"反本修古""不忘其初"是"礼"的本质要求,遵循传统返回人的本心,这就要求在举行祭祀的时候要保留古人的做法以示对祖先的追念。时人在日常生活中的做法与祭祀活动中的做法是有很大区别的,比如,饮酒:甘甜的"醴酒"—类似清水的"玄酒";切割:锋利的"割刀"—粗笨的"鸾刀";坐垫:舒适的"莞簟"—又硬又扎的"稿鞂"。祭祀活动中一切用品"返璞归真",模拟远古时代的做法,以此种形式来表达时人不忘祖先、追念原初的情感。

"神""人"有别,趣味自然不同,"恒豆之菹,水草之和气也;其醢,陆产之物也。加豆,陆产也;其醢,水物也。笾豆之荐,水土之品也,不敢用常亵味而贵多品,所以交于神明之义也,非食味之道也。先王之荐,可食也,而不可耆也"(《礼记·郊特牲》)。可见,"人"食的"恒豆之菹(类似当今的腌菜)"与"神"食的"加豆之菹"制作方法不同,"人"食的"醢(肉酱)"与"神"食的"醢"制作方法有别,祭祀的贡品与时人的食品用途不同,所以贡品"非食味之道",尽管勉强"可食也",但其味道实在是不可口——"不可耆也"。"可耆"比"可食"更加适合形容日常生活中的美食,"耆"古同"嗜","嗜,嗜欲,喜之也。从口耆声。常利切"②。"耆,老也。从老省,旨声"(《说文解字·老部》)。"旨,美也。从甘匕声。凡旨之属皆从旨。职雉切。"③嗜—耆—旨—甘,可见描绘

---

① [英]胡司德:《早期中国的食物、祭祀和圣贤》,刘丰译,浙江大学出版社2018年版,第103页。

② (东汉)许慎:《说文解字》,中国书店1989年版,说文二上·五。

③ (东汉)许慎:《说文解字》,中国书店1989年版,说文五上·六。

人间美食是离不开"甘"的意味的。

"丧"是痛失亲人的情感表达,饮食也能反映出一个人的情绪变化,"刍豢、稻粱、酒醴,餰鬻、鱼肉、菽藿、酒浆,是吉凶忧愉之情发于食饮者也"(《荀子·礼论》)。特殊的场合选择特定的饮食才能恰当地作出符合情境的情感表达。先民们对待逝去的亲人"事死如生",一定要对逝者进行特定的装扮以示尊重,"卒礼者,以生者饰死者也,大象其生以送其死也。故如死如生,如亡如存,终始一也。始卒,沐浴、鬠体、饭唅,象生执也"(《荀子·礼论》)。沐浴更衣之后还要有"饭唅"的环节,就是将"玉"含于口中,"大丧,共饭玉、含玉、赠玉"(《周礼·春官宗伯·典瑞》)。"玉"是珍贵的宝物,体现着人们对逝者饮食方面的关切,口中含玉是重要的礼节。"饭唅珠玉如礼。《礼稽命征》曰:'天子饭以珠,含以玉'。"[1]在人生的最后阶段,口中也不能空,要以"珠玉"代"饭食"在另一个世界衣食无忧的生活。

前面我们也曾提到,"礼"的最初形态就是以"豆"盛"玉","玉"或"珠"作为一种特殊的食物彰显了人们对逝者后世生活的关怀。"丧"与"祭"是"礼"的重要内容,而饮食活动也作为重要环节贯穿其中。"凡礼,事生,饰欢也;送死,饰哀也;祭祀,饰敬也;师旅,饰威也"(《荀子·礼论》)。

饮食的功能是多方面的,各种场景均有饮食元素的加入。"祭祀礼仪在根本上是一种礼仪文化、物质呈现与感官的诱惑,因此就需要祭祀的旁观者和参与者能够在更加宽泛的道德层面上反思,如何平衡物质需求和更高层次的精神追求,如何对人类社会以及整个世界都能有一种更加深入的看法。"[2]先民们往往通过举行"祀神致福"的"礼"仪活动来体现对祖先与神灵的敬畏与孝道,通过铺陈玄酒、牺牲、大羹、黍稷、稻粱等饮食以及乐、舞等要素以彰显对天地自然、祖先、神灵的虔诚敬畏之情。

---

① (唐)杜佑:《通典》(中),岳麓书社1995年版,第1095页。

② [英]胡司德:《早期中国的食物、祭祀和圣贤》,刘丰译,浙江大学出版社2018年版,第194页。

四、"礼"与饮食生活

先秦时代饮食礼仪的一个明显特征就是"重分别",因为有了"礼",人与动物区别开来,知"礼"是为人的基本要求,"是故圣人作,为礼以教人。使人以有礼,知自别于禽兽"(《礼记·曲礼上》)。天地自然中原本就存在着种种的"分别"与"上下","礼"就成为一种体现人与人之间关系的伦理规范,"有天地,然后有万物;有万物,然后有男女;有男女,然后有夫妇;有夫妇,然后有父子;有父子,然后有君臣;有君臣,然后有上下;有上下,然后礼义有所错"(《周易·序卦》)。

先民们认为"礼"是由自然世界再到人类的伦理世界的推演,"天地"—"万物"—"男女"—"夫妇"—"父子"—"君臣"—"上下"—"礼义","礼"遵循着天地自然秩序,先民们举行的祭祀活动正是沟通万物神灵、彰显"礼"的本源、追念天地鬼神的仪式。有"礼"之人具备仁、义、礼、智的品德,"恩者,仁也;理者,义也;节者,礼也;权者,知也。仁义礼智,人道具矣"(《礼记·丧服四制》)。"礼"规定了人的伦理关系,"父慈,子孝,兄良,弟弟,夫义,妇听,长惠,幼顺,君仁,臣忠,十者谓之人义"(《礼记·礼运》)。人的一生要经历若干个阶段,在每个阶段都有相应的特征。"人生十年曰幼,学。二十曰弱,冠。三十曰壮,有室。四十曰强,而仕。五十曰艾,服官政。六十曰耆,指使。七十曰老,而传。八十、九十曰耄,七年曰悼。悼与耄虽有罪,不加刑焉。百年曰期,颐"(《礼记·曲礼上》)。

一个人在二十岁时举行"冠礼"视为成年,三十岁时举行"昏礼",作为一个成年人就应该学会以"礼"来要求自己,"成人之者,将责成人礼焉也。责成人礼焉者,将责为人子、为人弟、为人臣、为人少者之礼行焉。将责四者之行于人,其礼可不重与? 故孝弟忠顺之行立,而后可以为人;可以为人,而后可以治人也。故圣王重礼。故曰:'冠者,礼之始也,嘉事之重者也'"(《礼记·冠义》)。"冠礼"是成人的标志,而成年之后就应该以"礼"要求,按"礼"行"孝弟忠顺",按"礼"为人子、为人弟、为人臣、为人少,因此,举行"冠礼"之后就意味着一个人自此开始要正式地以"礼"待人了,"冠礼"是"五礼"之一的"嘉礼"中的一项重要内容。"嘉礼"是关于先秦社会生活中喜庆活动的相关礼仪,以"礼"的要求来规范人的行为,是以"冠礼"为起始点的。"敬慎重正而后亲之,礼之大体,而所以成男女之别,而立夫妇之义也。男女有别,而后夫妇有义;夫妇有义,而后父子有亲;父子有亲,而后君臣有正。故曰:'昏礼者,礼之本也'。夫礼始于冠,本于昏,重于丧祭,尊于朝聘,和于射乡,此礼之大体也"(《礼记·昏义》)。"冠礼"象征成人,"昏礼"之后则开启了自己的生活,自此有了"夫妇之义",有了"父子有亲",有了"君臣有正"。"冠礼""昏礼""丧""祭""朝聘""射乡"成为先民们日常社会生活领域中的重要内容。

"礼"也使人群有了分别,不同阶层不同辈分的人们以"礼"的形式体现出来,"礼之可以为国也久矣。与天地并。君令臣共,父慈子孝,兄爱弟敬,夫和妻柔,姑慈妇听,礼也。君令而不违,臣共而不贰,父慈而教,子孝而箴;兄爱而友,弟敬而顺;夫和而义,妻柔而正;姑慈而从,妇听而婉:礼之善物也"(《左传·昭公二十六年》)。"君臣上下父子兄弟,非礼不定。宦学事师,非礼不亲。班朝治军,莅官行法,非礼威严不行。祷祠祭祀,供给鬼神,非礼不诚不庄。是以君子恭敬撙节退让以明礼"(《礼记·曲礼上》)。有人群之分成是社会的基本形态,"分"是实施"礼"制的重要理念,"群"是以"礼"治国的前提条件。"人之生不能无群,群而无分则争,争则乱,乱则穷矣。故无分者,人之大害也;有分者,天下之本利也;而人君者,所以管分之枢要也。故美之者,是美天下之本也;安之者,是安天下之本也;贵之者,是贵天下之本也。古者先王分割而等异之也,故使或美或恶,或厚或薄,或佚或乐,或劬或劳,非特以为淫泰夸丽之声,将以明仁之文,通仁之顺也"(《荀子·富国》)。

在日常生活饮食方面,不同阶层的人所能享用的饮食是不同的,从饮食的种类、饮食的数量、饮食的先后次序等各方面均有所体现。"凡王之馈,食用六谷,膳用六牲,饮用六清,羞用百有二十品,珍用八物,酱用百有二十瓮"

（《周礼·天官冢宰·膳夫》）。由此可见，作为王君其饮食场面也是格外讲究，菜品丰富、营养全面、品类齐全，在当时的物质条件尚不十分发达的时代，可谓倾尽国力来满足王公贵族的饮食之用，主食、肉食、蔬菜、珍馐、酒水饮料，用作调味的酱料就有上百种之多，以大瓮盛放。而普通百姓的饮食则会单调很多，仅为果腹之需。"民之所食，大抵豆饭藿羹；一岁不收，民不厌糟糠；地方不满九百里，无二岁之所食"（《战国策·韩一·张仪为秦连横说韩王》）。百姓终日所食不见肉食，只能吃些"豆饭藿羹""糟糠"之类的粗粮以维持生命。

饮食的优劣是区分各阶层人们的重要准则。荀子认为人是有等级之别的，满足社会中不同阶层人们的欲望是"礼"的重要特征，"故礼者，养也。君子既得其养，又好其别。曷谓别？曰：'贵贱有等，长幼有差，贫富轻重皆有称者也'。故天子大路越席，所以养体也；侧载睪芷，所以养鼻也；前有错衡，所以养目也；和鸾之声，步中《武》《象》，趋中《韶》《护》，所以养耳也；龙旗九斿，所以养信也；寝兕、持虎、蛟韅、丝末、弥龙，所以养威也；故大路之马必信至，教顺，然后乘之，所以养安也"（《荀子·礼论》）。"贵贱有等，长幼有差，贫富轻重"需要以"礼"来做出区分。

君臣有别，按照不同级别享有社会资源，"典命掌诸侯之五仪，诸臣之五等之命。上公九命为伯，其国家、宫室、车旗、衣服、礼仪，皆以九为节。侯伯七命，其国家、宫室、车旗、衣服、礼仪，皆以七为节。子男五命，其国家、宫室、车旗、衣服、礼仪，皆以五为节。王之三公八命，其卿六命，其大夫四命，及其出封，皆加一等，其国家、宫室、车旗、衣服、礼仪，亦如之。凡诸侯之适子誓于天子，摄其君，则下其君之礼一等"（《周礼·春官宗伯·典命》）。在这里，"五仪"对应"五等之命"对应"最高限量"，比如，"上公"—"九命"—"以九为节"、"侯伯"—"七命"—"以七为节"、"子男"—"五命"—"以五为节"等，这样就形成了一个以"节数"显"等级"的礼制体系。

在饮食器具的使用方面，不同阶层之间也存在着明确的区别，每个阶层饮食器具的使用数量是有一定标准的。"礼,有以多为贵者:天子七庙,诸侯五,大夫三,士一。天子之豆二十有六,诸公十有六,诸侯十有二,上大夫八,下大夫六。诸侯七介七牢,大夫五介五牢。天子之席五重,诸侯之席三重,大夫再重"(《礼记·礼器》)。"豆"是先秦时代的一种饮食器具,"豆,古食肉器也。从口,象形。凡豆之属皆从豆。徒候切"①。能够食肉的人已不是普通百姓,但这些权贵阶层之间也是有着明晰区别的,"豆"的使用数量就是权贵高低、等级尊卑的直接表现。"豆"既是一种可以盛放肉食的餐具,又是具有礼制象征意义的器具。"礼"的最初涵义就与"豆"有着密切的关系,以"豆"盛"玉"就是"礼"的本意。数量的多寡代表着权贵的高低、等级的尊卑,这是"礼"制观念的体现。"'礼'的起源是以贫富分化、等级分化为前提的,反过来'礼'的形成又稳定了贫富分化、等级分化的社会秩序。"②以允许使用"豆"的数量来看,"天子"的级别最高可以使用 26 尊,诸公次之可以使用 16 尊,诸侯可以使用 12 尊,大夫可以使用 8 尊,下大夫可以使用 6 尊。在使用数量方面,不同等级之间的差别也不是均等的,越到高层差距越大,自下而上的差为 2、4、4、10,这种礼制体现了"天子"至高无上的权威。

先秦时代人们饮食是席地而坐的,这种饮食方式决定了"席"的重要性。"席位"的样式也成为"礼"的一种显现,不仅是餐具的使用明确数量差别,脚下的坐垫数量也有区别。"天子"能使用 5 重,诸侯使用 3 重,大夫使用 2 重。"席"是权力的象征,有时君王也会"自降身价"像诸侯们一样使用"三重席"。《礼记》中记载,"大飨,君三重席而酢焉。三献之介,君专席而酢焉。此降尊以就卑也"(《礼记·郊特牲》)。在这里,君王以"降尊以就卑"的形式拉近了与群臣们的距离,但这只是个特例。

经过不断的演化,"席"也成为饮食活动的象征,宴席、酒席等词指引也被人们所使用。除了以上提到的"席",还有一种铺在"席"下较大的草垫称之为

---

① (东汉)许慎:《说文解字》,中国书店 1989 年版,说文五上·七。
② 樊树志:《国史十六讲》(修订版),中华书局 2009 年版,第 27 页。

"筵","筵"与"席"搭配使用,官阶较低的人只能跪坐在"筵",尊者才能享受铺在"筵"上的"席"。"铺筵席,陈尊俎,列笾豆,以升降为礼者,礼之末节也,故有司掌之"(《礼记·乐记》)。下面铺好"筵"与"席"饮食者跪坐其上,餐桌上陈设好各类酒器、食器、牲俎等饮食必备之物,升降跪拜行礼,在当时这些均被视为"礼"的小节,故君主不用亲自动手而由专门负责的官吏来提前布置。"司几筵,下士二人、府二人、史一人、徒八人。"贾公彦疏,"设席之法,先设者皆言筵,后加者为席"(《周礼·春官宗伯·叙官》)。这里提到了布置饮食场所的礼官的具体分工情况。

铺"筵席"是先铺较大的"筵",然后再在"筵"上面增加"席",具体增加的数量则要视饮食者的官阶而定。"筵席"起初只是饮食场景中的"礼之末节",后来则逐渐衍生为犹如满汉全席般的豪门盛宴的代名词。正是这些细枝末节琐碎的事物体现了"礼"的观念。

汉代画像石、画像砖中记录丰富的生活场景,我们可借此观察先民们在饮食上的礼俗,这也是我们现在能看得到最早的关于先民们饮食活动的画面。在成都出土的汉代宴饮图画像砖,先民们饮食时是"席地而坐"的,以长条形的几案承载酒食,并不像我们在宴会上使用的圆形大餐桌,而是独立的小桌饮食。三至四人为一组围坐在筵席之上,几步之外为另一组"筵席",至膝高的长几或方几上并未放置酒器,大型陶制或漆制的食器直接放置在地上。可见,三五成群的"分餐而食"与"席地而食"是中国先秦时代进行宴饮的主要形式。

"礼"是一套完整的体系,中国自古就有"六礼""七教""八政"之说,"六礼:冠、昏、丧、祭、乡、相见。七教:父子、兄弟、夫妇、君臣、长幼、朋友、宾客。八政:饮食、衣服、事为、异别、度、量、数、制"(《礼记·王制》)。饮食为"八政"之首,在饮食方面自上而下均有相应的规定,上自天子下至下大夫,普通百姓的饮食也有可能被邀请到这隆重的场合见证这种饮食礼仪。"乡饮酒之礼:六十者坐,五十者立侍,以听政役,所以明尊长也。六十者三豆,七十者四豆,八十者五豆,九十者六豆,所以明养老也。民知尊长养老,而后乃能入孝弟"(《礼记·乡饮酒义》)。以席地而坐并且能使用"豆"来饮食是崇高的礼遇,采用这样的形式以彰显尊老的孝道,弘扬尊老与孝悌,便能稳固社会秩序,使国家安宁。以邀请平民长者与君王共同参加饮食活动来体现对长者的尊重,饮食活动是体现国家礼制的重要方式。

在这种盛会上,长者可以使用"豆"这种象征权力的餐具,根据年龄高低使用数量也不尽相同,但 90 岁的老人也只能使用 6 尊,与"下大夫"的使用数量齐平。先秦时代人的寿命并不高,"我国历代人的平均寿命:夏、商时期不超过 18 岁,周、秦大约为 20 岁,汉代 22 岁,唐代 27 岁,宋代 30 岁,清代 33 岁,民国时期约为 35 岁"①。由此可推测,真正能享受到这种礼遇的老者也并不多见,这种饮食礼制的规定意在彰显尊老的思想。

"礼"有时也意味着禁止,往往以"毋"来说明不适宜做的错误行为,立出许多的行为准则,人们遵守这样的行为规范才能获得好的秩序,这也是人类文明发展的一种进步。比如,在饮食活动中特别强调进食行为的正确操作方式,这些操作细节也关乎饮食的卫生。"共食不饱,共饭不泽手。毋抟饭,毋放饭,毋流歠,毋咤食,毋啮骨,毋反鱼肉,毋投与狗骨。毋固获,毋扬饭。饭黍毋以箸。毋嚃羹,毋絮羹,毋刺齿,毋歠醢"(《礼记·曲礼上》)。这里列出了一系列的"毋",禁止了一些有碍于饮食卫生的行为方式,为营造优雅的进食秩序提出了颇为具体的饮食"操作手册"。

"礼"的观念中还强调"有节",讲究适度,在好的事物面前应该不能太过于沉迷其中而丧失理智。"是故圣人之制行也,不制以己,使民有所劝勉愧耻,以行其言。礼以节之,信以结之,容貌以文之,衣服以移之,朋友以极之,欲民之有一也"(《礼记·表记》)。"礼以节之"即是凸显"礼"对人们行为的节制作用。荀子认为"礼"的起源就在于人们可以通过"礼"来调节"物"与"欲"这二者的关系,"使欲必不穷于物,物必不屈于欲。两者相持而长,是礼之所

---

① 林万孝:《我国历代人的平均寿命和预期寿命》,《生命与灾害》1996 年第 5 期。

起也"(《荀子·礼论》)。在物质条件并不发达的时代,既要满足人的欲望又要使之协调发展成为避免社会混乱、化解矛盾的重要问题。

面对"物""欲"矛盾,先民们在饮食生活方面倡导"节嗜欲",要善于节制自己的欲望,这样才能称之为懂"礼"之人。"故酒食者所以合欢也,乐者所以象德也,礼者所以缀淫也"(《礼记·乐记》)。"礼"的"节制"作用避免人们饮酒过度而失去理智,使人们懂得饮酒、饮食要适度,否则就会"酒之流生祸也"(《礼记·乐记》)。酒能为饮食活动助兴,但过度饮酒沉迷其中就会引发祸端。过量饮酒的危害性很大,醉酒会使人变得"不谨慎",变得"软弱",甚至会丧失人的"自然本性","醉酒所产生的无所顾忌,甚至或许会随之而来的不谨慎,是一种虚假的生命力加强的感觉。醉酒的人这时不感到生命力的阻碍,而这种阻碍的制约力是与人的本性不可分割的(甚至健康也有赖于此)。他在他的软弱状态中还感到很愉快,因为他身上的自然本性实际上在努力通过他各种能力的逐渐增长,而把他的生命一步步重新产生出来"①。

先秦先民们已经意识到无节制地对欲望的追求不是一个知礼之人所做的事,节制对美食无节制的嗜欲便有利于人的理智发展。"成乐有具,必节嗜欲。嗜欲不辟,乐乃可务"(《吕氏春秋·仲夏纪·大乐》),"适耳目,节嗜欲,释智谋,去巧故"(《吕氏春秋·季春纪·论人》)。这里再次强调了"节嗜欲"对人的身体健康与增强礼乐修养的重要性。墨子主张"节制"饮食,饮食达到恢复人体的基本所需"则止"。"古者圣王制为饮食之法,曰:'足以充虚继气,强股肱,耳目聪明,则止。'不极五味之调、芬香之和,不致远国珍怪异物"(《墨子·第六卷·节用中》)。"燕侍食于君子,则先饭而后已;毋放饭,毋流歠;小饭而亟之;数噍毋为口容"(《礼记·少仪》)。"有节"还表现在进食次序,招待贵客要请客人先吃,进食过程中再次强调"毋抟饭,毋放饭,毋流歠",也就是进食要保持优雅的状态,不能张大手掌去抓取饭食攥成饭团,并且张大嘴巴

---

① 〔德〕康德:《实用人类学》,邓晓芒译,重庆出版社1987年版,第53页。

去大口咬食这坚实的饭团,饮酒饮水的时候也不能张开大口如水流一般迅速饮下,这是很不礼貌的吃相也不合"礼"法,应该小口进食并且一个饭团要分成多次吃下。

《礼记》中倡导这样的进食方式意在体现"有节",进食的数量与进食的速度都能反映出一个人的修养。"凡古圣王,饮食有节,车器有数,宫室有度,出令造事,加费而无益于民利者禁,故能长久治安"(《史记·七十列传·李斯列传》)。尽管国君拥有丰富的饮食可供享用,但明智的君王懂得"节嗜欲"的道理,若想成就一番伟业必须先从适度的日常生活饮食做起。荀子认为,人有欲望是人之常情,"食欲"是人的最基本的欲求,甚至排在了"衣欲""行欲""财欲"等欲望之前,但人们一定要懂得自律,懂得"长虑顾后""节用御欲",若"食太侈"、疏于节制,就会落得"不免于冻饿"的"瘠者"。"人之情,食欲有刍豢,衣欲有文绣,行欲有舆马,又欲夫余财蓄积之富也;然而穷年累世不知不足,是人之情也。今人之生也,方知畜鸡狗猪彘,又蓄牛羊,然而食不敢有酒肉;余刀布,有囷窌,然而衣不敢有丝帛;约者有筐箧之藏,然而行不敢有舆马。是何也? 非不欲也,几不长虑顾后而恐无以继之故也。于是又节用御欲,收敛蓄藏以继之也。是于己长虑顾后,几不甚善矣哉! 今夫偷生浅知之属,曾此而不知也,食太侈,不顾其后,俄则屈安穷矣。是其所以不免于冻饿,操瓢囊为沟壑中瘠者也"(《荀子·荣辱》)。

在"礼"的观念中注重"敬"的理念,不但祭祀活动中要对神灵有敬畏之心——敬神,而且在社会生活中也要注意互敬互爱——敬人。"黩于祭祀,时谓弗钦。礼烦则乱,事神则难"(《尚书·商书·说命中》)。在这里,强调的是不能轻慢地对待祭祀,心存不敬,否则将难以"事神"。"是故夫礼,必本于天,殽于地,列于鬼神,达于丧祭射御冠昏朝聘。故圣人以礼示之,故天下国家可得而正也"(《礼记·礼运》)。尊天地、敬鬼神是"礼"的根本,并将此本源精神再贯彻于"丧""祭""射""御(乡饮酒礼)""冠""昏(婚)""朝""聘"等各项具体的仪式中来。在日常生活中一定要学会尊敬他人,才能体现出个人的修养赢得他人的愉悦与尊敬。"敬一人而千万人悦。所敬者寡而悦者众,此之谓要道也"(《孝经·广要道章第十二》),懂得尊敬他人这也是学"礼"的第一步。

先民们对"礼"的重视也源自对家族的管理,通过"礼"的实施协调了人与人之间的关系,增进了家族内部的亲情与团结。充足的粮食是顺利实施"礼"制的物质基础。"凡有地牧民者,务在四时,守在仓廪。国多财,则远者来,地辟举,则民留处;仓廪实,则知礼节;衣食足,则知荣辱;上服度,则六亲固"(《管子·牧民·国颂》)。即是说,国君要重视农耕生产多储备粮食,这样才能国富民安,粮食充足饮食得到了基本保障之后,才能培养出懂礼节、知荣辱的国民,实施礼制之后,家族成员间的亲情关系才能稳固。可见,解决饮食问题是实施礼制的先决条件。家族成员之间要长幼有序,尊老爱幼。"教民亲爱,莫善于孝。教民礼顺,莫善于悌。移风易俗,莫善于乐。安上治民,莫善于礼。礼者,敬而已矣"(《孝经·广要道章第十二》)。可见,"敬"是"礼"的一项重要内容,家庭是社会的基本组成部分,家庭和谐社会才能安稳。

"敬"在家庭关系中就体现为"孝道"与"孝悌"。《礼记》中两次讲到了"三孝":"曾子曰:'孝有三:大孝尊亲,其次弗辱,其下能养'"(《礼记·祭义》)。又有,"孝有三:小孝用力,中孝用劳,大孝不匮"(《礼记·祭义》)。在这里,"孝"可分为三个层次,子孙的"大孝"是成就事业、光宗耀祖,"中孝"是不辱父母的令名,"小孝"是能赡养父母。最低层次的"孝"是能在父母身边并照料他们的生活起居,其中重要的内容就是保证长辈的饮食。

由于种种原因在普通家庭里"大孝"可能难以达成,但"中孝"和"小孝"是大多数家庭经过努力应该能做到的。"子游问孝。子曰:'今之孝者,是谓能养。至于犬马皆能有养;不敬,何以别乎'"(《论语·为政》)。能"养"便是"孝","养"是能"事之以礼"的重要内容。"子曰:生,事之以礼;死,葬之以礼,祭之以礼"(《论语·为政》)。"能养"就成为最现实的"孝道","养"就成为"孝"与"敬"的具体行为。"众之本教曰孝,其行曰养"(《礼记·祭义》)。因此,"孝"是各种伦理道德的根本要求,照料长者的饮食就成为家庭其他成员进"孝"的核心内容,用饮食来回报父母的养育之恩。饮食活动除了满足食欲更能增进彼此之间的感情,这种和睦的状况达成了"礼"的观念。"养,供养也。从食羊声。余两切。"①"养"与"羊"也有着密切的关系,"羊"是有"甘"味的美食,以"羊"之类的美味来供"养"最能体现出"孝"道。

先秦时代十分重视"养老",一定的年龄对应一定的饮食等级,以提供饮食的方式来体现对长者的尊重,满足长者的食欲是"养老"的最佳方式,"凡养老:有虞氏以燕礼,夏后氏以飨礼,殷人以食礼,周人修而兼用之。……五十异粮,六十宿肉,七十贰膳,八十常珍,九十饮食不离寝,膳饮从于游可也"(《礼记·王制》)。可见,五十岁以上就可归为老人了,为老人们准备了"燕礼""飨礼""食礼"等不同礼制下的美酒与美食,而且随着年龄的增长饮食的级别也会相应提高,以至到达九十岁的老者可以"饮食不离寝""膳饮从于游可也",这等级别也是先秦时代人们对丰富饮食的向往,可谓达到享受饮食的最高境界。日常生活中饮食也是长辈先食,"敦、牟、卮、匜,非馂莫敢用;与恒食饮,非馂,莫之敢饮食。父母在,朝夕恒食,子妇佐馂,既食恒馂,父没母存,冢子御食,群子妇佐馂如初。旨甘柔滑,孺子馂"(《礼记·内则》)。寻常百姓家通常是儿女们照料长辈的饮食,若长辈有剩饭则儿女们要将这些剩饭吃掉,剩饭里肥美甘甜柔滑的食物则由家中的小孩吃掉。

荀子认为,"礼"的核心理念在于"养","故礼者养也。刍豢稻粱,五味调香,所以养口也;椒兰芬苾,所以养鼻也;雕琢刻镂,黼黻文章,所以养目也;钟鼓管磬,琴瑟竽笙,所以养耳也;疏房、檖貌、越席、床笫、几筵,所以养体也。故礼者,养也"(《荀子·礼论》)。在这里,"养"就是"礼","养口""养鼻""养目""养耳""养体"等均为"养"的具体内容,荀子将"养口"作为"养"的首要内容,仅有肉食与谷物还不够,还需经过五味调和的烹制,"五味调和"是以食物"养口"的重要环节,"调和"的理念逐渐演变为"礼"制观念与审美文化的

---

① (东汉)许慎:《说文解字》,中国书店 1989 年版,说文五下·二。

重要范畴。"孝"是一个有修养之人的基本素质,其他的品性都是以此为基础的。"仁者,仁此者也;礼者,履此者也;义者,宜此者也;信者,信此者也;强者,强此者也"(《礼记·祭义》)。古人倡导道德准则"仁""义""礼""智""信"均以能否做到"孝"为基本出发点,"礼"就是指履行"孝"道。因此,"食"是"孝"的基本要求,同时也是实现"礼"制的本质内容,饮食活动本身也成为一种最适合表现"礼"制观念的形式。

"敬让"是"礼"的重要内容,"敬礼"出于饮食而"非专为饮食也"。"祭荐,祭酒,敬礼也。啐肺,尝礼也。啐酒,成礼也。于席末,言是席之正,非专为饮食也,为行礼也,此所以贵礼而贱财也。卒觯,致实于西阶上,言是席之上,非专为饮食也,此先礼而后财之义也。先礼而后财,则民作敬让而不争矣"(《礼记·乡饮酒义》)。宴席之上的美酒与佳肴是一种对宾客"敬礼"的表达,宾客以"啐"肉"啐"酒这样的浅尝辄止的方式——"尝礼"来回应主人的"敬礼",并且要退到"席末"以表达"非专为饮食也"。

"敬让"强调"贵礼而贱财"或"先礼而后财",以"食"为"礼"的道具,呈现出人与人之间的礼让关系。重"礼"轻"财"说明了先民们已将"礼"与"财"分离,并且精神层面上的"礼"超越了物质层面上的"财","礼"成为先民们心目中最为珍视的内在价值。"以圭璋聘,重礼也;已聘而还圭璋,此轻财而重礼之义也。诸侯相厉以轻财重礼,则民作让矣"(《礼记·聘义》)。"圭璋"是较"食"更为贵重的"财",在此也成为表达"礼"的一种道具,也是意不在"专为圭璋"。可见,"轻财而重礼之义"是产生"还圭璋""尝礼"这类礼让行为的内在理念。即使是初次相见,见面礼也并非贵重之物,多为"食物","士相见之礼。挚,冬用雉,夏用脯"(《仪礼·士相见礼》)。这里的"雉"即野鸡,"脯"为风干的雉。值得注意的是,缘何不是用新鲜的野鸡作为礼物呢?因为几日后再次回拜时还要返回这件礼物,冬季天冷雉不易腐败,夏季天热一定要用风干的雉才能经得起反复使用,"主人复见之,以其挚,曰:'曩者吾子辱,使某见。请还挚于将命者'"(《仪礼·士相见礼》)。"雁"即舒雁或鹅,是下大夫之间初次见面的礼物,"羔"即羔羊,是上大夫之间的见面礼,"下大夫相见以雁,饰之以布,维之以索,如执雉。上大夫相见以羔,饰之以布,四维之,结于面;左头,如麛执之。如士相见之礼"(《仪礼·士相见礼》)。这些见面礼虽较为简单,都是一些食材,但有着深刻的寓意,比如,"雉"不为食所诱惑宁死也不被人在家里蓄养,有着死义、守节的品格;"雁"能飞成行、止成列,象征大夫自律事君;"羔"群而不党且能服从头羊,象征着上大夫事君当如此。因此,相见礼物的选择是其寓意远大于作为食材的实际效用的。

"诚"是"礼"的基本要求,"礼"不是走过场,要求人们能够诚心诚意地去实施。"礼有大有小,有显有微。大者不可损,小者不可益,显者不可掩,微者不可大也。故经礼三百,曲礼三千,其致一也。未有入室而不由户者。君子之于礼也,有所竭情尽慎,致其敬而诚若,有美而文而诚若。君子之于礼也,有直而行也,有曲而杀也,有经而等也,有顺而讨也,有撕而播也,有推而进也,有放而文也,有放而不致也,有顺而摭也。三代之礼一也,民共由之"(《礼记·礼器》)。在这里,"致一""一也"均为"诚","诚"是经礼三百,曲礼三千的基本要求,"诚"也是夏商周以来先民们一直共同遵循的。先民们在行"礼"之时"竭情尽慎",有的是内在的"敬而诚若",有的是外在的"美而文而诚若",尽管各种礼仪的形式不同,但终归离不开心中的虔诚。

先秦时代的祭祀与饮食生活为"礼"文化的生成提供了重要实践场景,饮食之礼是"礼"文化的一项基础内容。"在中国古代,烹调、食用、分享、祭献食品的各种活动,赋予了个人以及社会一种远远超越物质需求之外的能力。庖丁和孔子生活的社会,或者至少是中国古代的文人学士们所描绘或想象的社会,是一个将饮食文化与复杂的道德规则和社会准则密切联系起来的社会,在这个社会中,享用食品、祭献食品同时也具有社会思想和政治思想方面的丰富、深刻的隐喻,并且还塑造和引导着人们的行为。"①先秦时代的饮食生活成

---

① [英]胡司德:《早期中国的食物、祭祀和圣贤》,刘丰译,浙江大学出版社2018年版,第193页。

为先民们审美观念与礼制文化的最初场景,从而开启了一种富有浓厚的"烟火气"和"生活气"的中华"礼乐"文明。

第三节　饮食与"乐"

先秦时代有没有比饮食更令人兴奋的事物呢? 孔子曾将饮食与音乐放在一起作出了对比,"子在齐闻《韶》,三月不知肉味,曰:'不图为乐之至于斯也'"(《论语·述而》)。这一番比较的结果是《韶》乐胜于"肉味",而且是回味无穷,音乐之美超越肉食之美,精神愉悦大于生理感官的快感。"子谓《韶》:'尽美矣,又尽善也。'谓《武》:'尽美矣,未尽善也'"(《论语·八佾》)。《韶》乐是先秦礼乐文化的典范,在儒家看来已达到了"尽善尽美"的高度,"以《韶》与消极榜样——'郑声'对举,以《韶》为雅乐、正乐,乃符合周礼制度要求,正可为理想之乐代言者,孔子心目中伟大音乐的经典"①。

儒家倡导"礼乐"文化的同时也重视饮食活动,饮食是"礼乐"文化在先民们日常生活审美中的一种重要体现,"以孔子为代表的儒家的饮食思想与观念也可以说是古代中国饮食文化的核心,儒家所追求的平和的社会秩序,也毫不含糊地体现在饮食生活中,这也就是他们所倡导的礼乐的重要内涵所在"②。饮食与音乐,或者说"食""乐""舞"在先秦时代通常是在一起的,都是先民们对美的感受,"食""乐""舞"都能引起人的愉悦感。

一、"乐"的最初形态

在考古发掘中,我们也可以看到乐器的出土与饮食、祭祀紧密相连,"乐"就在"食"事(祭祀)的现场,考古遗迹为先秦时代的"礼乐"相合的盛况提供了重要的证据。"出于商周遗址的乐器,以地处商周王朝政治中心的中原地

---

① 薛富兴:《先秦儒家乐论两境界》,《首都师范大学学报(社会科学版)》2018 年第 6 期。
② 王仁湘:《往古的滋味:中国饮食的历史与文化》,山东画报出版社 2006 年版,第 203 页。

区较为多见。有些遗址的出土乐器与祭祀活动关系密切,河南郑州小双桥商代早期宫殿建筑遗址出土有特磬1件(河南省文物考古研究所1993)。该遗址发现有大型青铜建筑构件、柱础石和夯土堆积,在遗址的中心区域之内,布满了类似祭坛性质的大型高台夯土建筑基础、大型祭祀场、祭祀坑、奠祭坑、灰沟、灰坑等,并发现有与冶铜有关的遗存。祭祀遗迹除沿用早期的祭祀坑外,另设立了新的圆形台基和大型建筑基址。小双桥遗址出土的祭品种类由早期的狗、人和金属饰件,发展为使用牛、象、鹿、猪、鹤、鸡等动物牺牲,以及炼铜炉、铜镞、铜条、铜炼渣、牙饰、骨镞、蚌壳、原始瓷尊、陶缸、陶鬲、陶器等"①。

"食"之"五味","乐"之"五声"均为日常生活中的审美对象,都对人们有着强大的吸引力。"天有六气,降生五味,发为五色,征为五声,淫生六疾。六气曰阴、阳、风、雨、晦、明也。分为四时,序为五节,过则为灾"(《春秋左传·昭公元年》)。可见,无论是饮食还是乐舞均为天地自然演化的产物,"食""乐""舞"都指向了共同的源头。

"食"源自谷物粮食是人们赖以生存的必备之物,"食"关乎种族生命的存续与发展,"食,一米也。从皀亼声或说亼皀也。凡食之属皆从食。乘力切"②。经过先民们长期对野生稻的驯化,终于可以培植成适宜食用的稻米,成为可"食"之物。"食"是世界上最宝贵的东西,家庭必备之物,国家必备之物,故称"食"为"国备"。"且夫食者,圣人之所宝也。故《周书》曰:'国无三年之食者,国非其国也;家无三年之食者,子非其子也。'此之谓国备"(《墨子·七患》)。相较而言,"乐"比"礼"的历史更为悠久,"中国古代的文化,常将'礼乐'并称。但甲骨文中,没有正式出现'礼'字。以'豊'为古'礼'字的说法,不一定能成立。但甲骨文中,已不止一处出现了'乐'字。这充分说明

---

① 方建军:《商周乐器文化结构和社会功能研究》,上海音乐学院出版社2006年版,第184页。

② (东汉)许慎:《说文解字》,中国书店1989年版,说文五下·二。

乐比礼出现得更早"①。"乐"的甲骨文写为 𝑌（后1.10.5）或 𝑌（京津3728）②，"乐"的金文写为 𝑌（乐乐鼎）或 𝑌（子璋钟）或 𝑌（邵钟）或 𝑌（上乐鼎）③。"采"的甲骨文写为 𝑌（前5.36.1）或 𝑌（前7.40.1）④，"采"的上半部分为"手"，下半部分为某种植物的样子，甲骨文"采"字的下半部分与金文"乐"字的写法趋同。由此可推知，早期的"乐"与植物（或可食用性的植物果实）有密切联系。

"乐"与农耕谷物也有着密切的联系。通过考察"乐"的甲骨文字形可以推断出"乐"与"食"相关，也是一种地上生长的谷物。"我们对'乐（樂）'的甲骨文字，已有一个大致的认识，即可以把它作为成熟了的谷类植物的象形文字来看。"⑤从"乐"字的读音方面看"乐"也与谷物有关，"清朝四大说文家"之一的朱骏声所著的《说文通训定声》以"乐（樂）"的古韵为"药（藥）"，二者均读作"yao"，也应该是音乐之"乐"的早期读音。"药，治病艸。从艸樂声。以勺切。"⑥由此可见，"食"与"乐"同样源于先民们的耕种劳作，同为成熟的粮食作物，故"药食同源"或"乐食同源"。此外，还有"乐"是为弦鸣乐器的象形的说法，"依据罗振玉《增订殷墟书契考释》的解释，甲骨文乐字上'丝'下'木'，像木上附丝，为琴、瑟等乐器的象形"⑦。可是，由于丝弦木质乐器不易保存，至今尚不能见到先民们最初所使用的该种弦鸣乐器的实物。"据目前考古材料，殷商乐器有体鸣乐器、膜鸣乐器和气鸣乐器三个种类，而弦鸣乐器则迄未发现。"⑧因为缺少弦鸣乐器的考古实物，尚不能确证弦鸣乐器为最初的乐器，

---

① 徐复观：《中国艺术精神》，华东师范大学出版社2001年版，第1页。
② 参见中国科学院考古研究所编：《甲骨文编》，中华书局1965年版，第261页。
③ 参见容希白编：《金文编正续编》，（台湾）大通书局1971年版，第348页。
④ 参见中国科学院考古研究所编：《甲骨文编》，中华书局1965年版，第262页。
⑤ 修海林：《中国古代音乐美学》，福建教育出版社2004年版，第68页。
⑥ （东汉）许慎：《说文解字》，中国书店1989年版，说文一下·七。
⑦ 王贵元：《汉字与历史文化》，中国人民大学出版社2008年版，第72页。
⑧ 方建军：《商周乐器文化结构和社会功能研究》，上海音乐学院出版社2006年版，第49页。

"乐"为弦鸣类乐器之象形。"徐中舒认为:'罗说可备一说。'但他指出早期与晚期金文字形有异,通过研究,他认为殷甲文'乐'有三义:一是人名;二是地名;三是不明之义。并明确指出:'卜辞中乐无用作音乐义之辞例。'徐中舒这一发现指向一个事实,即甲文'乐'字与音乐无关。另据姚孝遂《殷墟甲骨刻辞类纂》,该书收'樂'字的甲文刻辞凡九例,同样无一例同'音乐'含义有关。"①现代的弦鸣乐器通常会有一个较大共鸣腔体以便弹奏和发声,丝弦仅占较小的体积且不会超出木质把柄的部位,与"乐"的甲骨文、金文所呈现的形象差异较大。

我们通过考察"乐"的甲骨文、金文的书写,"乐"为某种植物生长的样子,植物的较大的上部与较小的下部为一个整体,中间无黏合或捆绑的痕迹,植物的枝叶茂盛、籽粒饱满,植物较小的根部与其宽大的冠部形成反差。"乐"的金文在"乐"的甲骨文左右各有一组"枝叶"基础上进一步演化,增加了中间一组"枝叶",茂盛的"枝叶"或"果实"的形象更加突出。丰收的景象是令人振奋的,先民们面对此景定会抑制不住内心的喜悦之情,放声而歌,"音乐中的声乐和器乐两者密不可分,但就起源而言,是先有声乐,后有器乐,这是原始音乐发展的规律。……从考古资料看,直到新石器时代才出现了一些乐器,说明乐器出现较晚"②。可以说,早期的"乐"源自先民们内心的情感愉悦,主要体现为声乐,并非某种乐器之象形。种植粮食获得丰收大概是促使先民们产生愉悦感的原因之一,成为"乐"(声乐)得以产生的一项实践基础。

"乐"是先秦初民们的审美基础,"耳知其乐"打开了审美实践的"第一扇门"。"是故子墨子之所以非乐者,非以大钟、鸣鼓、琴瑟、竽笙之声以为不乐也,非以刻镂华文章之色以为不美也,非以(此字为左右结构,左为"牛"右为"刍")豢煎炙之味以为不甘也,非以高台厚榭邃野之居以为不安也。虽身知其安也,口知其甘也,目知其美也,耳知其乐也,然上考之不中圣王之事,下度

---

① 韩朝、李方元:《周人传统与西周"礼乐"渊源》,《音乐研究》2019 年第 5 期。
② 宋兆麟:《中国风俗通史·原始社会卷》,上海文艺出版社 2001 年版,第 501 页。

之不中万民之利。是故子墨子曰:'为乐非也'"(《墨子·非乐上》)。在墨子看来,"耳"—"声"—"乐"、"目"—"色"—"美"、"口"—"味"—"甘"、"身"—"居"—"安"为人之享乐的四大途径,而诉诸听觉之"乐"乃是寻求精神愉悦的首选,以音乐来激发内心的快乐,心理上的欢愉正是人们进行审美体验的基础条件。"中国旧时的所谓'乐'(岳)它的内容包含得很广。音乐、诗歌、舞蹈,本是三位一体可不用说,绘画、雕镂、建筑等造型美术也被包含着,甚至于连仪仗、田猎、肴馔等都可以涵盖。所谓'乐'(岳)者,'乐'(洛)也,凡是使人快乐,使人的感官可以得到享受的东西,都可以广泛地称之为'乐'(岳)。"①在先秦时代诗歌乐舞之"乐"等同于快乐之"乐"或审美之"乐",外在之音乐正是内心快乐的一种表达,也是实现审美愉悦之"乐"的一种重要途径。此外,诸如"色"之"美"、"味"之"甘"、"居"之"安"等途径亦可为人们带来内心满足之"乐",审美之"乐"是听觉、视觉、味觉、身体感受等多方面的综合体验。

"乐"源自先民们的生产实践,"乐"是劳动的节奏,"今举大木者,前呼舆謣,后亦应之,此其于举大木者善矣。岂无郑、卫之音哉?然不若此其宜也"(《吕氏春秋·览·审应览·淫辞》)。"乐"作为一种劳动号子,使人们步调一致共同完成艰苦的劳作。"乐"与人类劳作特别是"农事"活动有着密切的关联。比如,先秦时代的君王重视农业祭祀活动,自伊耆氏开始每年年末都会举行"蜡祭"。"天子大蜡八。伊耆氏始为蜡,蜡也者,索也。岁十二月,合聚万物而索飨之也。蜡之祭也:主先啬,而祭司啬也。祭百种以报啬也。飨农及邮表畷,禽兽,仁之至、义之尽也。古之君子,使之必报之。迎猫,为其食田鼠也;迎虎,为其食田豕也,迎而祭之也。祭坊与水庸,事也。曰:'土反其宅,水归其壑,昆虫毋作,草木归其泽'"(《礼记·郊特牲》)。

腊是为求神而祭,年终的蜡祭可以追溯到"伊耆氏"时代,在"蜡祭"仪式上,祭祀诸多有关农业生产的神灵,举行图腾乐舞来传达对神灵的敬意,比如

---

① 《郭沫若全集·历史编》第一卷,人民出版社1982年版,第492页。

"猫捉鼠""虎驱野猪""沟渠利水"等有利于粮食丰收的事项均需在年末的"蜡祭"上予以祭拜与报答。在这项古老的祭祀活动中,要祭先啬(神农),也兼祭司啬(后稷),祭祀百谷之神以报答先啬和司啬,神农与后稷向人们传授农业生产的技艺从而解决了食材短缺的问题。除了"先啬"和"司啬"外,有利于农业生产的"农"(田官之神)、"邮表畷"(阡陌之神、田舍之神)、"禽兽"(禽兽之神)、"坊"(堤岸之神)、"水庸"(沟渠之神)等诸神也在其后进行祭拜。祭拜之时歌以咏之,"土反其宅,水归其壑,昆虫毋作,草木归其泽",由这样的唱词可以看出,先民们祈求草木繁茂、风调雨顺、堤岸坚固、洪水不泛、远离虫害,以保证年年丰收、粮食充足。以"乐舞"祭"农事"是早期"乐舞"的主要功能,"蜡祭"也展现了先民们获得粮食丰收之后的愉悦情绪。

"食"是创生"礼"观念的一项重要本源,自"礼"诞生之后也逐渐演化成为一套完整的秩序,制约着社会行为与维护着阶级利益,成为日常生活中不可或缺的准则。"礼"的观念是理性的、社会性的,处处体现着长幼尊卑之别。"'礼'的本质是'异',即差异,用来显示社会中各等级之间的差异,也就是说,贵与贱、尊与卑、长与幼、亲与疏的各色人等之间,必须遵守各自的行为规范,用来显示贵贱、尊卑、长幼、亲疏之间的差异,绝对不可混淆。"[1]"礼"强化了人的"身份",人与人之间的"差异化",但这种"差异化"并不是某一个人的"个性化",它体现着社会规则与等级秩序,它作为某一阶层人群的"群体化"存在着,是同一阶层人群的相互认同,也是标明不同阶层人群之间差异的"标签"。"乐者为同,礼者为异。同则相亲,异则相敬,乐胜则流,礼胜则离。合情饰貌者礼乐之事也。礼义立,则贵贱等矣。乐文同,则上下和矣"(《礼记·乐记》)。"乐"—"同"—"亲"、"礼"—"异"—"敬","礼""乐"使人们既相亲又相敬,"礼""乐"能检束仪容,调和感情,确保在一定限度内行事,谨防偏颇以至"流""离"。

---

① 樊树志:《国史十六讲》(修订版),中华书局 2009 年版,第 27 页。

　　"乐"与"食"同样是大地的产物,起初同为生长的谷物,同为人们的饮食来源,但"乐"逐渐演化为不同于"礼"的一种观念,人们通常将这二者合称为"礼乐"。"乐""食""饮"均为先秦时代祭祀礼仪中的重要元素,这三者往往是成套出现的。"故祭,求诸阴阳之义也"(《礼记·郊特牲》)。"祭礼"注重各元素的搭配以符合"阴阳"之理。"飨、禘有乐,而食,尝无乐,阴阳之义也。凡饮,养阳气也;凡食,养阴气也。故春禘而秋尝;春飨孤子,秋食耆老,其义一也。而食、尝无乐。饮,养阳气也,故有乐;食,养阴气也,故无声。凡声,阳也。鼎俎奇而笾豆偶,阴阳之义也。笾豆之实,水土之品也"(《礼记·郊特牲》)。由此可见,祭祀活动中"食""饮""乐"是不可或缺的事项,先民们注重"阴阳"相合,往往将事物划分或归类为"阴"与"阳"。"乐"为"阳","食"为"阴","饮(酒)"为"阳"。"鼎"与"俎"此类盛放牲体(动物)的器物为"阳",故使用的总数也为属"阳"性的奇数;"笾"与"豆"此类盛放食物(植物)的器物为"阴",故使用的总数也为属"阴"性的偶数。"饮,养阳气也,故有乐。"因此,我们通常看到的"礼乐"画面是"酒"—"乐"相连的。

　　"鼎"是先秦青铜礼器中的重要器物,既有盛放饮食之用,又有彰显等级权力的功用。"列鼎制度"成为先秦饮食文化中的重要内容,各阶层等级权力在饮食礼仪中的体现。"西周时代青铜鼎作为等级的标志是列鼎制度的产生。所谓列鼎是指大小相次成单数排列的盛放各种肉食的鼎。奴隶主贵族等级愈高,使用的鼎愈多,他能享受到肉食类的品种也愈多。据记载,天子用九鼎,诸侯低一等用七鼎,卿大夫用五鼎,地位较低的士用三鼎。宗周王臣的礼数也与此相仿。所谓礼数不同,说得简单些,是排场大小的差异。如天子的第一鼎用以盛牛,叫作大牢;以下为羊、猪、鱼、肉脯、肠胃、肤、鲜鱼、鲜腊。诸侯七鼎去掉后二味。卿大夫第一鼎盛羊,叫作少牢;以下有猪、鱼、腊、肠胃等。士只有猪、鱼、腊三味"①。

---

　　① 马承源:《中国古代青铜器》,上海人民出版社 2008 年版,第 27 页。

"飨礼"是在春季和夏季举行祭祖仪式,"飨礼"之上以饮酒为主,注重阳气的保养,故有"乐"相伴;"食礼"是在秋季和冬季举行祭祖仪式,"食礼"之上以吃饭为主,注重阴气的保养,故无"乐"相伴。因此,"饮(酒)"与"乐"往往会同时出现,"饮(酒)"与"乐"同为"阳",成为举行"飨礼"的重要组合。"昏礼不用乐,幽阴之义也。乐,阳气也。昏礼不贺,人之序也"(《礼记·郊特牲》)。由于"乐"为"阳","昏礼"属"阴",在《礼记》中的结婚典礼上是无"乐"的,并且婚礼上也不接受祝贺,大概由于先民们认为下一代长大结婚,上一代就要即将衰亡,毕竟先秦时代人的平均寿命只有二十岁左右。值得注意的是,这里没有用"阴阳相生""阴阳相合"的概念,而是采用"以阳助阳""以阴助阴"的做法。

自"乐"发于祭祀"农事"之后,"乐"的概念也在不断演进,从关注与服务于农业生产、物质生产转化为人们追求精神需要的主要形式。随着农业生产的进步,先民们的温饱得到基本保证以后,"乐"的应用领域从农事拓展到了生活中的诸多方面,"乐"器从"鼓"拓展到其他诸多类型的乐器。"雷出地奋,豫;先王以作乐崇德,殷荐之上帝,以配祖考"(《周易·象传上·豫》)。可见,在先民们看来,春雷是新的一年农作的好兆头,雨水充沛有利于谷物生长,也预示着以后饮食能得到保证,故"雷"声能令人产生兴奋与愉悦感。"鼓"声与"雷"声相像,"鼓"也是最早的"乐"器。"'礼'从'壴',而'壴'即'鼓'之初文,是古代的食器,这种食器受到外力的击打,发出声音,就形成了最初的'乐'。故人不仅以玉器承玉器奉神,也以食器发音娱神,所以'鼓'被广泛地用于古代的祭祀活动中。"①《说文解字》中对"乐"字的解释为乐器,"乐,五声八音总名。象鼓鞞,木虡也。五角切"②。这是将"乐"作为"成熟的谷物"概念的引申意,"雷"声或"鼓"声能唤起人们在面对粮食成熟时的丰收喜悦情绪的记忆,对"食"的满足的愉悦之情经"乐"器的演奏随时能调动起这样的情

---

① 林少雄:《中国饮食文化与美学》,《文艺研究》1996年第1期。
② (东汉)许慎:《说文解字》,中国书店1989年版,说文六上·七。

绪。"壴(鼓)作为礼器,《礼记·礼运》讲中礼产生时就有'土鼓'。鼓在上古和中古都是乐的核心,从而鼓代表整个乐。到了下古,钟超越鼓成为核心,钟成为整个乐的代表,因此,殷商甲骨文的豊,下部突出的是壴(鼓),到西周,编钟走向成熟,进入高位,西周金文中豊,突出的是食器的豆。虽然豆显而壴(鼓)隐,但仍在礼中存在。总之,豊中之壴,彰显着乐在远古之礼中一以贯之的重要性。"①"乐"从农事"祭祀"场景也逐渐拓展到各种日常的生活场景,"乐"能直接激发人们的心理情绪的变化。

当"乐"作为"乐器(鼓)"时,"乐"的本义便逐渐褪去了,"乐"的"谷物成熟"的形象转化为"乐器"的形象,"乐"从关注粮食是否丰收、饮食是否充足、生命能否延续等有关"食"的问题转化为心理、情绪、精神等方面是否愉悦的问题。"在审美文化现象中,音乐、舞蹈应该是起源最早的艺术形式之一,如果从人类最初出于本能地宣泄情感、不自觉地表现性的吸引算起,远在人类语言诞生之前,就肯定有'啊、啊'的歌唱了,为某一次'食、色'的满足而兴奋得'手之舞之足之蹈之'的情形也是常有的。"②先秦时代的"乐"与"舞"已经成为人们表达内心情感的重要手段,也由此开启了为精神、为情感而服务的艺术活动。"得敌,或鼓或罢,或泣或歌"(《周易·中孚卦》)。以"鼓"来鼓舞士气,以"歌"来表达内心的喜悦。"以雷鼓鼓神祀,以灵鼓鼓社祭,以路鼓鼓鬼享,以鼖鼓鼓军事,以鼛鼓鼓役事,以晋鼓鼓金奏。以金镈和鼓,以金镯节鼓,以金铙止鼓,以金铎通鼓。凡祭祀百物之神,鼓兵舞、帗舞者"(《周礼·地官司徒·鼓人》)。可见,先秦时代的"神祀""社祭""鬼享""军事""役事""祭祀百物之神"等各项仪式的举行均离不开"鼓","鼓"由最初的食器逐渐演变为一种打击乐器,进而成为古代中国早期"乐"的主要形式,击"鼓"以"祭"是一种对华夏先民们叩击日常饮食器具而发出有节奏的声响以娱神祈福的传

① 张法:《礼:中国之美在远古的基本框架》,《湖南科技大学学报(社会科学版)》2020年第1期。
② 廖群:《中国审美文化史·先秦卷》,山东画报出版社2000年版,第40页。

承,由此,"祭"—"食"—"鼓(乐)"—"舞"构成古代中国举行庄重仪式的一种重要模式。

"乐"观念的演化大致经历了三个阶段:从"成熟的谷物"发展为"乐器",继而又发展为"乐者乐也"。"乐"的发展与其功用相关,君王以"乐"作为治理国家的重要手段之一。"故礼以道其志,乐以和其声,政以一其行,刑以防其奸。礼乐刑政,其极一也,所以同民心而出治道也。凡音者,生人心者也。情动于中,故形于声。声成文,谓之音。是故治世之音安以乐,其政和"(《礼记·乐记》)。在这里,"乐"与"礼""政""刑"并列,组合而成四种相辅相成的管理体制,"礼"侧重于引导人们的伦理道德意志,"乐"侧重于调和人们的内心情绪,"政"侧重于规范人们的日常行为,"刑"侧重于惩戒人们的犯罪。尽管四者的实施方法不同,但其目的一致,要民心相通实现天下大治。"乐"能反映心声,人的思想观念、情绪波动、喜怒哀乐等内容通常以"乐"的形式表达出来。"感于物而动,故形于声。声相应,故生变;变成方,谓之音;比音而乐之,及干戚羽旄,谓之乐。乐者,音之所由生也;其本在人心之感于物也"(《礼记·乐记》)。可见,"声"与"音"是"乐"产生的基础,"乐"的产生要经历一系列的变化、感受与创造的过程。"声"是人的内心对外部事物的状况的真实感受,是由外而内的、被动接受的过程。"音"是人对多种"声"的变化的反映,是能动的感受、加入主体意识的过程,综合各种"声"最终在内心形成了新的"音"。若干相同、相异综合交错的"音"经过人的重新整理并表达出来,从而形成了"乐"。"凡音者,生于人心者也。乐者,通伦理者也。是故知声而不知音者,禽兽是也;知音而不知乐者,众庶是也。唯君子为能知乐"(《礼记·乐记》)。在这里,"声""音""乐"三者之间存在着一种递进关系,古人以"禽兽""众庶""君子"来指代知"乐"的高低程度之别,欣赏"乐"的高级阶段是要能体悟出"乐"中蕴含着的伦理道德思想。

嵇康提出的"声无哀乐"观点,也是将"声""音""乐"分开来看待,"躁静者,声之功也;哀乐者,情之主也。不可见声有躁静之应,因谓哀乐者皆由声音也。且声音虽有猛静,各有一和,和之所感,莫不自发"(《声无哀乐论》)。在这里,"声"是源自外部自然的声音,"乐"是源自内心的情感,"乐"是对"声"的主观上的理解。天地自然中原本便含有"和"的因素,人的内心中也有"和"的观念,"声"之"和"并不必然引发"乐"之"和"。获得"乐"之"和"尚需充分调动人们的主观能动性,"乐"是主观的、是发自内心的情感表达。因此,"乐"是源自天地自然进入内心,由心而发表现出来进入群体,群体中的受众接受"乐"并引起新的整理,并有可能再以自己创造的新方式传播到群体中。

先秦时代的"乐"是"口口相传",传递或传承过程会不断舍弃旧元素、加入新元素以适应新的情境。"乐"的创作大致经历了"物"—"声"—"音"—"乐"这四个环节,"乐"的传播过程将会是"物"—"声"—"音"—"乐"—新"乐",或是"物"—"声"—"音"(新"音")—"乐"(新"乐")—新"乐"(融合新"音"、新"乐"的创造)。《礼记》中"乐"的本义是"人心之感于物",其源头在"物",其结果是人的内心感受与情感表达。

"乐"所表达的情感起初是因谷物成熟、粮食丰收而欢呼雀跃。"德盛而教尊,五谷时孰,然后赏之以乐"(《礼记·乐记》)。五谷丰收的时候,先民们往往会以"乐"相庆。孔子认为"蜡祭"就是以祭祀形式表达丰收的喜悦,"子贡观于蜡。孔子曰:'赐也乐乎?'对曰:'一国之人皆若狂,赐未知其乐也!'子曰:'百日之蜡,一日之泽,非尔所知也'"(《礼记·杂记下》)。子贡不能理解为何一国之人在"蜡祭"时会欣喜若狂,孔子是了解长期农耕劳作的辛苦,丰收的稻谷是人们辛勤劳动的成果,来年的饮食能够得到了保障,面对珍贵的粮食是有理由进行狂欢表达喜悦之情的。因此,这里的"乐"更多的是指"乐(欢乐)","蜡祭"仪式中的"乐"既是"饮食之乐(欢乐)"又是"乐舞之乐(音乐)","蜡祭"展现着农耕生活的欢庆气氛与强烈的生命意识,先民们对粮食丰收、谷物成熟的喜悦之情是一种对生命的肯定。"乐(乐舞)"之"乐(欢乐)"是早期"乐"所传达的主要的情感,欢乐的场景往往会举行"乐舞"。与此相反,若没有"乐事"则不进行"乐舞",先民们关注农事的丰收状况。农作物丰收则喜、"乐（欢乐）"，举行"乐舞"仪式；农作物减产则不悦、无"乐（欢乐）"，不举行"乐舞"仪式。"岁凶，年谷不登，君膳不祭肺，马不食谷，驰道不除，祭事不县。大夫不食粱，士饮酒不乐"（《礼记·曲礼下》）。这里讲述了"年谷不登"的情形，这样的年景人们饮食不饱、节制在牲畜的饲料添加谷物，不再举行杀生祭祀的活动，大夫们不吃"粱"之类的谷物，饮酒时不再伴有"乐舞"。

粮食不丰时先民们会保存最低的饮食消费，再也没有心情和足够食物与气力举行祭祀活动，通常"酒"与"乐"为一体，但在此时，"乐舞"这类"乐（欢乐）"的事宜也不再进行了，保留"酒"而省去"乐"。"酒"是"礼"的象征，丰年是往往"酒""乐"同现，"礼""乐"相合，逢灾年则保留"礼"而省去"乐"，可见"礼"始终是处于核心地位的，是先民们生活的"必需品"，而"乐"则反映着丰收与财富状况，生活富裕的情况下"乐"才会出现。可见，这个阶段"乐"仅指的是"乐（欢乐）"，"乐"中含"悲"只是在这个阶段之后衍生出来的。

"乐者乐也"是《礼记》中经常提到的概念，"乐（欢乐）"是"乐（乐音或乐舞）"的重要特征或唯一特征，表达人心之"乐（欢乐）"是"乐"的最初目的。"夫乐者乐也，人情之所不能免也。乐必发于声音，形于动静，人之道也。声音动静，性术之变，尽于此矣。故人不耐无乐，乐不耐无形"（《礼记·乐记》）。"乐"符合人们表达情绪的需要，人们内心的"乐（欢乐）"要寻找一种方式得以释放，而"乐（乐舞）"则是最恰当的方式，愉悦的心情诉诸肢体上的行动，放声歌唱舞动身体，正是表达内心的兴奋与欢乐的最佳形式，以"乐（乐舞）"享"乐（欢乐）"已成为人们日常生活中不可少的娱情方式，以外部的"乐（乐舞）"疏导内心的"乐（欢乐）"成为《礼记·乐记》中"乐"的核心观念。"乐（乐舞）"观念尚未完全脱离农耕生活中"果腹之美"，"乐"与"味"交织在一起，"物"（尤指"食"）—"乐（欢乐）"—"乐（乐舞）"，这一模式当为早期"乐"观念的主要形态，追求更多的饮食与生命的延续是促使"乐（乐舞）"兴起的主要因素。

先秦时代的"乐"并未完全地独立出来成为专门的视听审美观念,依然与"味""色""气"并列,共同作为审美的系列观念。"子产曰:'夫礼,天之经也。地之义也,民之行也。'天地之经,而民实则之。则天之明,因地之性,生其六气,用其五行。气为五味,发为五色,章为五声,淫则昏乱,民失其性"(《春秋左传·昭公二十五年》)。在这里,"五味(酸、苦、甘、辛、咸)""五色(青、黄、赤、白、黑)""五声(宫、商、角、徵、羽)""五行(木、火、土、金、水)""六气(阴、阳、风、雨、晦、明)"等为成组出现一同作为"礼"的呈现,"美声""美色""美食"同为人们对听觉、视觉、味觉的审美追求,"美声""美色""美食"是先民们日常生活中重要的审美体验,声美与味美、色美相并存使生理与心理同时得以愉悦,这种美感是生理快感与精神享受的混合体,生理上的"美"与心理上的"美"交织在一起难分彼此,这也反映了农耕生活的文化特征,"美味"与"乐"的最初含义"成熟的谷物"有着诸多的联系,"味"观念中蕴含着"乐","乐"观念中也有"味"的成分。"口之于味也,有同耆焉;耳之于声也,有同听焉;目之于色也,有同美焉"(《孟子·告子章句上》)。口、耳、目是人们感知外部世界的器官,审美感受往往来自日常生活中的真实体验,审美精神与生理机能紧密连接,审美判断与审美观念不离审美感性经验。"礼"是"天经地义"的,"礼"是高于"五味""五色""五声""五行""六气"等更为抽象的概念。

在早期"礼"是高于"乐"的,随着人们对情感表达的重视,"乐"也逐渐发展为与"礼""乐"齐平的状态,"乐"逐渐成为审美愉悦、审美快感的代表,"乐"从生理与心理两方面的审美混合转化为心理上、精神上的审美体验。"礼,从本质上看,它还不能说是审美的,只能说具有审美的因素。乐则不同,它直接作用于人的感觉、情感再深入到人的理性。这种传达的途径与方式,是最切合人的本性的。人是理性的动物,但人首先是感性的动物。人有社会性,但人首先有自然性。人,是群体的存在,但首先是个体的存在。审美充分体现了人的这种本性。它是自然性中寓于社会性,感性中寓于理性,个体性中寓于群体性。"①

二、"钟鸣鼎食"

先秦时代的君王"食"与"乐"往往同时出现,"动则左史书之,言则右史书之,御瞽几声之上下。年不顺成,则天子素服,乘素车,食无乐"(《礼记·玉藻》)。在这里,"御瞽"即为在君王身边专职演奏的乐人,"御瞽"与"左史""右史"一道整日陪在君王身旁,除非是"年不顺成"则"食无乐"。"凡祭祀、飨食,奏燕乐"(《周礼·春官宗伯·钟师》)。先秦时代的祭祀与饮食活动的过程中始终有燕乐相伴。"有娀氏有二佚女,为之九成之台,饮食必以鼓"(《吕氏春秋·纪·季夏纪》)。筑高台、饮食有鼓乐相伴的模式古已有之。"昔者桀为酒池糟堤,纵靡靡之乐,一鼓而牛饮者三千。群臣皆相持而歌"(《韩诗外传·卷二·第二十二章》)。夏桀饮酒无度加上靡靡之乐是导致夏王朝灭亡的原因之一。"大冣乐戏于沙丘,以酒为池,县肉为林,使男女倮相逐其间,为长夜之饮"(《史记·十二本纪·殷本纪》)。商纣王继夏桀之后再次采取了"乐戏"—"酒肉"—"男女"的享乐模式,也是导致商王朝灭亡的原因之一。"在今后嗣王,酣,身厥命,罔显于民祇,保越怨不易。诞惟厥纵,淫洪于非彝,用燕丧威仪,民罔不盡伤心"(《尚书·周书·酒诰》)。周王朝的统治者深知酒的负面作用,特颁布了"禁酒令"。

"乐"在饮食活动中出现,这是中国音乐、舞蹈艺术发展的重要特色,"食"中有"乐",也展现了中国"食"文化的丰富性。"先秦时期的乐舞,是先秦礼乐文化的一个重要组成部分,夏商周尤其是周代的国君、诸侯、卿、大夫、士等不同阶层的人们都在各自开展的饮食活动中充分享受音乐伴奏所带来的乐趣,以至形成了周天子和诸侯在宴飨过程中独具特色的'钟鸣鼎食'现象。此外,唱歌和舞蹈等文娱表演形式也在各种饮食活动中开展,已满足人们饮食娱乐

① 陈望衡:《论孔子的礼乐美学思想》,《求索》2003 年第 1 期。

生活的需要。"①

"钟鸣鼎食"模式是中国早期饮食娱乐化的集成,饮食活动演变为一种综合性的生活模式,生理满足与心理愉悦并行,"食"中之"乐"成为饮食活动中的重要元素,"钟鸣鼎食"这种同时满足"口""鼻""耳""目"的欲望,全方位的审美方式成为早期中国饮食审美文化的理想范式。"凡王之馈,食用六谷,膳用六牲,饮用六清,羞用百有二十品,珍用八物,酱用百有二十瓮。王日一举,鼎十有二物,皆有俎,以乐侑食。膳夫授祭,品尝食,王乃食。卒食,以乐彻于造"(《周礼·天官冢宰·膳夫》)。"膳夫"负责掌管王室成员的日常饮食活动,正式开餐之前的食祭——"授祭"以及组织乐舞劝食——"以乐侑食"都是饮食中的必要环节,王室饮食的食材也极为丰富,主食有"六谷"(粳米、黍、稷、粱、麦、苽),肉食有"六牲"(牛、羊、猪、犬、雁、鱼),饮料有"六清"(水、浆、醴、□、医、酏),美味的菜肴有120种,还有珍用"八物"(淳熬、淳毋、炮豚、炮牂、擣珍、渍、熬、肝膋)②,佐食的酱料也异常丰富,有各种酱料120瓮。由此可见,周代王室的"钟鸣鼎食"之"食"是品类齐全、琳琅满目、规模宏大的。

君王通常要每日清晨祭祀杀牲——"王日一举",用12只"鼎"(具体包括9只牢鼎和3只陪鼎)以及与鼎相配的"俎"来盛放这些煮熟了的牲体。膳夫从准备食用的肉食中先取出一小部分呈予君王,以祭始造此食物的先人——"授祭",经过膳夫尝遍全部饮食——"品尝食"以此来证实饮食安全之后,王室成员才开始正式宴饮环节。"以乐侑食""以乐彻于造"是餐前和餐后的重要活动,形成了一个完整的饮食礼仪。"王大食,三宥,皆令奏钟鼓"(《周礼·春官宗伯·大司乐》)。乐官们何时奏乐、奏何曲目要严格依照饮食祭祀的进程而定。"夫上古明王举乐者,非以娱心自乐,快意恣欲,将欲为治也。正教者皆始于音,音正而行正。故音乐者,所以动荡血脉,通流精神而和正心也"

---

① 瞿明安、秦莹:《中国饮食娱乐史》,上海古籍出版社2011年版,第2页。
② 对"六谷""六牲""六清""八物"的解释,参见钱玄等注译:《周礼》,岳麓书社2001年版,第31页。

(《史记·乐书》)。"食"之"乐"非个人娱乐之乐,"食"之"乐"乃是端正人心、树立德行、振奋人心之"乐"。"举""祭""乐""鼎""俎""尝"等共同构成了"钟鸣鼎食"的生活。

"乐""舞"之表演往往是"食"的助兴节目,"简兮简兮,方将万舞。日之方中,在前上处。硕人俣俣,公庭万舞。有力如虎,执辔如组。左手执籥,右手秉翟。赫如渥赭,公言锡爵。山有榛,隰有苓。云谁之思?西方美人。彼美人兮,西方之人兮"(《诗经·国风·邶风·简兮》)。这里描绘了先秦时代饮酒乐舞的场面——"公庭万舞",观者以赐酒的方式赞许舞者之美,舞者亦为乐者,舞者左手执吹奏乐器,右手挥动以野鸡翎毛制成的舞蹈道具,动作有力如猛虎。

"万舞"是先秦典籍中经常会被提及的一种舞,"享以骍牺,是飨是宜。降福既多,周公皇祖,亦其福女。秋而载尝,夏而楅衡,白牡骍刚。牺尊将将,毛炰胾羹。笾豆大房,万舞洋洋。孝孙有庆。俾尔炽而昌,俾尔寿而臧"(《诗经·鲁颂·閟宫》)。在这里,祭祀祖先神灵,祈求上天降福,准备牛羊牺牲,烤肉煲汤酒食,跳起万舞激扬性情,祭祀—饮食—乐舞("万舞"),在同一时空中并行不悖。"猗与那与!置我鞉鼓。奏鼓简简,衎我烈祖。汤孙奏假,绥我思成。鞉鼓渊渊,嘒嘒管声。既和且平,依我磬声。於赫汤孙!穆穆厥声。庸鼓有斁,万舞有奕。我有嘉客,亦不夷怿"(《诗经·商颂·那》)。在这里,伴随着"万舞"的是节奏强烈、振奋人心的"鼓声""管声""磬声""厥声"等种类繁多的"乐",整个乐舞场面宏大,气氛颇为热烈,以此来招待嘉宾贵客成为先秦贵族的必备礼仪。"启乃淫溢康乐,野于饮食,将将铭苋磬以力。湛浊于酒,渝食于野,万舞翼翼,章闻于天,天用弗式"(《墨子·非乐上》)。在这里,淫—酒—食—"万舞"作为一个整体成为令人生厌的行为,这是墨子所极力反对的生活方式。"非乐"之"乐"非单指"乐器"之"乐",它是涵盖享乐、饮食、音乐、舞蹈等多方面的内容。"礼乐"之"乐"与"非乐"之"乐"相类似,也是一个包含着丰富内容的范畴。

"万舞"也是先秦时代的"乐"的重要内容,"'万舞'应是一种富于魅力的、感情激越的更偏于节奏、动作和姿态的舞美形式。其来源也许正是那些以宣泄情感为目的的原始集体舞;到了巫史文化阶段,这种舞蹈又多用来'媚神''娱神',与神交通;发展到后来则更多成了媚人的表演"①。我们可以通过汉墓壁画中的饮食乐舞图像以及文献资料推测先秦时代的饮食风尚。在河南密县打虎亭二号汉墓中室北壁的壁画上,画有宴乐的场景,君主之方形筵席居中,左右两列长条形筵席上为参加宴会的官员,他们均采用"席地而坐"的形式,一边饮酒一边赏乐舞。

三、"和—礼—乐—德"结构

"礼""乐"是同一事物的两个方面,"乐也者,动于内者也;礼也者,动于外者也"(《礼记·乐记》)。"乐"彰显内心之情感,"礼"规范人的外在行为。"周公所'作'之'乐'便是配合这种周礼的'乐',即礼之乐。也就是说,在周人这里,有仪必有乐,礼仪所划定的种种等级畛域主要就是通过不同规模的'乐'来体现的。"②"乐由中出,礼自外作。乐由中出故静,礼自外作故文"(《礼记·乐记》)。"礼"与"乐"为两端,一"外"一"内",一"动"一"静",一"地"一"天",一"鬼"一"神",一"别"一"和"二者相得益彰。"乐"之"静"与"礼"之"文"是对人的情绪与行为进行相应的引导和社会性规范,消解人们内心的动物性的本能冲动,去做一个有教养的文明人。"乐者敦和,率神而从天,礼者别宜,居鬼而从地。故圣人作乐以应天,制礼以配地。礼乐明备,天地官矣"(《礼记·乐记》)。"礼乐"关乎"人情","乐"—"情"—"同","礼"—"理"—"异","乐也者,情之不可变者也。礼也者,理之不可易者也。乐统同,礼辨异,礼乐之说,管乎人情矣。穷本知变,乐之情也;著诚去伪,礼之经也"(《礼记·乐记》)。

---

① 廖群:《中国审美文化史·先秦卷》,山东画报出版社2000年版,第152页。
② 廖群:《中国审美文化史·先秦卷》,山东画报出版社2000年版,第178页。

"乐"是感性的,有着强大的感染力使观者共同融入到这种气氛中来。"礼"是理性的,客观地辨别是非对错、辨伪存真。"一个社会不承认差异,就没有动力。但是一个社会只讲差异,不讲和同,就无法和谐。因此周公在'制礼'的同时又'作乐',使'礼'与'乐'相辅相成,或者说相反相成。"①"礼"体现着"差异""相异",提醒人们彼此间要保持距离;"乐"体现着"和合""和同",营造出一种人们彼此间能够沟通协作,增进共识的氛围。"礼"的自身发展也需要有"乐"的要素加入,正是由于有了"乐"的助力,"礼"才会更加的完善,"礼"从最初的"以食为本"的原始形态走向了"礼乐"相合,这样"礼"制才得以真正地成为人们社会生活中不可或缺的理念与规范。"凡礼,始乎棁,成乎文,终乎悦校。故至备,情文俱尽;其次,情文代胜;其下,复情以归大一也。天地以合,日月以明,四时以序,星辰以行,江河以流,万物以昌,好恶以节,喜怒以当,以为下则顺,以为上则明,万物变而不乱,贰之则丧也。礼岂不至矣哉"(《荀子·礼论》)。"礼"有了"乐"的加入才能从"始乎棁"发展为"成乎文","礼"与"乐"的相合才能达到"礼"的最佳状态——"情文俱尽"。

"乐"的地位不断提升逐渐发展为"乐"与"礼"齐平并行,那些最初是由"礼"来进行的一些事项如今也转化为主要由"乐"来负责的重要内容,李泽厚先生认为:"本来将理性、社会性交融在感性、自然性之中的原始的巫术图腾活动,发展定型为各种礼制之后,这个交融的方面便不得不由与'礼'并行的'乐'来承担了。"②自此"乐"与"礼"齐名,且二者有了明确的"分工","礼"与"乐"在具体实施过程中能够彼此配合以达到天下之"和"的目的。"礼主要是为人的行为建立规范,使其合规律合目的;乐则是为人的制度性行为进行润饰的力量,其目的在于缓解礼的呆板和机械,以使社会更和谐、更人性化,并最终达至'其乐融融'的理想之境。或者说,礼以对人的行为的制约为起点,涉及理性、节制、秩序、尊卑、等级等概念;乐则以满足人性需要为起点,涉及情感、

① 樊树志:《国史十六讲》(修订版),中华书局 2009 年版,第 28 页。
② 李泽厚:《华夏美学(修订彩图版)》,天津社会科学院出版社 2002 年版,第 25 页。

开放、自由、和谐,是对严峻而刻板的制度的超越。从这种比较可以看出,礼遵循现实原则,是人的行为的雅化,乐遵循快乐原则,是抒解行为规训为人带来的心理压力。"①尽管"礼"与"乐"有别,但"礼"与"乐"有着共同的指向,"礼者,殊事合敬者也;乐者,异文合爱者也。礼乐之情同,故明王以相沿也。故事与时并,名与功偕"(《礼记·乐记》)。"和"是"礼""乐"的终极目的,二者唯有实施路径的差别。

"乐"是一个包含多种要素的综合概念,"舞""歌""乐器""声""音""律"等均为"乐"的范畴,"以六律、六同、五声、八音、六舞、大合乐。以致鬼、神、示,以和邦国,以谐万民,以安宾客,以说远人,以作动物。乃分乐而序之,以祭、以享、以祀"(《周礼·春官宗伯·大司乐》)。先民们以"乐(乐舞)"的形式进行"祭祀"仪式以求国泰民安。"飨食诸侯,序其乐事,令奏钟鼓,令相,如祭之仪"(《周礼·春官宗伯·乐师》)。诸侯饮食,通常有"乐"相伴,"酒食"与"乐舞"成为固定的搭配,钟鼓演奏为饮食礼仪活动增添了热烈而庄重的气氛。

"乐"是一个完整的体系,由于涉及的内容很多,故分别由"大师"和"小师"来进行日常管理事宜。"大师掌六律、六同,以合阴阳之声。阳声:黄钟、大簇、姑洗、蕤宾、夷则、无射。阴声:大吕、应钟、南吕、函钟、小吕、夹钟。皆文之以五声:宫、商、角、徵、羽;皆播之以八音:金、石、土、革、丝、木、匏、竹"(《周礼·春官宗伯·大师》)。"大师"与"小师"分别负责不同内容的"乐","大师"负责指导众乐手"六律"(即"阳声")与"六同"(即"阴声")的演奏,以使"阴阳"相合,以"五声"记录"六律"与"六同"的乐谱,可以用"八音"(八种乐器)将其演奏出来。"小师"也负责掌管一系列的"乐"的演奏与歌唱,"小师掌教鼓鼗、柷、敔、埙、箫、管、弦、歌"(《周礼·春官宗伯·小师》)。

"舞"有"六舞"与"乐(各种乐器演奏的音乐与歌声)"相配合,共同作为

---

① 刘成纪:《先秦两汉艺术观念史》,人民出版社 2017 年版,第 93 页。

"祭祀"仪式的"乐"。"六舞"由乐师来传授,"乐师掌国学之政,以教国子小舞。凡舞,有帗舞,有羽舞,有皇舞,有旄舞,有干舞,有人舞"(《周礼·春官宗伯·乐师》)。此为"小舞",是年幼时所学的舞,与此相对还有"大舞","以乐舞教国子,舞《云门》《大卷》《大咸》《大磬》《大夏》《大濩》《大武》"(《周礼·春官宗伯·大司乐》)。"乐"有"九夏""燕乐"等多种,"钟师,掌金奏。凡乐事,以钟鼓奏《九夏》:《王夏》《肆夏》《昭夏》《纳夏》《章夏》《齐夏》《族夏》《祴夏》《骜夏》。凡祭祀、飨食,奏燕乐。凡射,王奏《驺虞》,诸侯奏《狸首》,卿大夫奏《采蘋》,士奏《采蘩》。掌鼙鼓、缦乐"(《周礼·春官宗伯·钟师》)。先秦时代的乐器也有多种,"笙师,掌教吹竽、笙、埙、籥、箫、篪、笛、管,舂牍、应、雅,以教祴乐。凡祭祀、飨、射,共其钟笙之乐。燕乐,亦如之"(《周礼·春官宗伯·笙师》)。除"雅乐"之外还有"散乐""夷乐","旄人掌教舞散乐,舞夷乐,凡四方之以舞仕者属焉。凡祭祀、宾客,舞其燕乐"(《周礼·春官宗伯·旄人》)。如此庞杂的"乐"体系展现了先民们丰富的内在精神,祭祀神灵、祭拜先祖、飨礼、燕射、祭祀等场合以及"凡日月食、四镇五岳崩、大傀异灾、诸侯薨,令去乐。大札、大凶、大灾、大臣死,凡国之大忧,令弛县"(《周礼·春官宗伯·大司乐》)。在这样大灾大难的情形下,"乐"都是必不可少的,通过"乐"来抚慰人们的情绪,激励人们渡过难关重塑希望,从而在心理上得到了满足感与愉悦感。

先秦时代已有很多种类的乐器,"六律""八音""击石"都说明了古代乐器的存在,"帝曰:'夔!命汝典乐,教胄子,直而温,宽而栗,刚而无虐,简而无傲。诗言志,歌永言,声依永,律和声。八音克谐,无相夺伦,神人以和。'夔曰:'于!予击石拊石,百兽率舞'"(《尚书·虞书·舜典》)。先民们以"舞"的形式来表达内心的情感,"舞蹈是一切语言之母"①。西周时期的乐器则更加丰富,"据迄今考古发现,西周乐器只有体鸣乐器和气鸣乐器两类,比殷商

---

① ［英］罗宾·乔治·科林伍德:《艺术原理》,王至元、陈华中译,中国社会科学院出版社1985年版,第250页。

时期少了一种膜鸣乐器，而弦鸣乐器则依然没有在考古发掘中见到。在乐器品种方面，西周的体鸣乐器有青铜制造的庸、镛、镈、甬钟、钲、铎、钮钟、铃和石制的磬九种，而气鸣乐器则有骨笛、铜角、埙和骨箫四种。其中击奏乐器庸、镛、镈、磬和吹奏乐器笛、埙等都是殷商乐器品种的延续和发展，而甬钟、钮钟、钲、铎、铜角和骨箫则是西周时期新出现的乐器品种"①。

宴饮之时，"歌""乐"往往是轮番登场共同构成了合"礼"之"乐"。"设席于堂廉，东上。工四人，二瑟，瑟先。相者二人，皆左何瑟，后首，挎越，内弦，右手相。乐正先升，立于西阶东。工入，升自西阶。北面坐。相者东面坐，遂授瑟，乃降。工歌《鹿鸣》、《四牡》、《皇皇者华》。卒歌，主人献工。工左瑟，一人拜，不兴，受爵。主人阼阶上拜送爵。荐脯醢。使人相祭。工饮，不拜既爵，授主人爵。众工则不拜，受爵，祭，饮辩有脯醢，不祭。大师则为之洗。宾、介降，主人辞降。工不辞洗。笙入堂下，磬南，北面立，乐《南陔》、《白华》、《华黍》。主人献之于西阶上。一人拜，尽阶，不升堂，受爵，主人拜送爵。阶前坐祭，立饮，不拜既爵，升授主人爵。众笙则不拜，受爵，坐祭，立饮；辩有脯醢，不祭。乃间歌《鱼丽》，笙《由庚》；歌《南有嘉鱼》，笙《崇丘》；歌《南山有台》，笙《由仪》。乃合乐：《周南·关雎》《葛覃》《卷耳》，《召南·鹊巢》《采蘩》《采蘋》。工告于乐正曰：'正歌备。'乐正告于宾，乃降"（《仪礼·乡饮酒礼》）。这里不但记载了时人流行的"歌"名、"乐"名，还展现了演奏者的方位，"歌"与"乐"的演出次序。《鹿鸣》《四牡》和《皇皇者华》均出自《诗经·小雅》，这三首诗宣扬君臣间的和平忠信，也被称为"官其始"者。"歌"与"乐"可以分别单独上演，也有"歌"与"乐"齐鸣的"合乐"，也可以是"歌"与"乐"交替上演形成"间歌"。宴饮场景中的乐器也是多样的，堂上有"瑟"，堂下有"笙""磬"。乐工吟唱之歌须有"瑟"伴奏一起完成"歌"部分的表演，而"乐"部分的演奏则是由"笙"和"磬"这两种乐器共同完成的。乐工的地位较高，主人对

① 方建军：《商周乐器文化结构和社会功能研究》，上海音乐学院出版社2006年版，第51页。

乐工也是以礼相待,"主人阼阶上拜送爵",乐工则可以在饮酒之后"不拜既爵,升授主人爵"。

　　乐工们歌唱的《鹿鸣》也是展现了"乐"与饮食生活的和谐场景,"呦呦鹿鸣,食野之苹。我有嘉宾,鼓瑟吹笙。吹笙鼓簧,承筐是将。人之好我,示我周行。呦呦鹿鸣,食野之蒿。我有嘉宾,德音孔昭。视民不恌,君子是则是效。我有旨酒,嘉宾式燕以敖。呦呦鹿鸣,食野之芩。我有嘉宾,鼓瑟鼓琴。鼓瑟鼓琴,和乐且湛。我有旨酒,以燕乐嘉宾之心"(《诗经·小雅·鹿鸣》)。"嘉宾""旨酒""德音""鼓瑟鼓琴"等元素构成了一幅美好的生活画卷。不但在招待嘉宾的时候有"乐"有"酒",而且在"岁月静好"日常生活中也会出现"乐"与"酒","女曰鸡鸣,士曰昧旦。子兴视夜,明星有烂。将翱将翔,弋凫与雁。弋言加之,与子宜之。宜言饮酒,与子偕老。琴瑟在御,莫不静好。知子之来之,杂佩以赠之。知子之顺之,杂佩以问之。知子之好之,杂佩以报之"(《诗经·郑风·女曰鸡鸣》)。"乐"是"礼"的一种美好的表达,较之于抽象的"礼"法,"乐"更易于融入到日常的社会生活中来。

　　"乐"是释放人的真情实感的必要手段,"乐"是情感的外化,"乐"的情绪转化为"声音"(诗、歌)—"动静"(舞),"夫乐者、乐也,人情之所必不免也。故人不能无乐,乐则必发于声音,形于动静。而人之道,声音动静,性术之变尽是矣。故人不能不乐,乐则不能无形,形而不为道,则不能无乱"(《荀子·乐论》)。"礼乐"重在对人情的关注与把控,是古代中国社会治理的特色内容,"如果说审美精神构成了中国传统制度文明的灵魂,那么诗、礼、乐、舞等则是它的践履和展开形式。或者说,从美到礼乐、再到诗、礼、乐、舞,构成了传统中国的立国精神和建国模式的精髓"①。

　　曾侯乙墓、殷墟妇好墓等出土了大量的青铜乐器,乐器是先秦"礼乐"制度的重要体现。"祭器"和"声乐(乐器)"这类礼器最初都只是国君宗子所

---

① 刘成纪:《先秦两汉艺术观念史》,人民出版社 2017 年版,第 774 页。

有,大夫家中如若需要应当向宗子去借,这才符合最初的礼制。"大夫具官,祭器不假,声乐皆具,非礼也,是谓乱国"(《礼记·礼运》)。从"礼乐"等级分明到"礼崩乐坏"的演变,这些出土的文物也能够予以清晰的证明。"与礼器有联系的青铜乐器也反映了贵族的等级制度。商代有铙无钟,通常是以三个铙为一组乐器,形制较小。在殷墟妇好墓中,却出了较大的五个一组。礼与乐的关系,贵族们的概念是'礼非乐不履',就是说,礼如果没有乐来配合,则将难以体现。这是为了使礼带有文质彬彬的优雅格调,把他们的统治秩序装扮得好看一些。因此,乐器需要发展。钟这种形式的青铜乐器,是在西周早中期之际才出现的,长安普渡村所出土的西周中期墓中的编钟,只有三枚一组。而到了中晚期的克钟、梁其钟等,形制大小相差很多,估计一组当在一组 11 或 13 枚之数。钟的使用是:天子四组;诸侯三组;卿大夫两组;士一组。钟的数量多寡出入很大。到了春秋时代,和礼器的情况一样,它的使用也显得相当混乱。"[1]

由于各种乐器的音色有别,所以不同乐器也会有相应意义,音色象征了人的性格特质,乐器对应着人物。比如,钟—立号—立武—武臣,磬—立辩—致死—封疆之臣,丝(琴瑟之声)—立廉—立志—志义之臣,竹(竽笙箫管之声)—立会—聚众—畜聚之臣,鼓鼙—立动—进众—将帅之臣。音乐的"和"声,是古之君子听乐之本意,而非各类乐器之独奏,故"德音"一定是多种乐器相互配合的"合奏"。可见,"德音""乐和"蕴含着强烈的人格特征,以"乐之和"象征着"人之和",以"和乐"的演奏来表达先民们对"人和"的追求。"圣人作为鼗、鼓、椌、楬、埙、篪,此六者德音之音也。然后钟磬竽瑟以和之,干戚旄狄以舞之,此所以祭先王之庙也,所以献酬酳酢也,所以官序贵贱各得其宜也,所以示后世有尊卑长幼之序也。钟声铿,铿以立号,号以立横,横以立武。君子听钟声则思武臣。石声磬,磬以立辨,辨以致死。君子听磬声则思死封疆

之臣。丝声哀,哀以立廉,廉以立志。君子听琴瑟之声则思志义之臣。竹声滥,滥以立会,会以聚众。君子听竽笙箫管之声,则思畜聚之臣。鼓鼙之声欢,欢以立动,动以进众。君子听鼓鼙之声则思将帅之臣。君子之听音,非听其铿枪而已也,彼亦有所合之也"(《礼记·乐记》)。这样便在乐器、乐曲与人格之间建立了彼此对应的联系,"乐"便有了"人"之情,能表达"人"之意。

　　《礼记》中列出了一系列的"人"与"乐"的对应关系:"宽而静、柔而正者"——《颂》,"广大而静、疏达而信者"——《大雅》,"恭俭而好礼者"——《小雅》,"正直而静、廉而谦者"——《国风》,"肆直而慈爱者"——《商》,"温良而能断者"——《齐》,等等。"人"通过"乐"来抒发内心之"德",认识"人"的品格特征,熟悉"乐"的思想内容,为"乐"找到适合的歌者——"人","人""乐"匹配则能彰显"和"的状态。"宽而静、柔而正者宜歌《颂》。广大而静、疏达而信者宜歌《大雅》。恭俭而好礼者宜歌《小雅》。正直而静、廉而谦者宜歌《风》。肆直而慈爱者宜歌《商》。温良而能断者宜歌《齐》。夫歌者,直己而陈德也。动己而天地应焉,四时和焉,星辰理焉,万物育焉。"(《礼记·乐记》)可见,"人""乐"相合是"人"与"乐"匹配的理想状态,是"乐"之情与"人"之德的一种"和","在音乐与它的接受者之间,从来不是人被动地接受音乐,而是存在着一种微妙的相互契合和相互适应。音乐总是期待出现真正的知音,知音者也总在寻觅让人默然心会的美妙之音。这种双向互动、相合相契的关系,是音乐作品和接受者的最佳关系。它使两者由分离状态走向统一,也使音乐向道德、政治价值的生成更自然而然,更符合人性"①。

　　前面提到过"礼"观念中注重"有节","乐"观念中也同样注重"有节""调节","满而不损则溢,盈而不持则倾。凡作乐者,所以节乐。君子以谦退为礼,以损减为乐,乐其如此也"(《史记·乐书》)。"乐"能愉情但应适度,以免走向极端"乐胜则流"。"先王耻其乱,故制雅、颂之声以道之,使其声足乐而

---

①　刘成纪:《先秦两汉艺术观念史》,人民出版社 2017 年版,第 273 页。

不流,使其文足论而不息,使其曲直繁瘠、廉肉节奏足以感动人之善心而已矣。不使放心邪气得接焉,是先王立乐之方也"(《礼记·乐记》)。《雅》《颂》之乐"有节",曲调足优雅而不放荡,文辞义理而不塞窒,作为"乐"的典范弘扬正气振奋人心,以此教导臣民如何鉴别"乐"的品质,避免不好的"乐"诱人以邪。"以天产作阴德,以中礼防之;以地产作阳德,以和乐防之"(《周礼·春官宗伯·大宗伯》)。"中礼""和乐"正是"礼乐"精神的本质要求,"礼"之"中","乐"之"和",是以"礼乐"治天下的重要内容。可见,"有节"之"乐"是佳"乐"的重要标准之一。相较而言,"乐"的调节功能较"礼"更为突出,"礼"侧重制定有条理的制度,"乐"则侧重感性的调节。"子曰:'礼也者,理也;乐也者,节也。君子无理不动,无节不作。不能《诗》,于礼缪;不能乐,于礼素;薄于德,于礼虚。'子曰:'制度在礼,文为在礼,行之,其在人乎'"(《礼记·仲尼燕居》)。"礼"是行动的准则,"乐"是准则的调节与实施。"诗"与"乐"使"礼"的施行过程中免于发生错误——"礼缪"或者过于枯燥、单调——"礼素"的状况,缺少"德"则"礼"只是空洞的形式——"礼虚","德"是"礼"的必要内容。

"乐"能"安"人,"安"是"乐"带给人们内心的舒适感与安稳感,"故人情者,圣王之田也。修礼以耕之,陈义以种之,讲学以耨之,本仁以聚之,播乐以安之"(《礼记·礼运》)。"人情"就像一块"心田","礼"为"耕田"、"义"为"播种"、"讲学"为"锄草"、"仁"为"谷粒"、"乐"为"食用",安心地接受"礼"的成果,乐于接受、愉快地接纳"礼义"之学是"乐"的重要作用。"合之以仁而不安之以乐,犹获而弗食也;安之以乐而不达于顺,犹食而弗肥也"(《礼记·礼运》)。可见,能够在"安"的状态下接受"礼"的义理就好像是饮食的环节,粮食被人们食用后才能真正实现它的价值,"达于顺"是"礼乐相合"的完美呈现,能够使人们安然地、毫不勉强地接受"礼"就是最好的"乐",就像食物的营养被人体充分消化,为肌体带来了能量与活力。

"礼"与"乐"各有特点与功用,若此二者相互配合则天下治。"乐由阳来者也,礼由阴作者也,阴阳和而万物得"(《礼记·郊特牲》)。"礼"属"阴","乐"属"阳","阴阳"相和则"礼乐"相合。"乐者为同,礼者为异。同则相亲,异则相敬,乐胜则流,礼胜则离。合情饰貌者礼乐之事也"(《礼记·乐记》)。"礼""乐"相合是建立在"礼""乐"不同的基础上的,具体来说,"乐"的作用重在沟通协调而趋同,以至人们之间的关系趋于亲近;"礼"的作用重在区分等级尊卑,以至人与人之间保持敬意。在"礼""乐"的共同作用下,才不会偏颇进而走向极端,"礼""乐"相合以使人与人从心理上感情融洽,从日常行为上做到互相尊重。"礼"与"乐"是社会治理的理性与感性要素,其具体的实施路径也有各自特点,"在现实实践层面,为了保证社会的井然有序,乐需要被纳入礼的格架,然后才是借助乐的融合性特质,使其成为礼仪制度的活化因素,实现对秩序性体制的修补和润色。但在理想层面,又必然是以乐弘礼的,因为制定任何制度的目的都不会是局限于制度,而是超越制度"①。

"礼""乐"相合也能够促进社会和谐稳定,"大乐必易,大礼必简。乐至则无怨,礼至则不争。揖让而治天下者,礼乐之谓也"(《礼记·乐记》)。先民们尚"简淡","乐"不嘈杂、易通晓,"礼"不繁缛,易掌握,实施这样的"礼""乐"才是最有效的。"是故乐之隆,非极音也。食飨之礼,非致味也"(《礼记·乐记》)。并非只有规模宏大的"隆乐"才是最高妙的音乐,同样,也并非罗致天下美味的盛宴才算得上尽到"食飨之礼"。"易"之"乐","简"之"礼",才是"礼乐"的本真状态。"礼""乐"相合,以"礼""乐"治天下将会达到怎样的效果,在《礼记》中描绘了先民们对和谐社会的向往,"暴民不作,诸侯宾服,兵革不试,五刑不用,百姓无患,天子不怒,如此,则乐达矣。合父子之亲,明长幼之序,以敬四海之内天子如此,则礼行矣"(《礼记·乐记》)。这样的社会治理模式与人们的生活状态是实施"礼""乐"制度的宏大目标。

"乐"是先秦时代各级官员所必备的知识与修养,以"五声"喻社会各阶层

---

① 刘成纪:《先秦两汉艺术观念史》,人民出版社2017年版,第97页。

的人物，"宫为君，商为臣，角为民，徵为事，羽为物。五者不乱，则无怗懘之音矣"（《礼记·乐记》）。通过这种模式强调不同阶层的人们要齐心协力，互相包容、互相促进，心目中要有整体意识，这样整个社会才不会陷入混乱的局面而是朝着和谐的状态转变。"乐"直接作用于人的情志方面以别于"礼"的方式达成了"礼"的目标。"乐对礼的配合的确是营构出一种和乐的气氛，让人在不知不觉中一次次接受礼的熏陶。正因为有配合'礼'的特殊功能，这是音乐艺术在周人那里，具有了在人类审美文化史上几乎是空前绝后的崇高地位。"①在这里，"乐"与"礼"的导向具有一致性，以"礼""乐"治国，教育臣民，提高每个人的品德与修养，"知乐则几于礼矣。礼乐皆得，谓之有德。德者得也"（《礼记·乐记》）。"知乐"是"知礼"的前提，或者说"乐"是"礼"的必修课，从"乐"入手来学习"礼"，掌握了"礼""乐"之后便可称之为有"德"，"德"即"得到"，"礼乐"是培养有"德"之人的重要内容。"德者，性之端也。乐者，德之华也。金石丝竹，乐之器也。诗，言其志也。歌，咏其声也。舞，动其容也。三者本于心，然后乐器从之。是故情深而文明，气盛而化神，和顺积中而英华发外，唯乐不可以为伪"（《礼记·乐记》）。"诗""歌""舞"是"乐"的基本内容，它们都是"德"的体现，胸中之"志"、内在之"德"通过乐器传达出来，"乐"是由内而外的生发，"德"是"乐"的精神内核，"乐"是"德"的外部形式。

由"乐"入"礼"，由"礼""乐"得"德"，由感性之"乐"进入到理性之"礼"，由"礼乐"观念达成伦理之"德"，实施这一模式成为先秦时代君王治国、教育臣民的一种重要方式。在这样的情况下，乐师们拥有较高的社会地位，掌握着重要的职能，比如，"大司乐"已经成为教化民众的重要任务，"大司乐掌成均之法，以治建国之学政，而合国之子弟焉。凡有道者，有德者，使教焉。死则以为乐祖，祭於瞽宗。以乐德教国子，中、和、祗庸、孝、友；以乐语教国子，兴、道、讽、诵、言、语；以乐舞教国子，舞《云门》《大卷》《大咸》《大磬》《大夏》《大濩》

---

① 廖群：《中国审美文化史·先秦卷》，山东画报出版社2000年版，第181页。

《大武》。以六律、六同、五声、八音、六舞、大合乐。以致鬼、神、示,以和邦国,以谐万民,以安宾客,以说远人,以作动物"(《周礼·春官宗伯·大司乐》)。"大司乐"掌握音乐教育的方法,授人以"乐德""乐语""乐舞",以"乐"育人,培养合"礼"之人,以期建立一个"礼"治的社会。倡导"礼""乐"、实施"礼""乐"并不仅仅是为了生理感官快感的满足,更是强调人们精神上、道德上的培养与提升,"是故先王之制礼乐也,非以极口腹耳目之欲也,将以教民平好恶而反人道之正也"(《礼记·乐记》)。由此看来,先民们制"礼"作"乐"的目的已超越了仅满足人们生理层面上的"口腹耳目之欲",实施"礼""乐"的本质要求在于教育臣民能够辨别好坏是非,重新回到做有"德"之人的正道上来。《礼记》作为先秦音乐哲学的核心著作深刻地揭示了先秦初民们对"礼""乐""和""德"等文化观念的理解,"因为《乐记》成功地为中国人理解音乐这一独特的人类观念文化活动及其成果,提供一套从逻辑上说至广至深的理论模型:以音乐为圆心,先及于人心,再及于社会,最终及于天地之和,即宇宙秩序"①。

　　"美"之于"食"、"和"之于"乐","食"为"实"、"乐"为"虚","食"为人们日常生活中熟悉的事物,以美食这种比较直观的、为人们所公认的美感来阐释、类比一种较为抽象的理念,"五味万殊,而大同于美;曲变虽众,亦大同于和。美有甘,和有乐"(《声无哀乐论》)。在这里,"食(味)"与"乐(乐舞)"并置,作为人的审美对象的不同形态,满足人们的物质需求与精神需求,"美(甘)"是"食(味)"的审美理想,"和"是"乐"的审美理想。作为人们精神生活中不可或缺的"乐",其重要特质在于"和","故乐者天地之命,中和之纪,人情之所不能免也"(《礼记·乐记》)。"乐"象征着天地万物生命的律动,"和"意识成为"乐"的重要表达,"和心足于内,和气见于外,故歌以叙志,舞以宣情,然后文之以采章,照之以风雅,播之以八音"(《声无哀乐论》)。人们用

① 薛富兴:《先秦儒家乐论两境界》,《首都师范大学学报(社会科学版)》2018 年第 6 期。

"乐舞"来抒发内心的情感,传达"和"的意识。

"乐"观念的产生与演变经历了诸多环节,"乐"自最初的"成熟的谷物",发展为见丰收而"乐(欢乐)",到"乐器(鼓)",再到"礼乐"相合。"礼乐"之"乐"已超越了仅表现个人内心情感的局限,意在关注天地自然、社会人伦、道德思想等多方面相合相生,具备宏观的视野以求取得和谐的社会生活,不断提高每个人的道德修养,宇宙天地的秩序感融入到个人的情感表达中来。

"礼"的观念在先秦时代的日常社会生活中具有重要的意义,它已成为人与天地自然之和的主要方式,"乐者,天地之和也;礼者,天地之序也"(《礼记·乐记》),只有"和"才有美,所谓"虽云色白,匪染弗丽。虽云味甘,匪和弗美"(《抱朴子·外篇·勖学卷第三》)。考察先秦饮食文化,礼乐之"和"是先秦社会生活的规范,它最初表现为不成文的习惯,到后来形成约定俗成,渗透到社会生活的各个层面。"人们通过'礼'这一象征符号将自然上天观念秩序进行阐释与具象,又通过'乐'这一操作系统对'礼'的内容进行审美的演示与调谐,从而实现'天人合一'的理想境界。"①"乐"与"礼"相辅相成,一天一地,一阳一阴,一动一静,共同构建了天地万物。"著不息者,天也。著不动者,地也。一动一静天地之间也。故圣人曰礼乐云"(《礼记·乐记》)。"以礼乐合天地之化、百物之产,以事鬼神,以谐万民,以致百物"(《周礼·春官宗伯·大宗伯》)。乐与德相合,一表一里,在先秦时代只有德行完善的人才有资格赏乐,乐舞规模大小也反映了人的德行高低。"故天子之为乐也,以赏诸侯之有德也。……故观其舞,知其德"(《礼记·乐记》)。

在先秦时代,帝王是以礼制从理性方面规范人们的行为,并以修乐从感性方面疏导人们的情志,一刚一柔,礼乐的面貌体现着一个国家的治理水平。"是故先王之制礼也以节事,修乐以道志"(《礼记·礼器》)。

德之高有乐相配,乐是礼的外在,礼又是和的外在。由此,便构建了一套

---

① 林少雄:《中国饮食文化与美学》,《文艺研究》1996 年第 1 期。

由内而外逐次显现的"和—礼—乐—德"结构,它既反映了先秦时代严谨的礼乐制度,又彰显着人们心目中的审美理想。"礼交动乎上,乐交应乎下,和之至也"(《礼记·礼器》)。先秦饮食审美中的"礼乐之和"观念是在快感中获得饮食上的审美享受,而同时又在审美中实现了道德的愿望,最终达到的是关于心性的安顿,是一种生命的和谐,这是先秦美学对中国古典美学的巨大贡献。

第二章　先秦饮食与"五味调和"

　　先秦饮食"和"观念的审美特征建构了先秦时期的审美意识,它根基于先秦饮食之和理论基础之上,有着深厚的历史底蕴,进而形成了中华民族审美观的独特基因,对中国传统美学的生发与演化的影响可谓极为深远。"先秦美学史作为中华审美意识发展的最初阶段,其审美意识的发展已经历过从无到有、从器质到观念、从感性到理性的自我拓展、超越的宏观历史进程,有器质—观念、感性—理性多层次展开的审美对象、意识结构,为中华审美意识建构了最基本框架。作为早期审美意识,民族审美之起点,它一开始便气度不凡。"①

　　先秦时代的先民们经过长期的日常饮食生活实践,对饮食之"味"有了较为深入的了解,借助于"五行"体系充分发挥"五味"的作用,并能根据食用者的身体状况将多种食材性味按照一定的比例、时机等巧妙地对应起来,体现了烹调者高超的"调"的技法,"调"的最终目的要达到"和"的状态,这样"和"便成为一种在先民们心目中最圆满、最理想的境界,"和味"便是烹调者与食用者的共同追求。

---

　　① 薛富兴:《山水精神——中国美学史文集》,南开大学出版社 2009 年版,第 53 页。

第一节　烹调之道——"五味调和"

"五味调和"是中国饮食的特色,中国饮食文化源远流长,得到了世界各国食客的认可与称赞。孙中山先生曾讲:"我中国近代文明进化,事事皆落人之后,惟饮食一道之进步,至今尚为文明各国所不及。……昔者中西未通市以前,西人只知烹调一道,法国为世界之冠;及一尝中国之味,莫不以中国为冠矣。"①"被誉为天下美食的中国烹饪,它的成就不是一朝一夕所能取得的。而是从一千年前,两千年前,乃至三千年前就开始着手培育它的幼苗了。"②饮食是维持生命的一项必要活动,也是文明发展的一项重要基础,中国有着深厚的饮食文化,"民以食为天,饮食乃是人类生存的重要条件。饮食文化的高低,也是测试一个国家文明程度高低的项目之一。我国是个烹饪王国。在先秦时期,烹调艺术已达到很高的水平,饮食文化举世无与伦比。有关饮食的论述与记载,散见于先秦各类古籍之中"③。"五味调和"观念源自先秦时代的饮食活动,经过长期的发展与演化成为审美文化中的一项重要内容。

"和"的审美观念肇始于饮食活动,而能够获得嘉味的也正在于"和"。"和"是经过谐调多样的差异以取得一种平衡与适中状态,而不是那种简单的数量叠加、千篇一律。中国的饮食文化非常注重"味之和"这样一种观念,因为我们常说的"五味调和"这一原则就是"中国传统烹调术的根本要求和古代美食审鉴的最高境界"④。早在先秦时代便业已出现的"五味调和"理念是成就中国美食的独特技巧与智慧,这一理念经过历朝历代的传承与发展,使中国美食长盛不衰,饮食活动不仅仅是为了果腹,更是珍惜食材、最大限度地发挥

---

① 孙中山:《建国方略》,中国长安出版社 2011 年版,第 6 页。
② [日]篠田统:《中国食物史研究》,高桂林、薛来运等译,中国商业出版社 1987 年版,第36 页。
③ 谢栋元编著:《〈说文解字〉与中国古代文化》,河南人民出版社 1994 年版,第 49 页。
④ 赵荣光:《中国饮食文化史》,上海人民出版社 2006 年版,第 416 页。

各类食材的特性,经过一系列的调和、水与火的交响中使各类食材去除了本味又生发了"和"味。从某种程度上看,人类的饮食烹制是一个"物理"过程,而正是由此带来的味觉、嗅觉感官刺激为人类的精神文明的发展提供了契机。"一切心理事实都有物理的根据,为物理现象所决定。阿芬那留斯在《纯粹经验批判》一书中试图详细地说明人的一切理论活动和实践活动都取决于中枢神经系统的变化。"[①]先民们的社会日常实践活动能够促进精神理念的产生,当然一些关于审美的理念也会包含其中。

一、"食""性"之需

人类最初的饮食想必是粗糙、单调的无异于动物的饮食,随着原始烹饪技术的发展,调味才逐渐成为饮食烹饪的重要环节。先秦文献中的"玄酒""大羹"反映了先民们在没有经过调味的饮食生活状况。先民们以水为酒,称水为"玄酒",《礼记·礼运》中记载,"玄酒在室,醴盏在户,粢醍在堂,澄酒在下"。《仪礼·士昏礼》中云,"大羹湆在爨。尊于室中北墉下,有禁,玄酒在西,绤幂,加勺,皆南枋"。

《周礼·天官冢宰·亨人》中记载了烧煮烹调之人的职责要求:"亨人掌共鼎镬,以给水、火之齐。职外,内饔之爨亨煮,辨膳羞之物。祭祀,共大羹、铏羹。宾客,亦如之。"这里提到的"大羹"是没有加入调味料和菜的煮肉汁,加热食用其味道会略好一点,故需要在"爨"之上进行加热。先民们或许经历了太多无滋无味的饮食生活,当以"五味"为代表的滋味演变为饮食风尚的时候,饮食活动才具有了烹调的内涵。

先民们十分重视"饮食",掌管饮食活动也因此成为"第一要务","八政:一曰食,二曰货,三曰祀,四曰司空,五曰司徒,六曰司寇,七曰宾,八曰师"(《尚书·周书·洪范》)。由此可见,"食"作为"八政"之首,可谓是性命攸

关的头等大事。饮食与农业生产是头等大事,先民们十分重视农业生产和饮食活动,若不能五谷丰登则会导致国家的危机,"凡五谷者,民之所仰也,君之所以为养也。故民无仰,则君无养;民无食,则不可事。故食不可不务也,地不可不立也,用不可不节也。五谷尽收,则五味尽御于主;不尽收,则不尽御。一谷不收谓之馑,二谷不收谓之旱,三谷不收谓之凶,四谷不收谓之馈,五谷不孰谓之大侵"(《墨子·七患》)。在这里,墨子指出了由于粮食歉收而引发的五级危害:馑—旱—凶—馈—饥。"今为国有地牧民者,务在四时,守在仓廪。国多财则远者来,地辟举则民留处;仓廪实则知礼节,衣食足则知荣辱"(《管子·轻重甲》)。饮食是人存活的基础,先存活再发展,"礼节""荣辱"等伦理观念要建立在"食"的物质基础之上。商周时代的甲骨文、金文中保留了很多关于饮食活动的文字,涉及食物、烹制、祭礼、食礼等相关内容。

图 2-1 甲骨文、金文中的饮食相关部分文字

资料来源:摘自张光直:《中国青铜时代》,生活·读书·新知三联书店 1983 年版,第 222 页。

考古资料显示,大量与"食"相关的文字以甲骨文、金文的形式出现(见图2-1),既能生动地展现出原始居民的饮食活动形象,又能深刻地体现出饮食器具的使用情况。我们在许多古籍中还经常见到"味","味"在某种意义上与"食"同意,"味"是"食"的重要特征之一,并逐渐演化成为"食"的代名词,高成鸢先生认为:"味本是食的属性,随着饮食文化的进步,它对于进食者日益重要,便从食中孕育、分离,形成与食对立的一对范畴。"①"味"是饮食审美的关键,但通常来讲真正能做到"知味"是一件较难的事。"贤者过之,不肖者不及也。人莫不饮食也,鲜能知味也"(《礼记·中庸》)。"味"并不直观也不宜用数量来衡量,它涉及生理、心理、经验、体悟等诸多要素。"因为'知味'首先是一个实践过程,是一个积多人和多代人的辨味实践过程。其次,'知味'作为一种理性的升华和感知的超越,它又不是一般意义上的实践,而是无数次生理反应和心理感受交互作用的不断深化过程。"②

在先秦时代的饮食文化中,对饮食观念的重视要高于对饮食行为动作本身的关注,饮食观念中蕴含着先民们的审美趣味,中国审美文化中的诸多内容也源于先秦饮食理念,这些饮食理念正是基于对日常饮食生活实践的探索。烹制饮食的"调味"技法也促使了精神上的"调和"理念的产生,"调和"也成为中国美学的一项重要内容。"调和"理念从饮食领域逐渐拓展开来,影响着哲学、艺术、文学等诸多领域。嵇康曾讲,"舜命夔击石拊石,八音克谐,神人以和"(《声无哀乐论》)。在这样一个音乐的原初状态,先民们便开始注重利用多种乐器的组合来发出合声,并且以这样的合声来沟通天地自然。"夫和实生物,同则不继。以他平他谓之和,故能丰长而物归之;若以同裨同,尽乃弃矣。……声一无听,物一无文,味一无果,物一不讲"(《国语·郑语·史伯为桓公论兴衰》)。在这里表明了"同"的、单一的要素如"声""物""味"等是不能达到最佳效果的,"和"与"同"是两种状态,若想要事物发展得好是离不开"和"的理念的。"《关雎》,乐而不淫,哀而不伤"(《论语·八佾》)。在这里,孔子讲"调和"理念运用到对艺术作品的品评中来,强调了"中和"观念的重要性。饮食之"调和"逐渐成为衡量事物优劣的重要标准,也正是基于饮食活动的实践,在中国的审美文化中形成了一种注重多元素平衡适中、以理节情、以礼节乐的文化属性。

---

① 高成鸢:《饮食之道:中国饮食文化的理路思考》,山东画报出版社 2008 年版,第 35 页。
② 赵荣光:《中国饮食文化史》,上海人民出版社 2006 年版,第 419 页。

"五味调和"是中国美食之"味"的核心理念，"故先王以土与金木水火杂，以成百物，是以和五味以调口"（《国语·郑语·史伯为桓公论兴衰》）。"味"是多种味的调和结果，"和"众多味道于"一"，尽管食材原料的本味在调和的过程中发生了变化，但一种新的、混合的味道在调和过程之后得以产生。"味"，是中国饮食审美文化的一个独特概念，食物进入人的身体首先是进入到口腔，人们对美食最直接的感受就是来源于对食物的咀嚼，品味食物成为先民们认识美的重要源泉。"味"或"五味"已成为美食的代表，"及至其致好之也，目好之五色，耳好之五声，口好之五味，心利之有天下"（《荀子·劝学》）。可见，"五味"所代表的饮食对认识有着强大的吸引力，"五味"—"五色"—"五声"—"天下"构成了先民们心目中的审美理想。"中国美学的这种重视味觉等'享受'器官的特点，就使美与人的欲望、享受建立了密切的联系，这就从人们普通的饮食生活中发掘出了高雅的审美情趣……所以产生于饮食活动中的'味'，不仅成为中国古代美学的逻辑起点，又成为了其归宿和立足点。"[1]"饮食男女，人之大欲存焉；死亡贫苦，人之大恶存焉。故欲恶者，心之大端也"（《礼记·礼运》）。先民们很早就对人的好恶有着清醒的判断，人类最普遍的需求——食欲与性欲，人类最普遍的厌恶——死亡与贫苦。也就是说，生育与富足正是人类所期望的生活，养育后代并使其过上富裕而快乐的生活是世世代代的人们为之奋斗的目标，饮食始终是人类维持生命的基本保障，同时也是衡量人类幸福生活的一项重要指标。

马克思深刻地指出："根据唯物主义观点，历史中的决定性因素，归根结底是直接生活的生产和再生产。但是，生产本身又有两种。一方面是生活资料即食物、衣服、住房以及为此所必需的工具的生产；另一方面是人自身的生产，即种的繁衍。一定历史时代和一定地区内的人们生活于其下的社会制度，受着两种生产的制约。"[2]"两种生产"指出了"饮食男女"在人类社会发展中

---

① 林少雄：《中国饮食文化与美学》，《文艺研究》1996 年第 1 期。
② 《马克思恩格斯选集》第 4 卷，人民出版社 2009 年版，第 16 页。

的基础作用,食与色是人的基本生命需求外化为人的现实实践形式。"饮食"与"男女"是生理机能的"本能"呈现,并不是人类所独有的内容,动物亦有"食"与"交配"之举,人类是在一定秩序下来进行上述内容的,"用水、火、金、木,饮食必时。合男女,颁爵位,必当年德"(《礼记·礼运》)。有管理、有法度、有规则下的满足欲望才能具有审美的意义。"从美感来看,单纯动物性的快感决不是美感,只有渗透着人之所以为人的本质的快感才是美感。此外,'自然的人化'既包含外部自然的人化,也包含人自身作为自然存在物的感官的人化,它使人的感官成为能欣赏各种事物的美的感官。"①

"食"与"性"是人类的生理"本能",人的审美以及整个文明生活都是不能离开这个基础的,"人生以及一般动物的两大基本冲动是食与性,或食与色,或饮食与男女,或饥饿与恋爱。它们是生命的动力的两大泉源,并且是最初元的泉源,在人类以下的动物界中,以至于生物界中,生命的全部机构之所由成立,固然要推溯到它们身上,而到了人类,一切最复杂的文物制度或社会上层建筑之所由形成,我们如果追寻原要,也得归宿到它们身上"②。"故人者,天地之心也,五行之端也,食味、别声、被色而生者也"(《礼记·礼运》)。人类是自然界中最智慧的物种,是天地自然的主人,能"食味""别声""被色"是人类与动物的区别,也是人类实现日常生活审美的基础内容,需要关注的是,品尝美味——"食味"是人之为人的第一事务,"食味"是人类生活的基础也是优先于欣赏美妙的乐音——"别声",穿着彩色的服饰——"被色"的审美需求。"食"最易被世人所接纳的"欲望",有着最广泛的受众,"食味"可以是一个人也可以是一家人或是众多人共同享受这美味的时刻,可以边吃边聊、边吃边看、边吃边听,"食"通常是一个开放的场景,它是一个平台——一个社会

---

① 刘纲纪:《坚持和发展马克思主义实践观美学》,《中南民族大学学报(人文社会科学版)》2017年第6期。
② [英]霭理士:《性心理学》,潘光旦译注,生活·读书·新知三联书店1987年版,第471页。

性的平台。相较而言,"性"的"本能"则是另一番情形,"性冲动所受的宗教、道德、与社会习俗的牵制,要远在饮食的冲动之上,远的几乎无法相比;性冲动所走的路子,不是这条被宗教堵上,便是那条被道德塞住"①。

先秦审美意识的生成脱离不了"两种生产"的实践基础,食与色占据着先民日常生活中的大部分内容,先民们对生命的追求与现实生活的需要成为培育包括审美观念在内的精神世界的现实土壤。先民们的日常生活实践使"生物生命"得以存续,"没有生物生命,人的一切行为和努力都将变得毫无意义和不可解释。人的审美活动之所以会发生,是由于服从生命的需要。而且人有动物所没有的精神生命和精神时空,主要的审美活动在其中进行"②。人的精神生命建筑在生物生命之上,人的生物生命是个人存在的基础,饮食是维持生物生命的起点亦是精神生命的起点,中华饮食文化联结了人的生物性与精神性,人通过饮食活动得以生存也在饮食活动中生成了诸多观念。先秦饮食审美观念作为人类早期精神生命发展的一个特例,揭示了一种人类活动同时作用于人的生物本性和人的精神生命的追求,饮食审美观念是与人本身生存状况最近的精神生命的拓展,是人的生物生命向精神生命过渡的最初环节。

饮食文化是华夏文明中的重要组成部分,重"食"是中国文明的一大特色。自先秦时代,先民们便趋向于将"口味"之快作为审美的最高追求,"口之于味也,有同耆焉;耳之于声也,有同听焉;目之于色也,有同美焉。至于心,独无所同然乎? 心之所同然者何也? 谓理也,义也。圣人先得我心之所同然耳。故理义之悦我心,犹刍豢之悦我口"(《孟子·告子上》)。在这里,"口之于味"列于首位,"味""声""色""心"乃人之所需,是人类所共有的欲望,这体现出一种审美的普遍性。"在孟子看来,虽然天下美食形色各异,但人生理状况的相似特征,决定了对美食的品鉴有大体一致的判断。……共同感觉力和共

---

① [英]霭理士:《性心理学》,潘光旦译注,生活·读书·新知三联书店 1987 年版,第 4 页。
② 封孝伦:《人类生命系统中的美学》,安徽教育出版社 1999 年版,第 413 页。

同人性的存在,决定了人审美共识的存在;审美共识的存在,决定了人可以围绕同一种艺术形成普遍共鸣(审美共享)。"①荀子也承认人有欲望("五綦")乃常理,以"味"为饮食的显要特征满足于"口"之欲望,"夫人之情,目欲綦色,耳欲綦声,口欲綦味,鼻欲綦臭,心欲綦佚。此五綦者,人情之所必不免也。养五綦者有具,无其具则五綦者不可得而致也"(《荀子·王霸》)。荀子对"五綦"有着清醒的认识,"故百乐者,生于治国者也;忧患者,生于乱国者也。急逐乐而缓治国者,非知乐者也。故明君者,必将先治其国,然后百乐得其中"(《荀子·王霸》)。"五綦"要在"礼"的制约下,才能真正取得它的意义,也就是说,审美活动是有限度的,并且一定是在有条件的、有制约的状态下进行审美的活动。

二、"五味"与"五行"体系

《说文解字》中对"味"有这样的解释:"味,滋味也。从口,未声。无沸切。"②"味"很形象地描绘出人们咬食食物、满口流汁的样子,《说文解字》进一步解释道:"滋,益也。从水,兹声。滋言多也。一曰滋水,出牛饮山白陉谷,东入呼沱。子之切。"③尤其是食用"胹炙"这样的肉食之时,更能体现美"味"带来的生理上的满足感。《吕氏春秋·仲夏纪第五·适音》中记载:"口之情欲滋味,心弗乐,五味在前弗食。欲之者,耳目鼻口也;乐之弗乐者,心也。"这里强调了享受食物美味之"乐"不仅仅是一种"口"的生理机能,更重要的是一定要有"心"的精神上的引领。不同的食材都有各自的本味,烹制的过程就是多种味道混合的过程,烹制结束后食材的本味会被新的味道所代替,烹调的过程即是调味的过程,先民们所享受食物美味的关键之处就在于品尝调和之味,"五味调和"是先民们烹制美食的关键环节,"五味调和"之"五味"源

---

① 刘成纪:《先秦两汉艺术观念史》,人民出版社2017年版,第279页。
② (东汉)许慎:《说文解字》,中国书店1989年版,说文二上·三。
③ (东汉)许慎:《说文解字》,中国书店1989年版,说文十一上·六。

于中国的"五行"观念。"五味"改变了食材的本味,使得能满足人的生理需求的食材变而为能满足人的审美需求的美食,"味"凸显了饮食的审美功能,烹调美食、体验食物之美味而非填饱肚子、充饥逐渐演变为饮食活动的主体内容,正如钱钟书先生在《吃饭》一文中指出:"辨味而不是充饥,变成了我们吃饭的目的。舌头代替了肠胃,作为最后或最高的裁判。"①

先秦时代巫术宗教活动盛行,先民们认为天地自然里的万物皆有灵,唯有举行祭拜礼仪虔诚地祭拜这些神灵才能国治久安、生活安宁。这些祭祀活动往往是由专门的官员来负责筹备与实施的,"夫物,物有其官,官修其方,朝夕思之。一日失职,则死及之。失官不食。官宿其业,其物乃至。若泯弃之,物乃抵伏,郁湮不育。故有五行之官,是谓五官。实列受氏姓,封为上公,祀为贵神。社稷五祀,是尊是奉。木正曰句芒,火正曰祝融,金正曰蓐收,水正曰玄冥,土正曰后土"(《春秋左传·昭公二十九年》)。在这里,蔡墨回答魏献子的提问,每种事物都有专门管理它的官吏,即使是"龙"也有掌管"龙"的官员,"五行"分别由"五神"来管理,"木神"为句芒,"火神"为祝融,"金神"为蓐收,"水神"为玄冥,"土神"为后土,此"五神"各司其职,分别掌管"五行"之事。由此可见,这一阶段"五行"观念已开始萌芽但尚未形成完整的观念体系,"五神"掌管"五行"是进行巫术宗教、图腾崇拜祭祀的一种带有自然物象崇拜性质的形式。

"五行"一词最早出现在《尚书》中,"予誓告汝:有扈氏威侮五行,怠弃三正,天用剿绝其命,今予惟恭行天之罚"(《尚书·夏书·甘誓》)。之后又有《尚书·周书·洪范》中对"五行"的具体阐释。"中国古代自然哲学,也必须追溯上古的五行观念、阴阳观念、气的观念的形成与发展。五行:水、金、火、木、土,与古希腊的四元素:水、火、土、气,以及古印度的"四大":地、水、火、风,都是人类认识自然的初级阶段的一种思维抽象,以归类的物质来说明自然的本

---

① 杨耀文选编:《五味:文化名家谈食录》,京华出版社 2005 年版,第 56 页。

质。只是表达形式有不同,说明不同文化在认识自然的角度上有不同"①。

"五行"是春秋时期先民们认识世界探索天地自然各种事物联系的一种规律性把握,"五行"观念成为先民们认识事物、观察事物、运用事物的整体观念,自然万物都能纳入"五行"观念体系加以认识、归纳以体现不同事物的特质。

具体的对应关系如表 2-1 所示。

表 2-1 "五行"关系对照表

名称	五 数 配 列					出处
五行	水	火	木	金	土	《尚书》
五性	润下	炎上	曲直	从革	稼穑	《尚书》
五味	咸	苦	酸	辛(辣)	甘(甜)	《尚书》
五臭	腐(朽)	焦	臊(膻)	腥	香	《礼记》
五谷	豆(菽)	黍	麦	稻(麻)	稷	《礼记》
五官	耳	舌	目	鼻	口	《内经》
五脏	肾	心	肝	肺	脾	《内经》
五音	羽	徵	角	商	宫	《礼记》
五色	黑	赤	青(苍)	白	黄	《礼记》
五气	寒	暑(燠)	风	燥(旸)	湿(雨)	《内经》
五季	冬	夏	春	秋	季夏(长夏)(岁)	《礼记》
五方	北	南	东	西	中	《礼记》
五纬	水星	火星	木星	金星	土星	《周礼》

资料来源:本表的制作借鉴俞晓群:《数术探秘:数在中国古代的神秘意义》,生活·读书·新知三联书店 1994 年版,第 52 页。

以上仅列举了"五行"观念体系中的一部分对应关系(见表 2-1)。"五行"是一个庞大而有序的观念体系,其中的各项内容并不是单独存在的,它们是整个体系中的一部分,彼此之间存在着相生相克的关系,经过多种要素的搭

---

① 赵载光:《中国古代自然哲学与科学思想》,湖南人民出版社 1999 年版,第 2 页。

配与调和以期最终能达到一种阴阳平衡的状态。"五行"的各要素均有其特性并通过相生与相克的关系相互制衡,"水克火,用水能灭火;火克金,用火能熔化金;金克木,用金属刀具可以砍伐木头;木克土,用木在土上造房屋;土克水,用土能填塞水。木生火,用木头生火燃烧;火生土,使火烧烬变成土;土生金,从土里挖出金属;金生水,金属被烧熔成水;水生木,用水滋养树木"①。由此可见,"五行"是先民们观察天地自然,从诸多的自然物象中抽象而来的物种最基本的物态并认为这五种基本物态构成了天地间的所有事物,万事万物的构成都应遵循着"五行"的规则,"五行"观念的产生及运用是先民们对世界的规律性的把握与总结。

值得注意的是,在最初描述"五行"观念之时"五味"便已涵盖其中,"五味"是"五行"观念的第一个应用,《尚书》中记载着,"五行:一曰水,二曰火,三曰木,四曰金,五曰土。水曰润下,火曰炎上,木曰曲直,金曰从革,土爰稼穑。润下作咸,炎上作苦,曲直作酸,从革作辛,稼穑作甘"(《尚书·周书·洪范》)。在这里是以饮食之"五味"来阐发"五行"观念,可以说"五味"是庞大的"五行"体系中的首要内容。"五行"是中国哲学的一项重要观念,"五味"与"五行"同时出现,并能够一一对应,也可见"食"在先秦时代的重要性。"五行观念是从上古原始时代的自然崇拜发展而来的。人类学研究表明:原始人的自然崇拜是一个普遍现象。从具体的自然物崇拜到抽象的自然神——水、火、木、土、金,也是人类认识从具体到抽象的发展过程。殷虚卜辞发现的四方之神的祭祀,提供了这种发展的历史证据。从《洪范》开始,五行开始脱离神学的形态,成为说明世界存在的哲学范畴。《洪范》五行论重在说明事物的属性及相互关系,不探讨事物的内部结构,从一开始就表现出与古希腊元素论不同的思想路数。"②"五味"与"五行"的对应关系是先民们长期对天地自然的观察与日常生活实践的经验总结,由于重力的作用"水(露水)"会从植物叶子

---

① 李泽厚:《阴阳五行:中国人的宇宙观》,《中国文化》2015年第1期。
② 赵载光:《中国古代自然哲学与科学思想》,湖南人民出版社1999年版,第3页。

落下来,有一种"咸"味;"火(火苗)"会向上,燃烧后的灰烬有一种"苦"味;"木(树木)"的形态曲直各异,有一种"酸"味;硬度不高的"金(金属)",有一种"酸"味;"土(土地)"上长出的粮食作物,在口中反复地咀嚼会有一种"甘"味。"五味"之中"甘"味最能吸引人,广受人们的喜爱,"甘"为"五味之本"与"美"同义,"甘者,五味之本也,土者,五行之主也。五行之主土气也,犹五味之有甘肥也,不得不成"(《春秋繁露·五行之义第四十二》)。

三、"羹":"五味调和"的典范

"五味调和"源自"五行"理念体系,史伯提出"五味以调口"的观念是"五行"理念在饮食方面的具体表现,"夫和实生物,同则不继。以他平他谓之和,故能丰长而物归之;若以同裨同,尽乃弃矣。故先王以土与金木水火杂,以成百物,是以和五味以调口,刚四支以卫体,和六律以聪耳,正七体以役心,平八索以成人,建九纪以立纯德,合十数以训百体。出千品,具万方,计亿事,材兆物,收经入,行姟极。故王者居九畡之田,收经入以食兆民,周训而能用之,和乐如一。夫如是,和之至也"(《国语·郑语·史伯为桓公论兴衰》)。"五味调和"是以多种不同的味道调和成"和"味,除了饮食之外,其余事项也应以"和"为最高境界,"和"与"同"异,"同"是同样性质的事物相加,这样只是数量上的简单重复,而把不同性质的事物加以协调平衡就会产生"和","和"重在事物性质或质量上的转变。

"和"有着强大的生命力,能衍生出新的事物——"生物";"同"则不会长久,最终会走向消亡——"不继"。饮食之"五味调和"是多种食材经过烹制后舍弃其原有味道而得到的新的味道,这是一种自然物象中所没有过的新的味道。正是由于有了"五味调和"的理念,中国的饮食文明才会长盛不衰。在实际操作中,负责烹制的"亨人"是掌握"火候"、善于调和五味的人,"亨人掌共鼎镬,以给水、火之齐。职外,内饔之爨亨煮,辨膳羞之物。祭祀,共大羹、铏羹。宾客,亦如之"(《周礼·天官冢宰·亨人》)。"亨人"利用"外饔""内饔"提供的食材原料在炉灶之上进行烹制,他懂得烹制食物过程中的用水量及火候,能做不加调料的"大羹",也能做经过五味调和的"铏羹"。

"羹"是先秦时代"五味调和"的标志性的食物,而且最早以五味调料进行调味的食品即为"羹"。"然而君子啜其羹,食其胾。故人之所以为人者,非特以二足而无毛也,以其有辨也"(《荀子·非相》)。在这里,"羹"是一种肉汁。"羹(䰞),五味盉羹也。从鬲从羔。诗曰亦有和羹。古行切。"[1]"羹"字还有其他的写法:"鬻,羹或省。"[2]"䰞,或从美,羹省。"[3]"羹,小篆从羔从美。"[4]前面我们也提到过"羊"与美食的关系,"羹"由"羔"与"美"组合而成,从字义上也似乎能感受到这种食物的美味。"把肉做成羹,这是秦汉以前人们吃肉的又一方法。羹在先秦时期花样很多,有肉羹,有菜羹,还有肉加粮食的羹。而且不论贤愚贵贱,均可食用。"[5]"羹"是先秦时代最为普及的食物,"羹食,自诸侯以下至于庶人无等"(《礼记·内则》)。诸侯等级以下无论贵贱,所有人均可以"羹"为食。

"羹"也常被作为实例来阐述"五行""和""同"等概念。比如,我们在《左传》中能看到关于晏婴分析"和"与"同"的记载,"公曰:'唯据与我和夫!'晏子对曰:'据亦同也,焉得为和?'公曰:'和与同异乎?'对曰:'异。和如羹焉,水火醯醢盐梅,以烹鱼肉,燀之以薪。宰夫和之,齐之以味,济其不及,以泄其过。君子食之,以平其心。君臣亦然。……先王之济五味,和五声也,以平其心,成其政也。声亦如味,一气,二体,三类,四物,五声,六律,七音,八风,九歌,以相成也。清浊,小大,短长,疾徐,哀乐,刚柔,迟速,高下,出入,周疏,以相济也。君子听之,以平其心。心平,德和。故《诗》曰:"德音不瑕。"今据不

---

① (东汉)许慎:《说文解字》,中国书店1989年版,说文三下·二。
② (东汉)许慎:《说文解字》,中国书店1989年版,说文三下·二。
③ (东汉)许慎:《说文解字》,中国书店1989年版,说文三下·三。
④ (东汉)许慎:《说文解字》,中国书店1989年版,说文三下·三。
⑤ 谢栋元:《〈说文解字〉与中国古代文化》,河南人民出版社1994年版,第56页。

然。君所谓可,据亦曰可;君所谓否,据亦曰否。若以水济水,谁能食之? 若琴瑟之专一,谁能听之? 同之不可也如是'"(《春秋左传·昭公二十年》)。可见,"调和"绝非易事,"君臣"相处之道犹如以"羹"的制作需要懂得"调和"的道理,晏婴将饮食之"相和"与音乐"相成""相济"作出了类比,"五味调和"是饮食成败的关键环节,"声亦如味"音乐中的"五音相成""五音相济"也是音乐优劣之关键。"相成"是音乐的不同声律结构之间的关系,"相济"是音律中的诸多矛盾关系的协调,善于处理好各部分、各环节的对立统一关系是把握"相和""相成""相济"的关键,"五味调和"观念成为审美文化中"和"观念演生与发展的重要基础。

"和"观念在"乐"中体现为"和乐","夫政象乐,乐从和,和从平。声以和乐,律以平声。金石以动之,丝竹以行之,诗以道之,歌以咏之,匏以宣之,瓦以赞之,革木以节之。物得其常曰乐极,极之所集曰声,声应相保曰和,细大不逾曰平"(《国语·周语下·单穆公谏景王铸大钟》)。"和乐"也并非是一种声音,它是由多种乐器多种声部构成,由"金石""丝竹""诗""歌""匏""瓦""革木"等声音相成、相济的结果。"夫草有莘有藟,独食之则杀人,合而食之则益寿。万堇不杀,漆淖水淖,合两淖则为蹇,湿之则为干。金柔锡柔,合两柔则为刚,燔之则为淖。或湿而干,或燔而淖,类固不必,可推知也? 小方,大方之类也;小马,大马之类也;小智,非大智之类也"(《吕氏春秋·似顺论第五·别类》)。可见,事物的性质因"调和"而改变,多种要素的"调和"可以产生新的事物,事物之间并非简单的叠加关系,"类固不必",在多种因素的"调和"作用下材料的本性也会随着改变,最终"调和"的结果体现出来的是诸多要素的综合性与整体性。

值得注意的是,以上晏婴提到美食——"羹"应该特指"和羹",在"和羹"之前有"大羹","大羹"主要作为祭祀之用,"是故乐之隆,非极音也。食飨之礼,非致味也。清庙之瑟,朱弦而疏越,一唱而三叹,有遗音者矣。大飨之礼,尚玄酒而俎腥鱼,大羹不和,有遗味者矣。是故先王之制礼乐也,非以极口腹耳目之欲也,将以教民平好恶而反人道之正也"(《礼记·乐记》)。郑玄注:"大羹,肉涪,不调以盐菜。""食飨"的礼仪并非只为满足口腹之欲,通过礼仪形式来提高臣民的礼乐修养,由此"大羹"并非能勾起人的食欲,"大羹"是不放调料的汤羹,故寡淡无味。

"大羹"是饮食的最初形态,为"饮食之本"。"大飨尚玄尊,俎生鱼,先大羹,贵饮食之本也。飨尚玄尊而用酒,食先黍稷而饭稻粱,祭哜大羹而饱乎庶羞,贵本而亲用。本之谓文,亲用之谓理,两者合而成文,以归太一,夫是谓大隆"(《大戴礼记·礼三本第四十二》)。可见,"大羹"重本味,为饮食之源头,虽简单但意义深远,彰显出"礼"的原初状态。"太古时代,五味还没有进入烹饪领域,人们吃的羹汤,只能是清水煮制而成。后来随着烹饪技术的发展,制羹才逐渐复杂起来。羹,《说文解字》写作鬻,解释为'五味调盉(同和)',意味着人们使用五味调料之后,首先把它用于制羹。制羹是煮肉(或菜)熬汁,做好后可加调料,故后人也称制羹为调羹。"①"君人者将昭德塞违,以临照百官,犹惧或失之。故昭令德以示子孙:是以清庙茅屋,大路越席,大羹不致,粢食不凿,昭其俭也"(《春秋左传·桓公二年》)。在这里,"大羹"未经调和、"粢食"未经加工,以此来彰显德性,昭示俭朴之风。

同样,与"大羹"一同出现的"玄酒"也是一种味淡如水的酒,能体味到"淡味"之美是一种高尚的德行修养。"羹饪,实鼎,陈于门外,如初。尊于户东,玄酒在西。实豆、笾、铏,陈于房中,如初"(《仪礼·特牲馈食礼》)。"羹"煮熟后盛于鼎内,然后再陈设在门外,空酒樽置于东边,盛放"玄酒"的酒坛在东边,"羹"与"玄酒"均为祭祀之物。荀子也曾讲"食饮之本"为祭祀祖先,"大飨,尚玄尊,俎生鱼,先大羹,贵食饮之本也。飨,尚玄尊而用酒醴,先黍稷而饭稻粱。祭,齐大羹而饱庶羞,贵本而亲用也。贵本之谓文,亲用之谓理,两者合而成文,以归大一,夫是之谓大隆"(《荀子·礼论》)。在这里,玄酒—生鱼—

---

① 王学泰:《中国饮食文化史》,广西师范大学出版社2006年版,第60页。

大羹均为寡淡的食物,未经过多的加工而保留着食材的本味,以此来彰显尊重饮食的本源。"贵本之谓文,亲用之谓理,两者合而成文"强调了尊重饮食的本源与本味,便于食用则合乎常理,若能做到这两点便是遵循了自上古流传来的礼仪制度。

"和羹"的烹制要经过诸多要素与步骤,除最基本的水火之外,还需擅长用醋、酱、盐、梅等调味料来烹调鱼和肉,燃烧柴火加热烧煮汤汁,在此期间,厨工还要时刻观察不断尝味、调味以使羹汤味道适中。只有经过这样一番的精心调制,美味的羹汤才得以呈现。"调和"是美食制作的关键过程,食物的味道是否合口只有善于调和的厨师才能做到。"若作酒醴,尔惟麹蘖;若作和羹,尔惟盐梅"(《尚书·商书·说命下》)。在这里,"麹蘖"为制作"酒醴(玄酒)"的重要原料,"盐梅"是制作"和羹"的重要调味料,"和羹"呈现的是经过"五味"调和之后的结果。

"盐"与"梅"是先秦时代很基本的调味料,因此这里以"盐梅"代表"五味","咸"与"酸"在日常生活饮食中用量也是较多的,"十口之家,十人咶盐;百口之家,百人咶盐。凡盐之数,一月丈夫五升少半,妇人三升少半,婴儿二升少半"(《管子·地数》)。各种味道要增加适口感,都离不开盐。所谓"咸吃味,淡吃鲜",便说明了盐的提味作用。

盐对食物的调味起到重要的作用,故"盐人"也成为重要的官员,"盐人掌盐之政令,以共百事之盐。祭祀,共其苦盐、散盐。宾客,共其形盐、散盐。王之膳羞,共饴盐。后及世子,亦如之。凡齐事,鬻盐以待戒令"(《周礼·天官冢宰·盐人》)。盐人是掌管盐务的政令,负责盐的煮制、供应,根据不同的需求提供"苦盐"(带苦味的盐)、"形盐"(捣盐以坚密并刻画出形状)、"散盐"(纯净的颗粒状海盐)、"饴盐"(略带有甜味的岩盐),这其中"饴盐"的口感最好,成为王室成员的饮食专用,更重要的是盐人还负责"齐事"——调和五味之事,足见盐在调和饮食五味中的关键作用。

"酸"是五味中仅次于咸味的重要味型,古往今来一直与咸味并列为中华民族的两大食味之一。"醯人"掌管"酸"味的提供,"醯人掌共五齐、七菹,凡醯物。以共祭祀之齐菹,凡醯酱之物。宾客,亦如之。王举,则共齐菹醯物六十瓮,共后及世子之酱齐菹。宾客之礼,共醯五十瓮。凡事,共醯"(《周礼·天官冢宰·醯人》)。

"羹"已不仅是日常饮食的一种食物,它往往作为饮食的典型参与"祭"礼等庄重的仪式,以此表达祭祀者向神灵、祖先敬意的特殊食物。"嗟嗟烈祖!有秩斯祜。申锡无疆,及尔斯所。既载清酤,赉我思成。亦有和羹,既戒既平。鬷假无言,时靡有争"(《诗经·商颂·烈祖》)。"和羹"是招待贵宾的佳品,宴请亲朋的场景中"和羹"是那美味酒宴的代表,"羹"煮至成熟的时刻就意味着宴请正式开始,"羹定,主人速宾,宾拜辱,主人答拜。还,宾拜辱。介亦如之。宾及众宾皆从之。主人一相迎于门外,再拜宾,宾答拜;拜介,介答拜;揖众宾。主人揖,先入。宾厌介,入门左;介厌众宾,入;众宾皆入门左;北上"(《仪礼·乡饮酒礼》)。由此可见,"羹"是筵席之上的主角,"羹"是要趁热食用以品味肉羹之鲜美。"羹"不仅是先秦时代的一种美食,而且还蕴含着丰富的哲学思想与审美文化。"羹曾在饮食和文化中居有最重要的地位,成为饮食本质与文化本质的典型代表……食、膳、饮三大项的内在本质:和的思想,都在羹中得到了集中的体现"[①]。

四、"调和":古代自然哲学观的体现

先民们的饮食活动会结合季节的变化而作出相应的调整,"五味调和"不仅局限于食材与调味料之间的调和,"味"的"调和"是人与自然"调和"的结果,"食医掌和王之六食,六饮、六膳、百羞、百酱、八珍之齐。凡食齐眡春时,羹齐眡夏时,酱齐眡秋时,饮齐眡冬时。凡和,春多酸,夏多苦,秋多辛,冬多咸,调以滑甘。凡会膳食之宜,牛宜稌,羊宜黍,豕宜稷,犬宜粱,雁宜麦,鱼宜

---

① 张法:《先秦饮食美学体系演进及其天地关联》,《江苏师范大学学报(哲学社会科学版)》2019年第1期。

苶。凡君子之食,恒放焉"(《周礼·天官冢宰·食医》)。"食医"是"医师"系列的重要官员,其职责不在医病诊治,而在调和食物,综合时令、气温、膳食性味等多种因素,调配多种食物的用量比例以利养身。"亨人"是调和某一菜品烹制的"和",而"食医"则是调和多种食品以入口的"和",也就是说,"亨人"之"和"是"羹"之类的"和",是多种"食材"经由"亨人"烹饪后由生到熟、发生物理化学反应的"和",是一种"物"—"物"之"和";"食医"则重在选择与搭配多种已烹制完成的菜品,追求的是一种"天"—"地"—"人"—"食"之"和"。

在不同的时节,人的身体机能会发生变化,饮食要结合身体的实际需要而作出相应的调整,这样"食"才会"和",才能"养人"。在"五行"观念体系中,季节之"春""夏""秋""冬"分别对应五行之"木""火""金""水",五味之"酸""苦""辛""咸"也分别对应五行之"木""火""金""水",因此季节之"春""夏""秋""冬"与五味之"酸""苦""辛""咸"形成组合,"长夏"对应"土","土"对应"甘","长夏"天气湿热宜食用性味平和的食物。甜味在基本味中具有缓冲作用,咸、酸、辛、苦太过,都可用甜味缓冲一下,以削弱它们对味蕾的刺激。

"甘"为"五味"之一,但也有以"甘"代表饮食美味之意。"且夫仁者之为天下度也,非为其目之所美,耳之所乐,口之所甘,身体之所安。以此亏夺民衣食之财,仁者弗为也"(《墨子·非乐上》)。"曰:'王之所大欲,可得闻与?'王笑而不言。曰:'为肥甘不足于口与? 轻暖不足于体与? 抑为采色不足视于目与? 声音不足听于耳与? 便嬖不足使令于前与? 王之诸臣皆足以供之,而王岂为是哉'"(《孟子·梁惠王章句上》)。可见,先秦时代的人之"大欲"通常为口——"肥甘"、体——"轻暖"、目——"彩色"、耳——"声音(乐)"等。在这里,多种感官的审美需求并举,"甘"则代表了饮食之美,能满足人的口舌之欲。《诗经·周颂·小毖》中有:"予其惩,而毖后患。莫予荓蜂,自求辛螫。"这里的"辛"就是指被刺痛的感觉,这种刺激的感觉不会引起人体的舒适感,味道的"辛(辣)"亦是如此。

先民们重视饮食与季节的相对应与配合达到人与自然的相合,"脍,春用葱,秋用芥。豚,春用韭,秋用蓼。脂用葱,膏用薤。三牲用藙,和用醯,兽用梅。鹑羹、鸡羹、鴽,酿之蓼。鲂、鱮烝,雏烧,雉,芗,无蓼"(《礼记·内则》)。可见,烹制用的调味料也会根据食材与季节的不同形成多样的组合。"凡用禽献,春行羔豚,膳膏香;夏行腒鱐,膳膏臊;秋行犊麛,膳膏腥;冬行鲜羽,膳膏膻"(《周礼·天官冢宰·庖人》)。同一种食物也会因在不同的季节食用而作出相应的调整。

饮食之"五味调和"的观念也影响着治国理政思想,"五味调和"从烹饪技法已上升为一种哲学观念,"'左操五音,右执五味',此言君臣之分也。君出令佚,故立于左。臣任力劳,故立于右。夫五音不同声而能调,此言君之所出令无妄也。而无所不顺,顺而令行政成。五味不同物而能和,此言臣之所任力无也,而无所不得,得而力务财多"(《管子·第四卷·宙合》)。由于"五味调和"的理念蕴含着深刻的哲学理念,"调和"已成为一种人们认识人与自然、解决矛盾、处理社会问题的方法论,基于此,先秦饮食与政治的关系如此紧密,这也成为先秦饮食文化的显著特征。

在"五行"观念体系中,"五味"与"五脏"有着对应的关系,"五味所入:酸入肝、辛入肺、苦入心、咸入肾、甘入脾,是为五入"(《黄帝内经·素问·宣明五气》)。"五味"的摄入直接关系着"五脏"的健康状况。对于人的身体健康而言,注重"五味调和"是合理饮食的必要内容。"辛散、酸收、甘缓、苦坚、咸耎。毒药攻邪,五谷为养,五果为助,五畜为益,五菜为充,气味合而服之,以补精益气"(《黄帝内经·素问·藏气法时论》)。我们在前面也提到过"药食同源",药食同性,"药,治病艸(草)。从艸(草)乐声。以勺切"①。现代科学研究表明,"五味调和"对营养的摄入、疾病的防护与治疗均有着现实意义。"五味调和讲究苦、辣、酸、甜、咸味的调和,实质上是对摄食和营养的定量控制,实

---

① （东汉）许慎:《说文解字》,中国书店 1989 年版,说文一下·七。

现均衡营养。五味调和不仅是烹饪和饮食控制的基础,也是药物筛选和疾病防治的基础。"①

合理的饮食有助于保持身体各个机能的健康运行,"五味"有着不同的功效,"辛""酸""甘""苦""咸"对应"散""收""缓""坚""软",可见"五味"进入身体后会对肌体产生影响,"五味调和"—"气味合"—"益气",正是在这样的观念下饮食滋补养生成为可能。"夫五味入胃,各归所喜,故酸先入肝,苦先入心,甘先入脾,辛先入肺,咸先入肾,久而增气,物化之常也。气增而久,夭之由也"(《黄帝内经·素问·至真要大论》)。可见,"五味"从口入身并进行了分化,遵循了"五行"观念体系的原则形成"五味"—"五脏"的对应关系:"酸"—"肝"、"辛"—"肺"、"苦"—"心"、"咸"—"肾"、"甘"—"脾",这也成为我们考察"五味调和"的食物与人的生理与心理健康关系的必要途径。

"阴阳"观念也深刻影响着先民们的饮食活动,"乾,阳物也;坤,阴物也。阴阳合德,而刚柔有体。以体天地之撰,以通神明之德。其称名也,杂而不越。于稽其类,其衰世之意邪"(《周易·系辞下》)。先民们认为"阴"与"阳"二者之间的相互作用成为事物发展的关键因素。"至阴肃肃,至阳赫赫。肃肃出乎天,赫赫发乎地。两者交通成和而物生焉,或为之纪而莫见其形"(《庄子·外篇·田子方》)。"阴"为"地"、"阳"为"天","阴""阳"二气结合造成万物。"与五行观念紧密联系的是阴阳观念和气的观念。这些观念来源于古人对气候的长期观察。《左传·昭公元年》说天有六气:'阴、阳、风、雨、晦、明。'《周易》的阴爻—阳爻的对立性状,增加了阴阳的哲学内涵,阴阳互动成为世界运动的基本动力。阴阳不离乎其,阴阳是气的属性,是气的内在的对立统一,因而是气的运动的根据。五行则是气的具体展开,是气衍生万物的中间层次。这样,五行观、阴阳观和气的观念,经过长期的演变,在春秋时代形成统一的气——阴阳五行论。"②

---

① 庞广昌:《五味调和的科学基础》,《美食研究》2017年第2期。
② 赵载光:《中国古代自然哲学与科学思想》,湖南人民出版社1999年版,第3页。

"水为阴,火为阳。阳为气,阴为味。味归形,形归气;气归精,精归化。精食气,形食味;化生精,气生形。味伤形,气伤精,精化为气,气伤于味。阴味出下窍,阳气出上窍。味厚者为阴,薄为阴之阳;气厚者为阳,薄为阳之阴。味厚则泄,薄则通;气薄则发泄,厚则发热。……气味辛甘发散为阳,酸苦涌泄为阴"(《黄帝内经·素问·阴阳应象大论》)。饮食之"五味"进入人的身体后参与"阴阳"的转化过程,身体为"阳"、食物为"阴",食物之"厚味"属与纯阴,"淡味"属于阴中之阳,故"厚味"损"阳"是对人的生理机能有害的,"淡味"则能够滋养身体。

"阴之所生,本在五味,阴之五宫,伤在五味。是故味过于酸,肝气以津,脾气乃绝;味过于咸,大骨气劳,短肌,心气抑;味过于甘,心气喘满,色黑,肾气不衡;味过于苦,脾气不濡,胃气乃厚;味过于辛,筋脉沮弛,精神乃央。是故谨和五味,骨正筋柔,气血以流,腠理以密,如是则骨气以精,谨道如法,长有天命"(《黄帝内经·素问·生气通天论》)。由此可见,"谨和五味"与"五味调和"的观念相通,"味"与身体"器官"的关系密切"五味"失衡便会引起疾病,比如,过"酸"伤"脾",过"咸"伤"心",过"甘"伤"肾",过"苦"伤"胃",过"辛"伤"神"。只有"谨和五味"才能保证"筋骨""气血""腠理"的健康状况,"食"与"身"相和也是保证身体健康的关键环节,人的饮食要根据自身的体质作出相应的调整以达到一种平衡状态。

"五味"在体内经过一系列运化使机体能够保持良好的状态。"帝曰:善,五味阴阳之用何如?岐伯曰:辛甘发散为阳,酸苦涌泄为阴,咸味涌泄为阴,淡味渗泄为阳。六者或收或散,或缓或急,或燥或润,或软或坚,以所利而行之,调其气使其平也"(《黄帝内经·素问·至真要大论》)。"五味"进入体内转化为"阴阳"调节气血以使其达平衡,"淡味(阳)"与"辛(阳)""甘(阳)""酸(阴)""苦(阴)""咸(阴)"并置,从而"淡味(阳)"与"五味"一同形成了"六味",其中"淡味(阳)"有着独立的功效。《黄帝内经》是我国现存最早的医学典籍,它是以阴阳五行论为哲学基础的,"《内经》自然理论的基本骨架是气论和阴阳五行论。气是宇宙万物的本源,阴阳是万物变化的动因,五行是事物互相联系互相制约的结构模式。这个理论既能说明宇宙的本源与运动,又能说明人体的结构和功能,指导防病治病的医疗实践。《内经》创立了一种朴素的系统方法,这种方法把宇宙看作一个大系统,人体是与宇宙相类似的一个小系统"①。

医生借药食的"五味"来调和人们的身体机能使之重新恢复到能与四季相和与自然相和。饮食关乎人的健康,"五味"为"五脏"之本,食用某一味道过量就会有相应的脏器受到损伤。《黄帝内经》的开篇中便提到善于调和、良好的饮食习惯能起到延长人的寿命、提高身体机能的作用。古人讲,"食饮有节,起居有常,不妄作劳,故能形与神俱,而尽其天年,度百岁乃去"(《黄帝内经·素问·上古天真论》)。日常饮食要有所节制,遵循"五味调和"原则,不能偏爱某一味道而食用过量,若此将会扰乱"阴阳"平衡,伤及"五宫"。

"五味"的调和与否,不仅事关食物的美味,而且也事关食用后的效果,"五味调和"的饮食味美而有益于健康。"阴阳五行"是"五味调和"的理论依据,它建立了饮食调味的结构,"它还从哲学角度奠定了饮食烹饪美学的'和'的理论基础,同时也是'和'的思想的哲学阐明,它提出饮食烹饪调和要遵循阴阳五行的基本规律"②。"五味"源于"阴阳五行说",是先民们的哲学智慧在饮食活动领域的运用与体现。

第二节　饮食与"和"

"和"作为先秦饮食审美中的一个重要观念,历经千百年来的传承与演化,已经成为优秀中国传统文化的核心意识之一。"和"观念始终贯穿中国古典审美意识,审美之"和"的原则也成为主体评判对象审美价值的基本准则。

---

① 赵载光:《中国古代自然哲学与科学思想》,湖南人民出版社1999年版,第4页。
② 曹利华主编,史红编著:《饮食烹饪美学》,科学普及出版社1991年版,第165页。

先秦先民们珍视生命,尊重自然,逐渐认识到天地、阴阳、刚柔、虚实等是
万物得以生成的对立统一的关键因素。《淮南子·氾论训》中载有:"天地之
气莫大于和。和者,阴阳调,日夜分,而生物。"《春秋左传·昭公二十年》中列
举了一系列对立要素,如"清浊、小大、短长、疾徐、哀乐、刚柔、迟速、高下、出
入、周疏,以相济也"。这些对立的事物经过"相济"调和,配合适中,以达到一
种统一、和谐的状态,这也是"中和""中庸"等理念生成的先导。各种相异对
立的东西相互渗透、相反相成,体现出宇宙生命的节奏,物与物之间恰到好处
的协调与融合,"和"在这里则是万物相生的最佳样态。

审美理论在先秦时期尚处于萌芽阶段,而这一时期产生的审美观念还远
非纯粹的美学形态,时人对于审美问题的阐发也不是以著作形式出现,中国早
期的审美观念多散落于各类史籍中,多以追述的方式得以记载下来,从而流传
至今。我们可以在《左传》与《国语》的相关论述中感知到"和"观念的理论萌
芽,"'和'的根本特点是'相成相济'、'相反相成'"①。这些理论也成为孔子
的"中庸"思想、老子的"万物负阴而抱阳,冲气以为和"的观念思想的先声。

由于先秦时期的饮食活动常常有音乐歌舞相伴或有祭拜鬼神的礼仪活动
相随,所以关于"和"这一审美观念是一种多重形式层面的统一,也往往承认
其物质生活与精神道德上的功利性目的,这有别于同时期的西方"形式和谐
论"。中国美学中的"和"观念往往与"乐"观念相应相随,并且"和"的内涵在
不断地拓展,从最初生理机能层面上的饮食之"调和"、食物口感味道之"和",
逐渐上升到人的心理与观念层面的对"和"意识的向往,最终"和"又演变为先
秦时代社会层面上的普遍意识。

关于"和"的观念的产生及演化已经作为一个中国美学的重要问题,"和"
之审美也成为中国美学的核心理念之一,"和"观念源自先秦时代人们的日常
饮食生活,经过先民们长期的实践与探索,"和"的理念不断拓展,"和"已不仅

---

① 诸葛志:《中国原创性美学》,上海古籍出版社 2000 年版,第 43 页。

仅是厨师烹调美食之时的"调味"技术的体现,"和"的智慧已走出烹制美食的厨房,这种"和"的理念逐渐渗入到天地自然与日常社会生活的各个领域,作为优秀的中华传统文化的一项重要内容。在先秦典籍里常以"和""合""和合""中""中庸""中和""中声""和谐"等称谓出现。

一、 食味之"和"

《吕氏春秋·本味》中记述了"调味"这一复杂的程序:"调和之事,必以甘、酸、苦、辛、咸。先后多少,其齐甚微,皆有自起。"由此可见,先秦时代的先民们经过长期在日常生活中的实践与探索,逐渐掌握了"调味"的方法与规律,甘味、酸味、苦味、辛味、咸味的调味料在鼎中有着微妙的变化,这就需要富有经验的烹调者熟悉各种食材的先天物性,顺乎四季自然的流转,"宰夫和之,齐之以味,济其不及,以泄其过。君子食之,以平其心"(《春秋左传·昭公二十年》),这就需要精准地控制使用各味调料的先后顺序与用量、比例并能及时掌握烹调的火候,一切都要恰到好处才能烹制出既可口又健康的美食,以达到和谐至美的理想境界。倘若有某调料用量过多或者不足便会打破"和"的效果,这也体现了"执其两端"而"用其中"的中庸思想。

先秦时代的人们不仅在烹调过程中掌握了甘味、酸味、苦味、辛味、咸味等调味料与食材本味的调和,还很重视复合型调味料的制备与使用。孔子十分重视饮食活动,他对食材的保鲜度、烹饪的火候、食物的调味等诸多方面均有较高标准的要求。《论语·乡党》中曾讲,"食不厌精,脍不厌细。食饐而餲,鱼馁而肉败,不食。色恶,不食。臭恶,不食。失饪,不食。不时,不食。割不正,不食。不得其酱,不食"。先秦时代的日常饮食中讲究食材的切割样式,厨师的刀工也成为饮食品质的一项重要标准,同时也注重各种食材的搭配食用,调味料的使用也关乎入口的食物能否达到最佳效果。

"酱"是一种复合型调味料,若缺少"酱"的调味,肉食的腥膻味过重,不能给人们带来品味饕餮大餐的审美体验。"凡进食之礼:左殽右胾,食居人之左,羹居人之右;脍炙处外,醯酱处内,葱渫处末,酒浆处右,以脯修置者,左朐右末"(《礼记·曲礼上》)。按照饮食礼仪的规范,肉食与酱料要配套出现在餐桌之上。"献粟者执右契,献米者操量鼓。献孰食者操酱齐,献田宅者操书致"(《礼记·曲礼上》),这也是讲"酱"乃是一种在享用熟肉食时的必备佐料。先民们的饮食生活中有着种类繁多的"酱",比如有的是用蚁卵为原料而制作的酱,有的是用兔肉为原料而制作的肉酱,有的是用鱼子为原料而制作的酱,还有以芥子制成的酱。《礼记·内则》中记载,"食:蜗醢而苽食、雉羹;麦食,脯羹、鸡羹;析稌、犬羹、兔羹;和糁,不蓼。濡豚,包苦,实蓼;濡鸡,醢酱,实蓼;濡鱼,卵酱,实蓼;濡鳖,醢酱,实蓼。腶脩,蚳醢;脯羹,兔醢;麋肤,鱼醢;鱼脍,芥酱;麋腥,醢酱;桃诸、梅诸,卵盐"。

以上是古人的一种"食谱"。为达到"五味调和"的目标,先民们发明了若干"套餐",它们大概遵循了这样的组合模式:"酱—饭—羹"或者"饭—羹—羹"。"酱"是先秦时代日常饮食活动中不可或缺的一种调味料,并且"酱"的种类很多,"酱"与饭、羹形成固定搭配的食品也异常丰富,大概只有在众多的"醢"与"酱"的辅助下,先民们才能调和如此广泛的肉类饮食。我们应注意到,"五味"绝不能简单地理解为只有五种类型的味道,它是指多种味型或多种调料味。我们还应该注意到,"调和"也不仅限于运用调料来调味,它还讲究不同食材的搭配,为合季节的变更而调换不同的食材以达到最佳效果等做法也都是一种"调和"。比如,"牛宜稌,羊宜黍,豕宜稷,犬宜粱,雁宜麦,鱼宜苽"(《礼记·内则》)。这里列举了食用不同的肉食适宜匹配不同的主食,以体验最佳的味道,既能凸显不同肉质的特色,又有助于营养消化吸收,口感俱佳,主食多为谷物通常难以下咽,搭配相应的肉与汤汁,肉与饭在口中相融最终能转变为"甘"与"滑"的美味,这是一种饮食中的"物物之和"。此外,饮食还要"与时之和",《礼记·内则》中记载,"脍,春用葱,秋用芥。豚,春用韭,秋用蓼。鹑羹、鸡羹、鴽,酿之蓼。鲂、鱮烝,雏烧,雉芗,无蓼"。

烹制不同的佳肴,会选用不同的调味料,更为精细的做法是,先民们即使是制作同一菜品也会根据不同的时令运用不同的调味料进行替换。有些食物需要单独地精心烹制,还有些像"鹑羹、鸡羹、鴽"之类的食物一定要混搭在一起进行杂煮后才更加入味。随着四季流转,人们食肉的品种亦有不同,因肉质不同,用以煎肉的油亦有别。《礼记·内则》中讲,"春,宜羔豚,膳膏芗;夏,宜腒鱐,膳膏臊;秋,宜犊麛,膳膏腥;冬,宜鲜羽,膳膏膻"。如上所云,列出了一系列"时—肉—油"的组合模式。

先秦时代的先民们已基本掌握了天地自然的运行规律、各类食材的效能与特点,同时也对人本身的生理特点有了一定的了解,能够主动地利用不同的条件并作出相应的调整,以使人的健康状况得到基本的保障。为了调养身体,先民们会在春季时节食用羔羊、小猪,并且要用牛油来煎;夏季适宜食用狗油烹煎的干野鸡和干鱼;秋季适宜食用鸡油煎制的牛犊和小鹿;冬季寒冷适宜食用以羊油来煎制的鱼和雁。四季之变,时气不和人们难免要生病,先秦时代的医生往往从饮食方面加以调养病患。

二、"和""同"辨析

"和"作为中国早期出现的文字,最初有三种不同的写法,我们能在《说文解字》中找到"和"的写法及其读音,尽管这三种"和"的书写方式不同、内在含义有别,但是其读音却是一致的。第一种写法为"和",这也是流传至今我们最为常用的写法,"和,相应也,从口,禾声。户戈切"[1]。现代常用"和"字的第二种写法为"盉",《说文解字·皿部·盉》中记载:"盉,调味也。从皿,禾声。户戈切。"[2]现代常用"和"字的第三种写法为"龢",它可以解释为"龢,调也。从龠,禾声。读与和同。户戈切"[3]。"和""盉"与"龢",此三字在金文中是通用的,均有饮食调和的用意。先民们通过品味美食、演奏音乐,从味觉、听

---

① (东汉)许慎:《说文解字》,中国书店1989年版,说文二上·四。
② (东汉)许慎:《说文解字》,中国书店1989年版,说文五上·九。
③ (东汉)许慎:《说文解字》,中国书店1989年版,说文二下·七。

觉等多个感官方面来阐发"和"的状态。盉从皿,"皿,饮食之用器也。凡皿之属皆从皿。读若猛。武永切"①。盉用来盛放醇厚的各类酒水,可见盉是源于饮食审美的。龢从龠,它可以解释为,"龠,乐之竹管,三孔,以和众声也。从品龠;龠,理也。凡龠之属皆从龠。以灼切"②。"龠"是美妙的丝竹音乐的和声交响,"龠"也是音乐有条理的样子。由此,可知"龢"是源于音乐审美的。尽管"和"源于不同的实践领域,但有着共同的指向,即"乐调谓之龢,味调味之盉,事之调适者谓之和,其意一也。所谓:'事之中节者皆调之和'"③。

　　"盉"与"龢"来自人们易于感知的饮食与音乐领域,它们是"和"观念的基础,是理解"和"观念的第一阶段。"和",多而不乱,杂而有序。"和"是多种味道的合味,"和"是多种声音的和声。社会关系之"和"较为抽象,是理解"和"观念的第二阶段。古人阐发一种理论观念往往先从日常生活中的事例讲起,由表及里,由感性到理性地提出理论问题。正如最初"和"概念的阐发也是借助于人们熟知的日常生活场景事例——饮食调味、音乐声律来进行的,还利用比照、辨析易混概念的方法分析了"和"这一观念的特性。"去和而取同。夫和实生物,同则不继。以他平他谓之和,故能丰长而物归之;若以同裨同,尽乃弃矣。……声一无听,物一无文,味一无果,物一不讲"(《国语·郑语·史伯为桓公论兴衰》)。

　　一般认为,"和"与"同"之间没有分别,"和"与"同"是一组含义相近的概念,在某些情况下还会互相替代使用。但仔细考察来看,"和"与"同"二者尽管是一对貌似相同的概念,但是经过比较对照分析就会发现"和"与"同"还是有着本质上的区别的。"在中文里,'同'意味着单调一律,不容许有任何不同;'和'则意味着和谐,它承认不同,而把不同联合起来成为和谐一致。"④

①　(东汉)许慎:《说文解字》,中国书店 1989 年版,说文五上·九。
②　(东汉)许慎:《说文解字》,中国书店 1989 年版,说文二下·七。
③　杨树达:《论语疏证》,上海古籍出版社 1986 年版,第 28 页。
④　冯友兰:《冯友兰文集第六卷:中国哲学简史》,长春出版社 2008 年版,第 115 页。

"同"强调一致性、单一性和简单化,而"和"则强调多样性、包容性和多样态的统一。"同"往往会导致单调枯燥,进而失去活力;"和"则包罗万象,进而能不断催生创新。

"五行""五味""六律"等多种因素相杂而成"和",有了"和"才能生成万物。"和实生物,同则不继",若要求在这世界上的各个要素完全一致,则了无生机、难以为继。各类事物经过"以他平他"的方式加以融合,亦即把本来存在差异的事物经过一系列组织与融合,最终消解不同事物之间原本存在的巨大差异与鲜明的本质特征,进而创造出一种新的平衡的融合状态,这样有利于创建新的事物,解决矛盾问题,从而达到"和"这样一种较为完满的结果。先民们用"以他平他谓之和"这种简单的概括,清晰明了地给出了"和"的定义,这也拉开了中国美学探究"中和美"的序幕。若一味地"以同裨同",亦即重复叠加相同的东西,这不仅不能产生新生事物,矛盾问题也解决不了,只会走向消亡。人们若能做到以"和"的观念来指导日常生活,那样便可以获得心理与生理的健康和平衡。

史伯提出的诸如"味一无果""物一不讲""声一无听""物一无文"等理念,则形象地指出了不遵循"和"的规定所导致的结果,若此,我们的世界将会索然无味、失去生机。这是从另外一个角度来分析"和"的样态,"和"的构成要素一定是多元的,同一性的要素聚集在一起只是在数量上有所增长,绝不能达到"和"的状态,"和"是多种要素综合的结果,是一个质变的过程。拥有高低错落的音符才能奏出华美的乐章,经过酸味的、甜味的、苦味的、辛味的、咸味的等多种味道调制才能品得到美食。咸味是重要的调味料,盐在先秦时代是非常珍贵的一种稀缺性的资源,那时的食盐很少是海盐,绝大多数的食用盐均来自内陆的盐田,故这些盐田周围的地区也成为人类早期的聚居区。"道有变动,故曰爻。爻有等,故曰物。物相杂,故曰文。文不当,故吉凶生焉"(《周易·系辞下》),也是在表达"和"观念蕴含着的多样性统一的重要性。由此可见,天地万物的生长都是在一种"以他平他",相和、相杂、相生的状态中进行着,"和"在"以他平他"的过程中产生,新的事物在"和"的运化中生成。

"和而不同"展现了中国和谐审美观的主旨,整体上的和谐是由多种不同的元素构成的,诸多要素的排列组合要遵循整体上的和谐。"和谐从根本上说是从整体着眼的,但整体又是由部分(个体)构成的,因此整体和谐的具体意味就在于整体和部分(个体)的关系,诸部分(个体)以一种什么样的方式形成和谐的整体。中国文化的和谐首先强调整体的和谐,由整体的和谐来规定个体(部分),个体(部分)应该以一种什么方式,有一个什么样的位置都是由整体性决定的。"[①]"和"观念处于先秦时代的日常饮食生活实践,体现着多种食材、多种性味在烹调过程中相辅相成、改变各自原初的状态,进而创造出一种新的境界,以"和"方式呈现出一种全新的事物,"和"的过程也往往能为推新、创新、重新焕发"个体"生命力提供机遇与保障。

三、 以"和"为美

中国的"和"观念倡导整体的和谐,以宇宙自然整体和谐为"和"的基础,这要求它是一个对立而又彼此不相违抗,能够容纳天地万物的"和"。先民们以自己的生存经验为基础构建了"和"的自然模式,并以此为客观之道,规范社会行为,人们的生活模式也应遵循"和"的理念。"礼"作为人们的行为法则,贯穿着"和"的思想成为中国文化的重要内容。"礼"作为"和"观念的显现,同样反映了人与天地自然的沟通。《礼记·礼运》中讲,"是故夫礼,必本于大一,分而为天地,转而为阴阳,变而为四时,列而为鬼神。其降曰命,其官于天也。夫礼必本于天,动而之地,列而之事,变而从时,协于分艺,其居人也曰养,其行之以货力、辞让、饮食、冠昏、丧祭、射御、朝聘"。

这样,就形成了由"礼(太一)—天地—阴阳—四时—鬼神—君主—政教

---

① 张法:《中西美学与文化精神》,北京大学出版社 1994 年版,第 77 页。

命令—具体事项礼仪"的一整套模式以体现"和"观念，每个环节前后次序紧密相连。"和"强调顺应与相称，"礼"亦将此列为基本特征。"礼，时为大，顺次之，体次之，宜次之，称次之"（《礼记·礼器》），也就是说，一种礼制的产生与实施要适应时代的潮流，顺应社会的伦理道德风尚，适合于礼制使用的人群特征，同时也要注意合于事宜，并与其身份相称。以此而施行礼制便能达到"和"状态。

"和"的观念早在《尚书·虞书·舜典》中便有涉及，阐述音乐之"龢"的重要作用，"诗言志，歌咏言，声依永，律和声。八音克谐，无相夺伦，神人以和"。先民们重视用音乐的方式来讲述"和"的观念，通过音乐使人们懂得以"和"观念来塑造人、培养人。以音乐之"中声"来培养"中和"之人。我们可以从中看到"人神之和"，其间还带有以各种动物为图腾的原始巫术仪式的痕迹。音乐在古代是充满神秘感的，人心的和谐能通过音乐的和谐达到天地自然的和谐，体现为"天人合一"。老子认为天地万物起源于阴阳两种相对立的气之"中和"的形式，《老子·德经·第四十二章》中讲："道生一，一生二，二生三，三生万物。万物负阴而抱阳，冲气以为和。""冲气"亦即阴与阳的会和之气，经过一系列的演化最终成为"中和"之气。"中和"之气是化生天地万物之本。以节奏为主体的原始音乐打动人的情感，促使人们的行动整齐而统一，天地自然的力量被最大地附会到音乐之"龢"上。这种巫术活动到后来更多地被保留在帝王的饮食活动中来，整个仪式的结构——饮食、乐、舞、诗、歌——都在保障帝王的身心健康与仪式场面的和谐。正所谓"五味实气，五色精心，五声昭德，五义纪宜，饮食可飨，和同可观，财用可嘉，则顺而德建"（《国语·周语·定王论不用全烝之故》）。"中和"是"和"观念在人们日常生活中的延伸，是人们能够通过努力来达到"和"之理想的实际路径。《礼记·中庸》中讲，"喜怒哀乐之未发，谓之中。发而皆中节，谓之和。中也者，天下之大本也。和也者，天下之达道也。致中和，天地位焉，万物育焉"。

人们的情绪有多种类型，可以分为喜、怒、哀、乐等，饮食味道也有多种类型：甘味、酸味、苦味、辛味、咸味，通常称之为饮食"五味"。饮食活动是可以改变人的生理与心理状况的，良好的食物与舒适的饮食氛围有利于人们的身心健康。若善于调节好各种因素，便可以达到一种理想的所谓"致中和"的境界。"天地位"，这样一种秩序感，"万物育"，这样一种生命感，它们正是先民们所期望的理想世界。

中国审美文化是以"和"为美的。在以"和"观念为基础的审美意识里，如饮食活动中的"味和"、涉及道德伦理的"中和"观念、强调人与天地自然和谐共处最终达到那样一种"天人合一"的"天和"等都为"和"审美意识奠定了哲学基础，并且也一直对饮食文化中的"和"的审美产生着深刻的影响。这种"和"的审美观念体现为个人与社会、人类与天地自然的和谐与统一，关于"和"的观念已成为先秦时期的美并且成为建构先秦时期审美意识的一项重要内容。

"'和'是先秦最抽象的审美观念，是先秦审美意识的最高总结。"①关于"以和为美"的审美观念源于先民们的现实生活，他们耕种渔猎以获得饮食，为生命的繁衍创造条件，观察天地自然总结规律。先秦时代的人们已经开始追求多重味道带来的味觉体验，单一的调味品、单一类型的味道已不能满足人们日益发达的审美经验和挑剔的味蕾。他们试图用甘味、酸味、苦味、辛味、咸味等多种类型的味道构成一种"合味"，从而达到人们所要追求的"味和"境界。这样一种"五味调和"的观念是先秦时代先民们经过长期日常生活饮食的实践与探索的宝贵财富，它也是先秦诸子的哲学思想在日常生活饮食审美意识方面的体现。

中国美学的和谐体现着生命之"和"，"中和"是人们所能做到的体现着天地自然、万物生发的"和"。饮食五味之"和"通过礼乐之"和"得以彰显，"礼交动乎上，乐交应乎下，和之至也"（《礼记·礼器》）。"礼"与"和"二者互为

---

① 薛富兴：《山水精神——中国美学史文集》，南开大学出版社 2009 年版，第 52 页。

表里,"礼"规范了社会秩序,制定了行为准则,达成了情欲与理性的谐和统一,从而构建起人们的生活行为之"和"。"有子曰:'礼之用,和为贵。先王之道,斯为美,小大由之。有所不行,知和而和,不以礼节之,亦不可行也'"(《论语·学而》)。"和为贵"的观念已深入人心,以"和"的理念治国理政能达到富邦安民的效果。

先民们在饮食与音乐的现实活动中生发出"和"的观念,"以和为美"的审美观念涵盖范围甚广。从饮食活动、音乐规范到礼仪制;从味觉享受到视听审美;从日常饮食起居生活、宗族社会和睦安定到人与天地自然之和美,这些都反映了先民们在农业型自然经济状况下的思想状态。这样一种审美理想是建立在人、家庭、社会与自然之间的和谐关系基础之上,在先秦时代先民们的饮食思想观念的影响下产生,与此同时,也会反过来进一步影响人们的日常现实饮食生活方式。

先秦时代饮食中的"以和为美"审美观念源于先民们的日常现实的生活经验以及较为原始的审美对象。不仅如此,先民们还非常热衷于图腾崇拜和巫术仪式活动,从而逐渐形成了"天人合一"的思想观念,这种大智慧成为中华民族的宝贵财富深刻地影响着中华传统审美理念以及思想观念文化的发展。"作为饮食文化概念,'和'用以阐释如何处理不同滋味饮食材料,以达到一种不同滋味在同一套饮食系统内如何有效融合的饮食原理。在春秋晚期,它被思想家们提升为一种可应用于不同生活领域,讲究对立因素和谐统一的普遍性人生、宇宙法则。"①

先秦饮食活动中生成的以"和"为美的观念意识,强调的是最终获得的圆融完满,即人和、天和与文和三者之间的协调与统一,是中国艺术独特的审美追求。在经历了"礼乐之和""五味调和"的具象发展,最终演化成为哲学层面的范畴,如"淡和""自然之和"与"道德之和"的深度统一,凸显了审美主体与

---

① 薛富兴:《品:一个关于审美判断的普遍性范畴》,《南开学报(哲学社会科学版)》2019年第4期。

客体二者之间的以和为美的观念意识。这一审美特质的发展演化,建构了当时审美意识的雏形,形成了中华民族独特的审美观,从而深刻影响了中国美学的基本走向。

中国的"和"观念以及"和"的审美意识源自先秦时代日常生活饮食活动的实践与饮食之"五味调和"观念的衍生及发展。薛富兴先生认为:"'和'是先秦最抽象的审美观念,是先秦审美意识的最高总结,其要义是要在审美活动诸要素中能保持一种动态平衡。'和'这一观念的出现,标志着先秦中华抽象思维已进入到关键把握的阶段,是整体哲学思维能力提高之标志,此乃古典和谐审美理想之雏形。饮食与音乐是'和'观念产生的现实领域,具体地,它产生于对'五味'、'五色'、'五声'关系的处理过程中。"①

李泽厚认为:"个体的社会性的伦理道德感情同客观自然运动变化的规律、形式两者达到完全的和谐一致,这就是整个中国古代美学的根本出发点。"②人与自然、人与社会之间通过这样的模式达到一种新的平衡,中国的"和"观念正是沿着这样的方向不断演进。

第三节　饮食与"味"

饮食并非仅仅是为了充饥或补充身体所需的营养成分,饮食文化是博大精深的中华文明的重要组成部分,我们从古至今就视饮食为一门艺术,以审美的情怀来烹饪与食用各种食物。"夫悦目之画,悦耳之音,皆为美术;而悦口之味,何独不然?是烹调者,亦美术之一道也。"③先秦时代先民们的日常饮食活动带来的不仅局限于餐桌上的美味,"五味调和"等源自饮食活动的理念也会为解决社会生活中的其他事情予以启发。

---

① 薛富兴:《先秦美学的历史进程》,《云南大学学报(社会科学版)》2004 年第 6 期。
② 李泽厚、刘纲纪:《中国美学史·先秦两汉编》,安徽文艺出版社 1999 年版,第 93 页。
③ 孙中山:《建国方略》,中国长安出版社 2011 年版,第 6 页。

　　"味道"源自人们咀嚼食物品尝佳肴之美味,在这个过程中逐渐体验到食材的美好,这种对味道的体悟、感受方式,成为一种人们认识事物的重要方法,这种饮食活动中的体悟逐渐演化为先民们认识世界、认识社会、认识自己的主要方式。"味道"的观念已渐渐远离生理层面上的饮食活动本身,开始成为先民们进行理性思考的一种方法。钱穆先生曾讲:"能知其人其事之有味无味,此真中国人一番大道理,亦可称是一项大哲学。中国人又称'五味'。"[1]钱穆从中国人特有的思想观念揭示出"味"观念的深刻内涵,对"味"的体悟不仅是先秦时代先民们的智慧,更是流传到后世的独特的审美文化。正如于民先生所深刻指出的:"经过阴阳五行家们的加工,人们的五官感觉与大自然的六气联系起来。"[2]经过不断的演化,"味"已脱离了饮食之味,不局限于食物的酸味、甜味、苦味、辛味、咸味等生理意义上的味道,作为一种观念"味"已经成了认识天地自然、体悟阴阳二气转换的方式。

　　孔子曾讲,"贤者过之,不肖者不及也。人莫不饮食也,鲜能知味也"(《礼记·中庸》)。在这里,"饮食"是一种日常行为,难度不大,人人可做;"知味"则是一种理性思考,难度较高,非常人能做。这样,"知味"就成为"饮食"的高级阶段,"味"源于"食"而高于"食",并最终超脱于"食"逐渐发展为一项重要的古代中国审美观念。"味"观念的产生拓展了先秦时代的饮食活动的意义,实现了以饱腹需要为基础的活动向理性探索的转变。因此,先秦时代的饮食活动已经开始从最初的注重生命的延续趋向体悟生活、观照世界。

一、人类饮食的生理机能

　　先秦时代的先民们并没有将审美与味觉体验相分离,相反,人的味觉、嗅觉感受到的生理快感也同样能引发内心的愉悦,来自口、鼻的信号与眼、耳一样将感受到的外界信号传递给了大脑,饮食活动能满足人们的生理和心理需求,具

---

[1]　钱穆:《中国思想通俗讲话》,生活·读书·新知三联书店2002年版,第101页。
[2]　于民:《春秋前审美观念的发展》,中华书局1984年版,第121页。

备作为审美对象的基础。五官感受并置是古代先哲的共识,"目"之乐、"耳"之乐、"口"之乐是并行的,没有高下之分,且列举"目""耳""口"的先后顺序也不是固定的,"且夫仁者之为天下度也,非为其目之所美,耳之所乐,口之所甘,身体之所安。以此亏夺民衣食之财,仁者弗为也"(《墨子·非乐上》)。"口之于味也,有同耆焉;耳之于声也,有同听焉;目之于色也,有同美焉"(《孟子·告子章句上》)。"及至其致好之也,目好之五色,耳好之五声,口好之五味,心利之有天下"(《荀子·劝学》)。在先民们的观念里,"目""耳""口"三者是平等的,它们都能带来感官上的愉悦,都能引发人的欲望,人们由此也同样能获得美的感受。关于"耳目"之悦、"耳目"之审美中西趋同,但西人并不认为"口"也同样具有审美的感受,"艺术的感性事物只涉及视听两个认识性的感觉,至于嗅觉,味觉和触觉则完全与艺术欣赏无关。因为嗅觉、味觉和触觉只涉及单纯的物质和它的可直接用感官接触的性质"①。在这里"口"被排除在审美之外,饮食也被视同为"单纯的物质"更不用说饮食能成为一种审美对象了。

饮食并非只是一种"单纯的物质",它有着丰富的内涵,人类的饮食活动也并非只是填饱肚子,在某些场景下,饮食活动的精神属性要远大于饮食活动的物质属性,人们往往会因饮食而"聚集",饮食活动体现着人的社会性,人与人之间的伦理、道德、情感等内容都能在这样的"聚集"中得以体现。当代西方学者关注饮食与审美的话题,开始认识到饮食也是一种"艺术品",饮食行为、饮食活动也应纳入美学的范围。美国学者卡罗琳·考斯梅尔认为:"食物(而不是艺术本身)在许多象征性活动中扮演着和艺术品相同的角色。提出这一理论不是为了削弱饮食行为的快感,而是为了更充分地把感觉和感官愉快地运用于美学的范围,是为了证明饮食行为所产生的愉快常常是对其认知意义的一种促进甚至是一个组成部分。"②

---

① 〔德〕黑格尔:《美学》第一卷,朱光潜译,商务印书馆 1979 年版,第 48 页。
② 〔美〕卡罗琳·考斯梅尔:《味觉:食物与哲学》,吴琼、叶勤、张雷译,中国友谊出版公司2001 年版,第 13 页。

由"味"所引起的美感，表现出了先秦时代的先民们对于"美"以及审美活动的判断与理解，饮食作为人们日常生活中的必要内容，使得饮食的审美具有普遍性，相对而言也是一种比较容易取得的审美感受。陈望衡先生认为："味，作为审美感受，它的突出特点之一是体验性，体验中有认识，但本质是体验；二是直觉性，它只能是当下体验的行为，瞬间存在，但这个瞬间的出现却是长期积累所致；三是理解性，味不只是感觉，感觉中有理解，对事物的实质有深层的理解，但这种理解不具概念的形式，它仍然是感性的。"①

现代生理科学关于人的味觉原理研究表明，"舌和软腭上的专门感官分布着味觉感受器。大约30—50个细胞成簇聚集成称作味蕾的分层小球，味觉感受器就在这些细胞团的细胞膜上。……味觉细胞通过一个突触间隙与初级感觉神经相连。神经递质分子的信息包释放进这一间隙以刺激初级味觉神经，并将味觉信号传递到大脑较高级的处理中心"②。味觉的感知要经历一个复杂的过程才能将饮食味道的信号传递给大脑，这些信号的采集与传递是引发心理变化的必要前提。"典型的味觉所感知的食品的各种味（味道、滋味、口味），都是由于食品中可溶性成分溶于唾液或食品的溶液刺激舌头表面上的味蕾，再经过为神经纤维转达到大脑的味觉中枢，经过大脑的识别分析的结果。"③也就是说，人类的味觉是经由味蕾传递到大脑，为"味"从生理层面上升到心理层面提供了可能。

"味"是先民们在自然界中找寻可食之物的重要方式，通过辨味来拓展食物来源。"味，滋味也。从口，未声。无沸切。"④而"味"的本字为"未"。"未，味也，六月滋味也。五行木老于未，像木重枝叶也。凡未之属皆从未。无沸切。"⑤

① 陈望衡：《中国古典美学史》（上卷），武汉大学出版社2007年版，第84页。
② ［美］Harry T.Lawless、Hildegarde Heymann：《食品感官评价原理与技术》，王栋等译，中国轻工业出版社2001年版，第27页。（此书出版时没有翻译为对应的中文作者姓名）
③ 季鸿崑：《烹饪学基本原理》，上海科学技术出版社1993年版，第98页。
④ （东汉）许慎：《说文解字》，中国书店1989年版，说文二上·三。
⑤ （东汉）许慎：《说文解字》，中国书店1989年版，说文十四下·八。

《史记·律书》中记载:"其於十二子为未。未者,言万物皆成,有滋味也。"神农氏以"尝百草之滋味"的方式为子民们获取更多的食物种类。"古者,民茹草饮水,采树木之实,食蠃蚌之肉。时多疾病毒伤之害,于是神农乃始教民播种五谷,相土地宜,燥湿肥墝高下,尝百草之滋味,水泉之甘苦,令民知所辟就。当此之时,一日而遇七十毒"(《淮南子·修务训》)。可以说,"味"在一开始并非具有审美功能,"味"是人类最早的理性判断,"味"是关乎人之性命的实践过程,它是先民们探索未知世界的基本方式,"味"好则可食用,"味"毒则不可食用。"'舌头'根据'味性'对人产生的利害决定其是否可以食用。食品特有的'味性'因为主体的第一'感官'的直接体察成为'对象',但此'对象'能否成为食品则取决于主体的感受、体验的判断,即'食品'是在主体确定了它具备人可食的性质之后成为食品的,因此,即使是直接取用于自然,这原始意义的食品,其'味性'与自然草木之固有'性味'也不是吻合的。由此缘故,'味'从一开始就成为饮食鉴定的一个基础,并且从一开始就和人的实用目的的需求相联系。'食品'是主体以感觉为基础提升到认知判断的产物,主体在与食物对象建立对象性关系的过程中,不自觉地培养了自身的主体味感觉意识和功能条件。"①

先民们最初以"甘"或"美"来表达对"食"的赞美,《说文解字》中讲:"甘,美也,从口含一。一,道也。凡甘之所属皆从甘。古三切。"②"味""品味"即为"食","品味"与"食物"同意。"甘醴惟厚,嘉荐令芳。拜受祭之,以定尔祥。承天之休,寿考不忘"(《仪礼·士冠礼》)。这是"祭礼"之上的"醴"——"荐"组合,有酒有肉,"甘醴惟厚"即醴酒味美醇厚,"嘉荐令芳"指好吃的肉干散发着"香"气。"嘉"即为"美","嘉,美也。从壴,加声。古牙切"③。"食饮不美,面目颜色不足视也;衣服不美,身体从容丑羸不足观也。是以食必粱

---

① 赵建军:《"食味"与原始饮食审美》,《扬州大学烹饪学报》2014 年第 2 期。
② (东汉)许慎:《说文解字》,中国书店 1989 年版,说文五上·五。
③ (东汉)许慎:《说文解字》,中国书店 1989 年版,说文五上·七。

肉,衣必文绣"(《墨子·非乐上》)。"粱肉"的味道以"美"称之。"问品味曰:
'子亟食于某乎?'问道艺曰:'子习于某乎?'、'子善于某乎'"(《礼记·少
仪》)。在这里,提问对方是否经常吃某种"食物",便为"问品味"。"故人之
情,口好味而臭味莫美焉,耳好声而声乐莫大焉,目好色而文章致繁、妇女莫众
焉,形体好佚而安重闲静莫愉焉,心好利而谷禄莫厚焉"(《荀子·王霸》),此
处的"口好味"亦即"美食"。

　　"夫三群之虫,水居者腥,肉玃者臊,草食者膻。臭恶犹美,皆有所以。凡
味之本,水最为始。五味三材,九沸九变,火为之纪。时疾时徐,灭腥去臊除
膻,必以其胜,无失其理。调和之事,必以甘酸苦辛咸,先后多少,其齐甚微,皆
有自起。鼎中之变,精妙微纤,口弗能言,志弗能喻。若射御之微,阴阳之化,
四时之数。故久而不弊,熟而不烂,甘而不哝,酸而不酷,咸而不减,辛而不烈,
澹而不薄,肥而不腻。肉之美者……鱼之美者……菜之美者……和之美者:阳
朴之姜,招摇之桂,越骆之菌,鳣鲔之醢,大夏之盐,宰揭之露,其色如玉,长泽
之卵。……饭之美者……水之美者……果之美者……道者止彼在己,己成而
天子成,天子成则至味具"(《吕氏春秋·孝行览·本味》)。食材的本味无优
劣之分,即使是有腥味、臊味、膻味等令人不悦气味的食材,在经过烹制调和以
后也能变为美味食物。饮食不只是加热让食材由生转熟,重要的是要能调和
食味,神奇的是要能将"恶味"转为"美味"——"臭恶犹美",在这其中"调和"
或"调味"是烹饪的关键技术。

　　水与火是"调和"的基础要素,用水量与火候的掌控是各种食材的"本味"
转变与融合,彼此之间发生物理化学反应的重要条件,最终使食材各自的"本
味"向新的"和味"转变。水是人们感知食物味道的重要因素,食物中相关成
分的水溶性决定了味觉神经接受的实际效果。"味觉的强度和出现味觉的时
间与呈味物质的水溶性有关,完全不溶于水的物质实际上是无味的,只有溶解
在水中的物质才能刺激味觉神经,产生味觉。味觉产生的时间和味觉维持的
时间因呈味物质的水溶性不同而有差异,水溶性好的物质味觉产生快,消失也

快,水溶性较差的物质味觉产生较慢,但维持时间较长。"①先秦时代的烹调者便能总结出"凡味之本,水最为始"的调味规律,找到了烹制美食的关键点——水。

先民们以"之美者"来表达对"肉""鱼""菜""饭""果"等食物的喜爱,各类食材经过"水"与"火"的加工创造出符合人们审美需要的味道。"和"在这里是一些作为调味料的食材,并列举了姜、桂、菌、醯、盐、露等这些优等调味料的产地。"鼎中之变,精妙微纤,口弗能言,志弗能喻","味"之无形不宜以精确的定量方式来考察,"由于我们这个民族'味'的感受性与'美'字的字源直接发生联系,因此,一些复杂的情感体验,难落言诠,也每每以这种'口腹滋味'来传达"②。所以,只能在宏观上体悟其特质,"味"的观念呈现出中国哲学思维的整体性、模糊性与体验性的特点。

"味"是先民们从饮食活动实践中体悟出来的审美感受,这种审美方式依赖于口舌对食物的接触产生快感并将此感受迅速传递给其他器官,从而带来精神上的舒畅感。笠原仲二先生认为:"食物的味'甘'、'美',意味着口含那些食物,可使口—舌得到快适、喜好的感觉,进而使心得以快乐、喜悦之感的那种肉体的、官能的经验。"③因此,"口""舌"是接纳"食"之"甘""美"的主要器官,美食由此给人们带来口舌的生理快感与心理上的愉悦感,这种心理上的愉悦来自口舌与食物这二者的接触,生理器官的接触引发了心理上的满足感。根据笠原仲二先生的考察在其他国家的语言中也有类似的表达,诸如:"法语的 gout 之一义是'味觉',gouter 有'品''尝''试'以及'乐'等意。再有,法语的 tenter(试)是从古代法语的 templer 来的,它是拉丁语 tentāre(触)的别形,从拉丁语 temptāre 得出。英语的 taste(品味、用口尝)和 tasty(美味)、德语的

---

①　周家春编著:《食品感官分析基础》,中国计量出版社 2006 年版,第 17 页。

②　臧克和:《汉语文字与审美心理》,学林出版社 1990 年版,第 66 页。

③　[日]笠原仲二:《古代中国人的美意识》,杨若薇译,生活·读书·新知三联书店 1988年版,第 11 页。

Geschmack（趣味）、geschmack－sinn（味觉、审美感觉）与拉丁语的 Taxriie（评价）等意义上的关系。"①可见,吃的动作、食物与口舌的接触能给人们带来生理上与心理上的双重享受。

嗅觉在饮食审美中起着重要的作用,"大脑的皮层起初几乎全部是一个接受嗅觉的中枢与教嗅觉得以影响行为的一个发号施令的机关;同时,我们也知道,嗅觉的印象可以直达大脑的皮层,而并不假道于间脑。总之,嗅觉在心理学上的地位是很特殊的,它可以说是'一切高级的心理作用的种子'……嗅觉从触觉分化而来,所以所传达的知识也多少有几分模糊不清,不过它所牵扯的情绪作用往往是很浓厚的。……唯有嗅觉最配叫作想象力的知觉。的确,嗅觉的接受暗示的力量是最强的,它唤起远年记忆而加以浓厚的情绪的渲染的力量也是最丰富的;同时,一样一个官觉,只有它所供给的印象是最容易改变情绪的力度和格调,使和受刺激的人当时的一般的态度相呼应。所以各式香臭之气往往特别容易控制情绪生活,或受情绪生活所役使"②。正是由于"嗅觉"—"情绪"的直接关联性,使得饮食从生理接触过渡到心理感受成为可能。味觉信号传递的速度很快,饮食行为带来的生理上的、心理上的感受几乎是同时进行着,食物在口中咀嚼之时对食物味道的辨别触发着的内心感受也会随之而来。可见,由饮食活动而来的味觉能够迅速地调动起人的情绪,美的饮食之味能够带来心理上的安慰,从而产生愉悦感,正如饥饿的婴儿吸吮到了母亲甘甜的乳汁后,迅速止住了哭声,既满足了食欲又得到了精神上的慰藉。反之,不美味的饮食之味则会给人带来负面的情绪,有时甚至就连再次看到类似的食物也不愿再次靠近。由食物而形成的条件反射是具有普遍性的,嗅觉或味觉所带来的情绪是持久而深刻的,有时追求良好的情绪正是人们选择某种美食的重要原因。

---

① [日]笠原仲二:《古代中国人的美意识》,杨若薇译,生活·读书·新知三联书店 1988 年版,第 12 页。

② [英]霭理士:《性心理学》,潘光旦译注,生活·读书·新知三联书店 1987 年版,第 53 页。

"旨"与"甘""美"一样也是表达饮食之美的重要概念,"旨,美也。从甘
匕声。凡旨之属皆从旨。职雉切"①。"虽有嘉肴,弗食,不知其旨也;虽有至
道,弗学,不知其善也。故学然后知不足,教然后知困。知不足,然后能自反
也;知困,然后能自强也,故曰:教学相长也"(《礼记·学记》)。在这里,"嘉
肴"即美食,"旨"为饮食的美味。"旨"为味觉上的追求,是饮食的理想状态;
"善"为精神上的追求,是塑造人格的理想状态。以品美食之味,喻做事、学
习一定要亲身体验、尝试、体悟、实践才能有所收获。"旨酒既湑,嘉荐伊
脯。乃申尔服,礼仪有序。祭此嘉爵,承天之祜"(《仪礼·士冠礼》)。"祭
祝"礼仪之上的"酒"—"荐"组合,"旨酒"即为美酒、好喝的酒。"曾孙来
止,以其妇子,馌彼南亩。田畯至喜,攘其左右,尝其旨否。禾易长亩,终善且
有"(《诗经·小雅·甫田》)。"尝旨"即品尝饭菜的美味,这首诗描述了丰收
年景田里的粮食长势良好令众人喜悦,"尝其旨否"即为大家一起来品尝美味
的食物。

中国饮食经过漫长的发展,"味"的观念也不断地演化,从"味"—"食"—
"五味"—"口(口、舌、鼻)"—"身"这一种模式分化为 A 气味:"天"—"五
气"—"鼻"—"肺"与 B 食物:"地"—"五味"—"口(口舌)"—"胃"这两种并
存模式。"草生五色,五色之变,不可胜视,草生五味,五味之美不可胜极,嗜
欲不同,各有所通。天食人以五气,地食人以五味。五气入鼻,藏于心肺,上使
五色修明,音声能彰;五味入口,藏于肠胃,味有所藏,以养五气,气和而生,津
液相成,神乃自生"(《黄帝内经·素问·六节藏象论》)。可见,"味"作为
"食"的代名词由同时作用于人的口、舌、鼻转化为专门强调"鼻"的审美感受。
人们在饮食中充分调动味觉与嗅觉来感受美食,康德曾分析过人的味觉与嗅
觉,他认为:"味觉和嗅觉的感官两者都是主观性多于客观性的。前者是借助
于外部对象与舌头、咽喉和双腭器官的接触,后者是借助于吸进混合着空气的

---

① (东汉)许慎:《说文解字》,中国书店 1989 年版,说文五上·六。

异样气味,而散发这气味的物体甚至可以离器官很远。这两种感官相互有很近的亲缘关系,缺乏嗅觉的人也总是只有很迟钝的味觉。"①"口"是食物进入人体的入口,进食活动解除了人的饥饿状态;"口"也是能激发人的精神的一个重要入口,以饮食为媒介唤醒人体各器官的机能,敏锐的嗅觉或味觉能够引发精神上的变化。

二、"香""鲜"之美

先民们往往以"香"味与"鲜"味来表达对美食味道的喜爱。

"香",是先秦饮食审美文化的审美观念之一,而且在其生成与演化过程中逐渐成为中国传统文化中的重要理念。"香"是"五臭"之一,在"五行"观念体系中与"土"相对应,"五行说源于古代的朴素唯物主义,人们看到许多物质都是从土中产出的,所谓'万物土中生,万物归于土',因此把土行视为完美的境界,物质的本原,所以以五方言是中,以五色言是黄(黄色在封建时代是贵色),以五味言是甘(甜),甚至在五脏中指脾,等等。故而在五臭中把最好闻的香放在这里"②。"香"作用于鼻,鼻是感知香味之美,"故礼者养也。刍豢稻粱,五味调香,所以养口也;椒兰芬苾,所以养鼻也;雕琢刻镂,黼黻文章,所以养目也;钟鼓管磬,琴瑟竽笙,所以养耳也;疏房檖貌,越席床笫几筵,所以养体也。故礼者养也"(《荀子·礼论》)。"礼"是口、鼻、目、耳、体之审美的总和,而"椒兰芬苾"之类的香木、香料能够满足鼻的欲望。"香"作用于鼻,它是由食物引发的关于气味的审美,"目与鼻,口之邻也,亦口之媒介也。嘉肴到目、到鼻,色臭便有不同:或净若秋云,或艳如琥珀;其芬芳之气亦扑鼻而来。不必齿决之、舌尝之而后知其妙也"(《随园食单·须知单·色臭须知》)。食物散发出的气味是人们品评美食的重要方面,"香"是"鼻"的审美,食物的气味与形态也成为人们是否进一步以"口"尝味的前提条件。

---

① [德]康德:《实用人类学》,邓晓芒译,重庆出版社1987年版,第37页。
② 季鸿崑:《烹饪学基本原理》,上海科学技术出版社1993年版,第90页。

先秦时代的先民们经过长期的生产与生活实践,对天地自然的运行规律有了一定的认识与理解,自然界中的动植物成为人们获得饮食食材的重要来源,先民们不断积累经验对各类植物与动物的特性进行辨识,哪些能够食用,哪些是有毒之物,这关乎人类的性命安危。随着先民们不断的尝试可为人食用的食材越来越多,饮食的食材也不断地丰富起来,身体获得了更全面的营养。有些野生植物可以用来人工养殖,于是早期的稻米种植应运而生。《墨子·三辩》中记载先民们田间劳作的生活,"农夫春耕夏耘,秋敛冬藏,息于聆缶之乐"。先民们不再四处游走从此过上了农耕生活,这种生活模式下先民们的生活起居有了更多的稳定感,稻米中的碳水化合物、蛋白质等营养成分为饮食的美味提供了基础。

"香"最早就来自人工种植的粮食的味道与气息,我们在《说文解字》能找到"香"的字源,"香,芳也。从黍从甘。春秋传曰:黍稷馨香。凡香之属皆从香。许良切"①。这里的"黍"也就是"稷"或是"糜子",我们通常称之为小米,它是先民们最早进行选种、人工种植的植物之一。我们在《说文解字》中也可以看到,"黍,禾属而黏者也。以大暑而种,故谓之黍。从禾,雨省声。孔子曰:'黍可为酒,禾入水也。'凡黍之属皆从黍。舒吕切"②。经过蒸煮之后的小米有着一定的黏性并散发着香气,除了蒸煮后作为主食之外,先民们也通常会用这种小米来酿酒。"诞实匍匐,克岐克嶷,以就口食。蓺之荏菽,荏菽旆旆。禾役穟穟,麻麦幪幪,瓜瓞唪唪。诞后稷之穑,有相之道。茀厥丰草,种之黄茂。实方实苞,实种实褎。实发实秀,实坚实好。实颖实栗,即有邰家室。诞降嘉种,维秬维秠,维穈维芑。恒之秬秠,是获是亩。恒之穈芑,是任是负,以归肇祀。诞我祀如何?或舂或揄,或簸或蹂。释之叟叟,烝之浮浮。载谋载惟,取萧祭脂。取羝以軷,载燔载烈,以兴嗣岁。卬盛于豆,于豆于登,其香始升"(《诗经·大雅·生民》)。后稷为帝尧的农官,传说他发明了种植五谷奉

---

① (东汉)许慎:《说文解字》,中国书店1989年版,说文七上·九。
② (东汉)许慎:《说文解字》,中国书店1989年版,说文七上·九。

为谷神,这首诗提到了种植"荏菽(黄豆)""禾(小米)""麻麦""瓜""秬(黑黍)""秠(黍的一种)""穈(红苗的谷子)""芑(白苗的高粱)"等粮作物,经过加工蒸煮后香气扑鼻。"在夏代以前黄河流域居民的粮食品种是多种多样的,考古发现也证明了这一点。在甘肃秦安大地湾仰韶文化的遗址中出土了黍粒。此外,在山东长岛北庄、陕西临渔姜寨、辽宁沈阳新乐等新石器时代遗址中都发现有黍粒(或壳)。甘肃省民乐县东灰山遗址的发现说明后世大量种植并形成北方居民粮食食品传统的小麦、高粱早在五千多年前就已有人工栽培了。在种植粮食作物的同时,史前居民可能也掌握了种植蔬菜瓜果的技术。在远古居民的采集活动中可能首先采集各类蔬菜瓜果,因为蔬菜类食品不需要像粮食那样等到成熟季节才能食用,甚至有些绿叶蔬菜趁叶嫩时吃味道更鲜美。可以推测,史前居民种植蔬菜的时间可能早于种植粮食作物,至少两者是同时的。"①

　　"香"字的出现是与"黍"之类的粮食有着密切关系的,在《说文解字》中就有这样的解释:"黍稷馨香。""香"字最初是指粮食散发出气味的馨香,先秦时代的粮食产量并不高,所以先民们对种植的粮作物也是倍加珍惜,"黍稷"之类的种植作物是大自然的赋予,也是先民们辛勤劳动的结晶。"香"是粮食的一种自然特性,同时也蕴含着先民们对收获劳作成果的愉悦。清代的王筠曾在《说文句读》中讲道:"香,芳也。香主谓谷,芳主谓草。从黍从甘。甘者谷之味,香者谷之臭。许良切。春秋传曰:黍稷馨香。僖五年文曰:黍稷非馨,又曰明德以为馨香。凡香之属皆从香。"②由此可见,"香"与"甘"均出自"谷",都是先民们对粮食作物特性的描述。《说文解字》中将"甘"解释为"美也。从口含一。一,道也。古三切"③。"甘"与"美"是以口、舌品尝到的谷物的美味,"香"则主要来自鼻对气味的感受。也就是说,"香"是以鼻作为主要

---

① 靳桂云:《中国史前居民的饮食结构》,《中原文物》1995 年第 4 期。
② (清)王筠:《说文句读》,上海古籍书店 1983 年版,第 947 页。
③ (东汉)许慎:《说文解字》,中国书店 1989 年版,说文五上·五。

感官对美味食材的审美。"虽身知其安也,口知其甘也,目知其美也,耳知其乐也,然上考之不中圣王之事,下度之不中万民之利。是故子墨子曰:为乐非也"(《墨子·非乐上》)。在这里,"安"—"甘"—"美"—"乐"作为审美感受对应人的"身"—"口"—"目"—"耳",其中,食物之"甘"味是最能代表"口"的审美理想。

先秦时代的先民们对"香"也非常重视,在举行一些宗教巫术或祭祀鬼神的活动中,往往在献上牺牲的同时也会摆上能散发馨香之物,《诗经·小雅·信南山》中就有这样的祭祀活动场景的记录,"是烝是享,苾苾芬芬。祀事孔明,先祖是皇"。馨香缭绕更是整个祭拜天地鬼神的重要环节之一,人们通过眼睛、口舌、鼻子、耳朵等感官全方位地感受祭祀活动的神圣感。"在祭祀仪式当中,香气与气味要比其他味道更为重要。没有经过加工的生的食物能够触及更为遥远的神灵。祭祀对象的地位越高,祭品中传达出来的气也就越多。人们要用美食来祭祀祖先和地方神灵,但是对于先祖以及更高级别的神灵则要用气、气味和香气来祭祀。"①《诗经·大雅·生民》中记述了燃烧香料烟气不断上升的场景:"卬盛于豆,于豆于登,其香始升。上帝居歆,胡臭亶时。后稷肇祀,庶无罪悔,以迄于今。"先民们虔诚地祈祷愿望随着袅袅升起的香气一同飘向远方,似乎象征着天地自然、祖先神灵已经接受到了跪在地上祭拜者的心愿。《楚辞·九歌·东皇太一》中记述:"瑶席兮玉瑱,盍将把兮琼芳。蕙肴蒸兮兰藉,奠桂酒兮椒浆。"可见,早在春秋战国之前,人们就掌握了以香料来熏制桂酒的技术。在一些考古发掘中,我们也能看到类似屈原所描述的桂酒,"1987 年河南罗山蟒张乡天湖商代古墓文化遗址,出土了经分析为带果香的浓香型古酒"②。可见,"香"源自饮食活动,它是与先

---

① [英]胡司德:《早期中国的食物、祭祀和圣贤》,刘丰译,浙江大学出版社 2018 年版,第83 页。
② 中国香料香精化妆品工业协会编:《中国香料香精发展史》,中国标准出版社 2001 年版,第4 页。

民们耕种的谷物粮食密不可分的,以谷物蒸饭、酿酒等方式不断地拓展关乎鼻子的气味审美。

"鲜",是一个到今天还为人们常用的食品文化审美范畴,其渊源出自先秦。孔子注重饮食活动与饮食礼仪,他对饮食有很多的阐发,我们从《论语》等典籍中可以考察先秦时代人们的饮食状况以及饮食的观念,"鲜"就是先民们颇为重视的饮食理念之一,"鲜"也是保证饮食品质的基本保证。

《论语·乡党》中记述:"斋必变食,居必迁坐。"先秦时代的日常饮食还是比较简朴的,通常是在早晨做新饭而中饭和晚饭则不再做新饭,故一天之中只有早饭是新鲜的,中饭、晚饭食用的是温剩饭。但也有例外,在斋戒等重要节日则会改变,先民们会在这一日三餐都做新饭。可见,先民们也不是爱吃剩饭的,只是当时条件有限才会迫不得已,逢特殊的节日对新鲜饮食的渴望才能实现。先民们很少能吃上新鲜的饭菜,所以"鲜"在人们心目中是极为珍贵的,"鲜"逐渐成为人们的饮食审美理念。

食材的新鲜度是判断食材优劣的重要标准,《论语·乡党》中讲到"色恶,不食;臭恶,不食"。在正式烹调前要先对食材进行筛选,剔除变质腐坏的部分。烹饪不得法,菜肴颜色不正,气味不正,都不吃它,以免引起疾病。"鱼馁而肉败,鱼馁而肉败,不食"(《论语·乡党》)。鱼虾、贝壳等这类食材离开水面后不易保存容易变质,进行烹调之前一定要仔细检查其是否新鲜,不能吃腐坏变质的食物。

"鲜"是源自日常生活饮食活动的,水产品、肉食等蛋白质含量较高的珍贵的食材味道鲜美但容易变质不易保存,新鲜时食用味道鲜香、腐坏后味道恶臭不宜食用,在先秦时代没有冷藏食材的条件下,"鲜"食就等同于美食。我们在《说文解字》中看到:"鲜者,鱼名。出貊国。从鱼,羴省声。相然切。"[1]可见,"鲜"最初就与鱼有着密切的关系,甚至以出产自貊国的一种鱼的味道

---

[1] (东汉)许慎:《说文解字》,中国书店1989年版,说文十一下·五。

来形象地解释人们品尝到鲜美食物的味道。尽管"鲜"与鱼相关,但钱穆先生对此有不同的见解,他讲:"中国人又称'有鲜味',北方陆地,人喜食羊。南方多水,人喜食鱼。合此羊字鱼字,成一鲜字。然鱼与羊,人所共嗜,未能餐餐皆备,于是鲜字又引申为鲜少义。"①这样,"鲜"的来源就不只是"鱼"这一种了,又有了"羊"的加入。"羊"与"美"、"善"有着密切的联系,《说文解字》中讲,"美,甘也。从羊从大。羊在六畜主给膳也。美与善同意。臣铉等曰:羊大则美,故从大。无鄙切"②。由此可见,"鲜"在先秦时代是一种少有的、珍贵的美味,鱼、羊肉的美味可以作为"鲜"味的比拟,"鲜"是美食的重要特征。

先民们重视饮食的"鲜"美,"鲜"的观念深入人心,其含义也逐渐演化。我们在典籍中可以看到很多"鲜"作为"鱼"的本义。比如,在《诗经·大雅·韩奕》中有,"其肴维何,炰鳖鲜鱼。其蔌维何,维笋及蒲"。这里的"鲜"也是指以鱼来作为主要的食材制作鲙这类食品。《礼记·内则》中有:"秋宜犊、麛,膳膏腥;冬宜鲜、羽,膳膏膻",这里的"鲜"特指以在冬季的活鱼来作为食材。《老子·德经·第六十章》中有:"治大国,若烹小鲜。"这里的"鲜"泛指鱼、虾之类的肉质娇嫩的食材。"鲜"还在"鱼"的本义基础之上演变为新鲜食物、不易存放太久的含义。比如,《尚书·益稷》中有:"予乘四载,随山刊木,暨益奏庶鲜食。予决九川,距四海,浚畎浍距川;暨稷播,奏庶艰食鲜食。"这里就是介绍饮食的保鲜度的重要性,新鲜食材是一种美味。《仪礼·既夕礼》中记载:"羊左胖,髀不升,肠五,胃五,离肺。豕亦如之,豚解,无肠胃。鱼、腊、鲜兽,皆如初。"这里是说现场宰杀的羊、猪、鱼等用来作为宗教祭祀鬼神活动的牺牲,为了便于保持其新鲜度,有时还会采取去除其内脏的方式以延长保鲜的时间。《仪礼·士昏礼》:"腊必用鲜,鱼用鲋,必殺全。"这里同样也是在强调制作食品一定要选用新鲜的食材,这是最终成功与否的关键。"鲜"还有饮食之外的衍生含义,比如,《诗经·小雅·北山》中有:"嘉我未老,鲜我

---

① 钱穆:《中国思想通俗讲话》,生活·读书·新知三联书店2002年版,第103页。
② (东汉)许慎:《说文解字》,中国书店1989年版,说文四上·七。

方将。旅力方刚,经营四方。"这里的"鲜"侧重"美""善"的观念,也有称赞、赞美之意。可见,"鲜"的观念也是在不断演进的,从最初的食材之鲜美逐渐发展为一种审美观念,"鲜"与"美""善"紧密相连,还原到它们各自最初的饮食生活就会有更清晰的认识。

三、"淡味": 身体健康之需

"和羹"作为一种食品,在先秦时期的日常饮食生活中备受重视,这种食品须佐之以多种调味品,以求"中和"之味趣。"既载清酤,赉我思成。亦有和羹,既戒既平"(《诗经·商颂·列祖》)。"若作酒醴,尔惟麴蘖;若作和羹,尔惟盐梅"(《尚书·说命下》)。可见,先民们重视饮食调味的"中和","和羹"就是这样一种调制好的五味平和的羹汤,需要辅以咸味、酸味等调味料调味来食用,以达到饮食之"盉"。制作羹的原材料有多种,需要由不同的味调和在一块,和羹之"和"中包含着每种味道,但却能达到彼此和谐统一。由此可见,"和"是"寓多于一"的,是讲求"平衡适中"的。

若违背了"五味调和""谨和五味"的原则身体就会受到伤害,性命不会长久。"大甘、大酸、大苦、大辛、大咸,五者充形则生害矣。大喜、大怒、大忧、大恐、大哀,五者接神则生害矣"(《吕氏春秋·季春纪·尽数》)。这里的"大甘""大酸""大苦""大辛""大咸"就是人们不注重"五味调和",过量食用某一"味"而导致的严重后果,过"味"则伤"形"。人的情绪不能保持"中和"状态,过喜、过怒、过忧、过恐、过哀则会伤"神"。

先民们注重"淡"味饮食与其常用的食材有关,"从饮食文化看,中国人是属于以五谷杂粮为主要食物的草食民族,而植物果实无论从质地、性味、制作上,都与动物肉食有所不同,以素食为主,那么必然就会形成以'淡'为主要特征的饮食习惯"[①]。先民们食味清淡的饮食习惯也在潜移默化地影响着人们

---

① 林少雄:《中国饮食文化与美学》,《文艺研究》1996年第1期。

的趣味与观念,注重五味调和、节制人欲、以合理的饮食达到养生的效果。饮食的摄入与饮食的方式要遵循"五味调和"的原则,"凡食,无强厚味,无以烈味重酒,是以谓之疾首。食能以时,身必无灾。凡食之道,无饥无饱,是之谓五藏之葆。口必甘味,和精端容,将之以神气,百节虞欢,咸进受气。饮必小咽,端直无戾"(《吕氏春秋·季春纪·尽数》)。由此可见,饮食的"味""量""时""神""缓急""姿"等都很重要,饮食的"无厚味""无烈味""无饥无饱""口必甘味"以及饮食时的精神状态等各种因素的协调与平衡是"五味调和"观念的重要内容。

"凡食之道:大充,伤而形不臧;大摄,骨枯而血冱。充摄之间,此谓和成,精之所舍,而知之所生,饥饱之失度,乃为之图。饱则疾动,饥则广思,老则长虑。饱不疾动,气不通于四末;饥不广思,饱而不废;老不长虑,困乃速竭"(《管子·内业》)。"大充""大摄"即饮食太多或太少对身体都是有害,要善于把握饮食"适量"原则身体才会舒和,有利于精气充足与智慧的增长。清人曹庭栋曾在《老老恒言·卷一·饮食》中讲:"凡食总以少为有益。脾易磨运,乃化精液,否则极补之物,多食反至受伤。故曰少食以安脾也。"[1]"淡味"饮食有益于人类的健康与养生,"中国常人所饮者为茶,所食者为淡饭,而加以菜蔬豆腐。此等之食料,为今日卫生家所考得为最有益于养生者也。故中国穷乡僻壤之人,饮食不及酒肉者,常多上寿"[2]。

"厚味"是先民们常说的四大欲求之一,"丰屋美服,厚味姣色,有此四者,何求于外? 有此而求外者,无厌之性。无厌之性,阴阳之蠹也"(《列子·杨朱》),然而"厚味"正如"丰屋""美服""姣色"一样未必能够给人们带来真正的美好。人的"口味"会随着身体机能的状况而发生变化,对"五味"的感受能反映出身体机能,"厚味"能对人的味觉系统造成损伤从而影响身体对营养摄入的控制,"所有五种味觉受体的信号传递都有两个主要途径:一是快速的神

① (清)曹庭栋:《养生随笔》,上海书店1981年版,第14页。
② 孙中山:《建国方略》,中国长安出版社2011年版,第7页。

经传递途径,即当味觉成分和受体的胞外结构域结合,激活其胞内结构域,打开或关闭 TRPM5 或 TRPV1 或 TRPA1 等离子通道,从而引发传入神经末梢极化,传递神经信号。二是代谢与内分泌信号的 GPCRs 信号途径。……所谓表—里就是味觉和营养与生理需求互为表里,换言之,之所以我们的机体表现出愉悦的味觉,正是说明机体有这方面的需求,味觉是生理需求的表象"①。因此,先民们倡导的"五味调和""无厚味""无烈味"是一种健康的饮食方式,能很好地保护味觉受体信号的正常传递,维持"表—里"结构正常运行,使"五味"成为身体机能状况的传达者。

孔子曾讲,"饭疏食、饮水,曲肱而枕之,乐亦在其中矣。不义而富且贵,于我如浮云"(《论语·述而》)。食用"疏食"、饮用清"水",这种看似清新寡淡、质朴简单的食谱也丝毫没有影响孔子对"乐"的追求,孔子反而能"乐亦在其中"。老子注重源自日常饮食生活中的"味"观念,并将"味"观念进一步提升与深化。"乐与饵,过客止。道之出口,淡乎其无味。视之不足见,听之不足闻,用之不足既"(《老子·道经·第三十五章》)。自古美食与音乐便能令人驻足,往往淡淡的乐音能打动人,淡淡的味道令人流连忘返,淡味才是至味。老子又讲,"为无为,事无事,味无味。大小多少,报怨以德"(《老子·德经·第六十三章》)。老子倡导人们应以"无为"的态度去处世最终能成就事业有所作为,以一种平和的方式来解决问题减少矛盾冲突,以恬淡的"无味"来体悟人间的至味。

老子这里的"味"并非指餐桌美食满足食欲的"五味"之味道,"味"观念得到了升华,成为一种富有哲学思辨性质的审美体悟。"臭恶犹美,皆有所以。凡味之本,水最为始。五味三材,九沸九变,火为之纪。时疾时徐,灭腥去臊除膻,必以其胜,无失其理。调和之事,必以甘酸苦辛咸,先后多少,其齐甚微,皆有自起"(《吕氏春秋·孝行览·本味》)。食材的原味是可以改变的,即

① 庞广昌:《五味调和的科学基础》,《美食研究》2017 年第 2 期。

使原本腥膻的食材经过"五味调和"之后也能成为美味,"调和"的程度有时是非常细微的,对恰当的度的把握是一项高超的技术,这里提到的"凡味之本,水最为始",再一次说明了"淡味"是"五味"的根本。

自先秦时代,"味"便作为一种审美趣味与"耳目"之悦一起并行,从而形成了完整的审美体系。中华文化中对"口味""味觉"审美的重视与推崇异于西方传统的审美观念,"早先,人们把味觉置于借以获取知识的认识手段的边缘地位;认为在道德品质的培养中应避免对它的过分沉迷;并认为它既不能感知美的对象,也不能感知艺术品"①。"味"的审美观念从先秦时代饮食生活实践而来,并最终发展成与此相关的"淡味""五味""味无味""韵味"等内容的"味"的审美范畴,成为中国先秦饮食审美的一大特色。

---

① [美]卡罗琳·考斯梅尔:《味觉:食物与哲学》,吴琼、叶勤、张雷译,中国友谊出版公司2001年版,第2页。

第三章　先秦饮食的形态美

中国人历来讲究饮食形态之美,远古先民从现实生活中汲取美的灵感,又转而灌输到美的创造中,这种长期的生活实践与生活经验不断积累,提升了人们的工具操作能力以及审美感知能力。饮食活动是先民们生活中一项非常重要的活动,它满足了人们的审美需求,包括在视觉上、触觉上、嗅觉上、味觉上的多重审美体验,最终能达到娱悦身心、审美满足和调养身心、养生保健的目的。从文化角度讲,对饮食形态的重视,来源于现实生活,也是鱼肉加工的需要。对于食物的精细加工制作不仅有利于人体更好地消化吸收,加强营养摄入,而且还能够给人们带来前所未有的视觉上、味觉上以及精神上的满足感与愉悦感,甚至能满足人们乐于健康养生的文化追求。

人类的进步在食材获取方式上也有所体现,渔猎—游牧—耕种是人类饮食生活的主要形态,"盖民生而有饮食,饮食不能无所取,取之之道,渔猎而已。……故凡今日文明之国,其初必由渔猎社会,以进入游牧社会。自渔猎社会,改为游牧社会,而社会一大进。……自游牧社会,改为耕稼社会,而社会又一大进。……我族则自包牺已出渔猎社会,神农已出游牧社会矣"①。"渔猎""游牧""耕种"是人类饮食生活的主要模式,由于自然条件、地区差异和各

---

① 夏曾佑:《中国古代史》(上),吉林人民出版社 2013 年版,第 11 页。

民族生活习惯的不同也呈现出多种模式共存的状况,就以中原地区为代表的中华文明发展历程来看,"耕种"模式为先秦时代理想的饮食生活形态,人类社会发展取得了巨大进步。

第一节　饮食生活形态

一、　渔猎生活形态

先秦时代先民们获取食材是很艰辛的,我们考察先秦饮食的形态首先要看先民们主要的食物有哪些以及他们是如何寻找并制作食物的。"人类为了生存,尤其是为了取得衣食之源,最初是攫取自然界提供的天然产品,方式有采集、捕捞和狩猎。"①先秦时代不同地域与族群有着不同的生活方式,多种生活形态并存,"居住在西方发达的农业地区居民,后来却走向两条不同的发展道路。一条是由低等农业发展到较高等的农业,这是姜姓民族的情况;另一条是由低等农业受到游牧民族的影响,发展了马、牛、羊的蓄养游牧生产,这便是羌族的道路"②。

尽管先民们的生产生活方式存在差异,但是食不果腹的情形成为先民们共同面对的难题。"上古之世,人民少而禽兽众,人民不胜禽兽虫蛇。有圣人作,构木为巢以避群害,而民悦之,使王天下,号曰有巢氏。民食果蓏蚌蛤,腥臊恶臭而伤害腹胃,民多疾病。有圣人作,钻燧取火以化腥臊,而民说之,使王天下,号之曰燧人氏"(《韩非子·五蠹》)。可见,远古时代的自然环境中禽兽数量远远超过人口的数量,"人民少而禽兽众",由于生产力低下先民们尚不能捕食大型凶猛的禽兽,只能食用一些"果蓏""蚌蛤"之类的食物。"昔者先王,未有宫室,冬则居营窟,夏则居橧巢。未有火化,食草木之实、鸟兽之肉,饮

---

① 宋兆麟:《中国风俗通史·原始社会卷》,上海文艺出版社 2001 年版,第 5 页。
② 徐中舒:《先秦史论稿》,巴蜀书社 1992 年版,第 5 页。

其血,茹其毛。未有麻丝,衣其羽皮"(《礼记·礼运》)。远古时代生产力低下,物质生活极为艰苦,人类还未学会以火煮食物,甚至连君王也是过着"茹毛饮血"的生活。

先民们居住在"营窟""橧巢",采集并生吃草木的果实,捕获猎物食用生肉,穿戴鸟兽的皮毛。由于在"燧人氏"之前先民们尚不会用火,所以食用这些充满"腥臊恶臭"的食物极易生病。因此,先民们在烹制食物之前对食材是否新鲜、是否有异味进行辨别成为必要的程序,"辨腥、臊、膻、香之不可食者:牛夜鸣则庮;羊泠毛而毳,膻;犬赤股而躁,臊;鸟皫色而沙鸣,狸;豕盲眂而交睫,腥;马黑脊而般臂,蝼"(《周礼·天官冢宰·内饔》)。先民们不断地尝试在自然界中寻找新的食材,突破原有的饮食局限,在此过程中人的智力水平和劳动能力也逐步提高,这也展现了人高于动物的独特品质。"低等动物吞食一切进入它附近的、引起适度刺激的东西。高度发达的动物则必定是冒着风险觅食的,在发现食物时,要机智地抓住它或狡猾地捉弄它,并且小心翼翼地检验它。在一种食物的回忆强烈到足以胜过对抗的考虑,并引起相应的运动以前,必定浮现出一系列不同的回忆。因此,在这里与感官感觉相对峙的必定有一定量的共同决定适应运动的回忆(或经验)。在这当中就有智力。"①人类最初与其他动物一样直面自然,面临凶险与饥饿。为了获取优质的食材,人类制作并使用工具以提高食材获取与加工的能力,通过对食材不断地搜集与整理,人类的食谱得到了优化,较为丰富的营养也为人脑的发展提供了必要的物质基础。

人类最初的饮食与动物的饮食无太大差异,人类的饮食由自然决定,还没有足够的能力自己制作饮食养活自己。"在旧石器时代早期阶段,由于工具粗陋和经验不足,人们能采集到的食物种类较少,数量也不丰富,对较大的动物还缺乏狩猎能力,肉食来源多取之于小动物,如啮齿类、小爬行类、昆虫甚至鸟蛋等,有时他们也可能去拣取大型食肉动物的剩食。"②正是在想方设法地

---

① [奥]马赫:《感觉的分析》,洪谦、唐钺、梁志学译,商务印书馆1986年版,第152页。
② 靳桂云:《中国史前居民的饮食结构》,《中原文物》1995年第4期。

获取食物的过程中,先民们的情感、思想得到了极大的发展,"食物是初民与大自然之间的根本的系结。因为需要食物,因为希求食物的丰富,所以才进行经济的活动,才采集,才渔猎,而且才使这等活动充满了各种情感,各种紧张的情感。部落常赖以为食的几种动植物,于是优制了一切部落成员的意趣。自然界是初民的食库,文化越低,便越直接仰仗着这种食库,在饿了的时候,来拾取,来调制,来果腹。……这等被人日常追逐的东西,便是全部的趣意、情感、冲动等要集中在上面而集晶起来的。每种这样的品类上面,都集中了一种具有社会性质的情操,而且这种情操也就自然而然地表现在民俗信仰与仪式上面"①。

集体渔猎、采集的劳作是初民部落获取食材的主要方式,部落成员集体面对残酷的自然与脆弱的生命,有利于形成共同的信仰与理念,分享劳动成果——饮食,更是对这种生活方式的一种肯定。食物为人的智力发展提供了能量,对食材的搜寻以及对食材的加工也成为先民们的主要劳作内容,尤其是食用肉食更要颇费周折,但是肉食中所富含的营养能更好地满足先民们的需要。肉类进一步丰富了先民们的饮食结构,为先民们的体力和智力提供了更好的支持,而以火来加工食物,又使得包括肉类在内的所有食材营养充分被吸收并且食物味道更佳。"鼎,象也。以木巽火,烹饪也。圣人亨,以享上帝,而大亨以养圣贤"(《易传·象传下·鼎》)。以木生火开启了人类的烹饪生活,烹饪使得食物由生变熟,经过烹饪的食物既可以祭祀天地鬼神也可以宴请圣贤。

火给人们的饮食生活带来了翻天覆地的改变,张光直先生认为:"火的使用让直立猿人可以熟食肉类食物,熟食的结果让直立猿人的牙齿和上下颌变小,脸型也跟着改变,相对地脑容量增加,人也变得比较聪明,所以可以说火的

---

① ［英］马林诺夫斯基:《巫术科学宗教与神话》,李安宅译,中国民间文艺出版社1986年版,第27页。

发明对于中国饮食史是一项重大的突破。火的利用加速使直立猿人进化成现代人。"①食用熟食成为一种文明的标志,中原地区的人们比较早地利用火来烹制食材,对饮食方式的考察成为先民们辨别"五方之民"的重要依据。"中国戎夷,五方之民,皆有其性也,不可推移。东方曰夷,被发文身,有不火食者矣。南方曰蛮,雕题交趾,有不火食者矣。西方曰戎,被发衣皮,有不粒食者矣。北方曰狄,衣羽毛穴居,有不粒食者矣。中国、夷、蛮、戎、狄,皆有安居、和味、宜服、利用、备器,五方之民,言语不通,嗜欲不同"(《礼记·王制》)。可见,"不火食者""不粒食者"成为夷、蛮、戎、狄的重要特征。对火的运用开启了人类的烹饪史,"所谓烹饪就是把生的东西做熟了。变生为熟,主要靠火(非火力的烹饪也有,如腌渍、糟制等,但不是主要的)。由于火的运用,使人类的祖先改变了'茹毛饮血'的野蛮状态。所以烹饪技术的进步与发展,很大程度上取决于对火的运用上"②。

"脍炙"为先秦时代的一种美食,"公孙丑问曰:'脍炙与羊枣孰美?'孟子曰:'脍炙哉'"(《孟子·尽心下》)。在这里,"炙"是一种古人常用的烹饪方式,"炙,炮肉也。从肉,在火上。凡炙之属皆从炙。之石切"③。"炙"是人类利用火来烹制食物的最早形式,先民们将猎物直接置于火上烧烤成熟,熟肉比生肉味美。"后圣有作,然后修火之利,范金合土,以为台榭、宫室、牖户,以炮以燔,以亨以炙,以为醴酪;治其麻丝,以为布帛,以养生送死,以事鬼神上帝,皆从其朔"(《礼记·礼运》)。"以亨以炙"即用"炙"的方法来进行烹制食物,先民们从此开始过上了食用熟食的文明生活。"炙"是肉与火直接接触,中间不隔任何器皿,由此"炙"成为人类最古老的烹肉方式,并且流传至今。

在"炙"的基础上,先民们又发展出很多种以火烹制的方式,比如,有"炮""燔""熹""煎""熬""爆"等烹饪方式。先秦时代善于掌握"火候"、烹制调和

---

① 张光直:《中国饮食史上的几次突破》,《民俗研究》2000 年第 2 期。
② 谢栋元编著:《〈说文解字〉与中国古代文化》,河南人民出版社 1994 年版,第 57 页。
③ (东汉)许慎:《说文解字》,中国书店 1989 年版,说文十下·一。

食物的是"亨人","亨人掌共鼎镬,以给水、火之齐。职外,内饔之爨亨煮,辨膳羞之物。祭祀,共大羹、铏羹。宾客,亦如之"(《周礼·天官冢宰·亨人》)。先民们食用熟食促进了体力和智力的发展,也最终迎来了新石器时代。相较而言,新石器时代居民的饮食结构发生了新的变化,"第一,开始食用人工栽培的植物性食物和人工饲养的动物,这是史前人类饮食文化中一个明显的进步。第二,食物结构相对稳定,因为有了原始农业和畜牧业,人们就不必像从前那样采集或猎获到什么才能吃到什么。第三,食物结构更加科学、合理。农业和畜牧业提供了比较稳定的食物来源后,人们在采集、狩猎活动中就可以放弃那些味道不好或获得较困难的食物,这标志着人类生活水平的提高。文物考古资料表明:在中国广大的土地上,北自莽莽草原南到南海之滨,东起沿海各地西至高原地带,众多的新石器时代、铜石并用时代遗址中都出土了各类食物遗存,其内容包括了人类生存所需的基本食物种类,大致可以分为粮食、蔬菜瓜果、肉食三大类"①。

作为远古时代先民们的主要食材诸如"蚌蛤"之类的水生动物是通过"网罟"作为捕捞工具,"古者包牺氏之王天下也,仰则观象于天,俯则观法于地,观鸟兽之文与地之宜,近取诸身,远取诸物,于是始作八卦,以通神明之德,以类万物之情。作结绳而为网罟,以佃以渔,盖取诸离。包牺氏没,神农氏作,斫木为耜,揉木为耒,耒耨之利,以教天下,盖取诸《益》"(《周易·系辞下》)。包牺氏即伏羲氏"结绳而为网罟",此为"渔"之工具;神农氏发明"耒耨"教人耕种粮田。可见,伏羲氏时代的人们主要以"渔"获取食材,"神农氏"时代的人们主要以"耕"获取食材。

"网,庖牺所结绳以渔。从门,下象网交文。凡网之属皆从网。文纺切。"②"罟,网也。从网古声。公户切。"③可见,"网"与"罟"同意,"网"为捕

---

① 靳桂云:《中国史前居民的饮食结构》,《中原文物》1995 年第 4 期。
② (东汉)许慎:《说文解字》,中国书店 1989 年版,说文七下·七。
③ (东汉)许慎:《说文解字》,中国书店 1989 年版,说文七下·七。

食水生动物的工具,伏羲氏发明的"网罟"是有史以来第一个捕食工具。与"网罟"功能相似的工具还有"荃","荃者所以在鱼,得鱼而忘荃;蹄者所以在兔,得兔而忘蹄;言者所以在意,得意而忘言"(《庄子·杂篇·外物》)。"蹄"为捕捉"兔"这类小型动物的圈套,以"蹄"置于其洞口等候其进入圈套。"网"有时还会意外地捕捉到天上飞的动物,"鱼网之设,鸿则离之。燕婉之求,得此戚施"(《诗经·邶风·新台》)。由此,"网"的适用范围更大了,成为"天罗地网",能飞的、能跑的较大型的动物也能用"大网"来捕捉了。

不同于西方早期人类以"弓箭""投石器""投矛器"等重型器械作为捕食工具,我国先民以"网"这种轻质的工具捕食为一大特色。战国时期的宋玉在《高唐赋》中记载打猎的情形:"于是乃纵猎者,基趾如星。传言羽猎,衔枚无声。弓弩不发,罘罕不倾。涉莽莽,驰苹苹。飞鸟未及起,走兽未及发。弥节奄忽,蹄足洒血。举功先得,获车已实。"[1]由于捕食工具的发展,先民们会同时携带"弓弩""网"等多种工具,"飞鸟""走兽"也成了先民们的狩猎对象,人们的食材进一步丰富起来。这里提到的"罘罕不倾"之"罘"也为一种"网","罘,兔罟也。从网否声。缚牟切"[2]。"不违农时,谷不可胜食也;数罟不入洿池,鱼鳖不可胜食也;斧斤以时入山林,材木不可胜用也。谷与鱼鳖不可胜食,材木不可胜用,是使民养生丧死无憾也。养生丧死无憾,王道之始也"(《孟子弟子录·寡人之于国也》)。在这里,以"罟"来捕食水中的"鱼鳖","数罟"为密网,故先民们不提倡用"数罟",以给"鱼鳖"等水中动物保留繁衍生息的余地。孟子以"谷与鱼鳖"指代当时人们的日常食物,为我们展现了先民们的主要食物构成。仰韶文化的"船形彩陶壶"为最早的船形酒器,该件陶壶出土于陕西省宝鸡北首岭遗址,现藏于中国国家博物馆,陶壶的前后两面的中心位置均绘有黑色的网状图案,器口朝上,两侧的器肩部位有对称的穿绳孔,可见先民们已经开始用渔网乘船捕鱼了。

---

① (战国)宋玉著,吴广平编注:《宋玉集》,岳麓书社 2001 年版,第 60 页。

② (东汉)许慎:《说文解字》,中国书店 1989 年版,说文七下·八。

"弋"为一种"弓",作为古代捕鸟的工具,其箭上有绳连接,这样禽鸟成了先民们日常饮食的美味,"女曰鸡鸣,士曰昧旦。子兴视夜,明星有烂。将翱将翔,弋凫与雁。弋言加之,与子宜之。宜言饮酒,与子偕老。琴瑟在御,莫不静好"(《诗经·国风·郑风·女曰鸡鸣》)。可见,在当时"鸡"已成为家禽,天上的"凫与雁"也成为先民们的捕食对象。"弋,橜也。象折木衺锐著形。从厂,象物挂之也。舆职切。"①"善钓者,出鱼乎十仞之下,饵香也;善弋者,下鸟乎百仞之上,弓良也;善为君者,蛮夷反舌殊俗异习皆服之,德厚也。水泉深则鱼鳖归之,树木盛则飞鸟归之,庶草茂则禽兽归之,人主贤则豪杰归之"(《吕氏春秋·仲春纪·功名》)。在这里,捕"鱼"可以用"饵",捕"鸟"可以用"弋",有了这些工具,"鱼鳖""飞鸟""禽兽"等可为人们捕食,先民们的食材进一步得到了拓展。"夫弓、弩、毕、弋、机变之知多,则鸟乱于上矣;钩饵、罔罟、罾笱之知多,则鱼乱于水矣;削格、罗落、罝罘之知多,则兽乱于泽矣;知诈渐毒、颉滑坚白、解垢同异之变多,则俗惑于辩矣"(《庄子·外篇·胠箧》)。在这里,我们可以看到当时的捕食工具已比较完善,天上:"弓""弩""毕""弋"—"鸟",水中:"钩饵""罔罟""罾笱"—"鱼",陆地:"削格""罗落""罝罘"—"兽"。

我们可以借助汉代的画像砖中的渔猎形象追溯先秦时代的渔猎、耕种的饮食生活。比如,在东汉时期的《荷塘渔猎》画像砖中刻画了先民们以"弩"射鸟,以"罔罟"捕鱼的情景。在东汉时期的《弋射收获图》画像砖中亦出现了利用"弋"来射鸟以及运用镰刀收割农作物的景象。

先秦时期人们的肉食来源包括家饲禽畜类及野生类动物。马、牛、羊、猪、犬、鸡是当时最重要的家饲畜禽,自先秦以来即被称作"六畜",与"五谷"并列。《荀子·荣辱》云,"今人之生也,方知畜鸡狗猪彘,又畜牛羊,然而食不敢有酒肉"。可见,那时民间已开始普遍饲养畜禽。先民获取肉食的方式从打

---

①　(东汉)许慎:《说文解字》,中国书店 1989 年版,说文十二下·五。

猎到饲养,从多种肉食向主要以"六畜"肉食转变,"六畜"之食也逐渐成为先民们进行祭祀活动的主要祭品。

二、 种植生活形态

自"神农氏"时代开始先民们便开始种植谷物,日常饮食的主食以"谷物"为主,故称为"粒食之民"。华夏民族重视农业生产,成为世界上最早开启耕种生活模式的先民,"从整体来说,中国是世界上最早出现农业、陶器(陶容器)和磨制石器的地区,而且三者基本上是以组合的方式同时出现的"[①]。神农始创农耕,以"耕种"为主要模式的生活形态为中华文明的建立提供了重要的物质基础。"神农氏,姜姓。母曰任姒,有乔氏之女,名女登,为少典妃,游于华阳,有神龙首,感女登于常羊,生炎帝。人身牛首,长于姜水,以火德王,故谓之炎帝,都于陈,凡八世。……案此时代,发明二大事,一为医药,一为耕稼。而耕稼一端,尤为社会中至大之因缘。……盖前此栉甚风沐甚雨,不遑宁处者,至此皆可殖田园,长子孙,有安土重迁之乐,于是更有暇日,以扩其思想界。且以画地而耕,其生也有界,其死也有传,而井田、宗法、世禄、封建之制生焉。"[②]神农氏即为炎帝,他是姜姓民族发展农耕的代表人物,"耕种"模式下的先民们有了"暇日",有了固定的"田园",从而腾出了更多的时间与精力,为思想文化的发展奠定了重要的物质基础。"四海之内,粒食之民,莫不犓牛羊,豢犬彘,洁为粢盛酒醴,以祭祀于上帝鬼神"(《墨子·第七卷·天志上》)。祭祀之礼上呈现了先民们的饮食种类,也出现了前面提到过的"酒"—"肉"组合,主要有"酒醴"—"牛""羊""犬""彘"(即为猪)。我们在浙江余姚出土的河姆渡文化时期"黑陶猪纹陶钵"上,能看到先民们刻画出的在 6000 年前浙江地区野猪的形象,白色的线条以黑陶为背景分外的醒目,野猪形象并不凶悍而是呆萌可爱的样子,这也是我国最早的关于猪的形象。

---

① 韩建业:《早期中国:中国文化圈的形成和发展》,上海古籍出版社 2015 年版,第 29 页。
② 夏曾佑:《中国古代史》(上),吉林人民出版社 2013 年版,第 11 页。

先民们根据耕地的土质肥力不同而分出五个等级,"制:农田百亩。百亩之分:上农夫食九人,其次食八人,其次食七人,其次食六人;下农夫食五人。庶人在官者,其禄以是为差也"(《礼记·王制》)。不同等级的田地其劳动产出比差异悬殊,由此优质的农田是十分珍贵的。"九州攸同:四隩既宅,九山刊旅,九川涤源,九泽既陂,四海会同。六府孔修,庶土交正,厎慎财赋,咸则三壤成赋。中邦锡土、姓,祇台德先,不距朕行。五百里甸服:百里赋纳总,二百里纳铚,三百里纳秸服,四百里粟,五百里米"(《尚书·夏书·禹贡》)。在这里,体现了"禹"时代的"禹贡","财赋"即税赋、"三壤成赋"即根据土地肥沃程度分为三个等级情况来准备税赋,税赋多以实物形式缴纳,而实物多为"粮食",按远近不同作为税赋的"粮食"的形态有别,"百里"—"总(连秆的禾)","二百里"—"铚(禾穗)","三百里"—"秸服(带稃的谷)","四百里"—"粟(粗米)","五百里"—"米(精米)"。可见,先民们多食用"谷物",且在"禹"时代已经出现了粮食的精加工。"凡会膳食之宜,牛宜稌,羊宜黍,豕宜稷,犬宜粱,雁宜麦,鱼宜菰。凡君子之食恒放焉"(《周礼·天官冢宰·食医》)。在这里,记载了先民们经常食用的谷物——"六食","六牲"囊括了水里、天上与陆地上的动物,"六牲"与"六食"搭配食用:"牛"—"稌","羊"—"黍","豕"—"稷","犬"—"粱","雁"—"麦","鱼"—"菰"。我们可以在汉代画像砖图像的基础上推想先秦时代"六牲"与"六食"的搭配形态。

"凡羞有俎者,则于俎内祭。君子不食圂腴"(《礼记·少仪》)。"圂,厕也。从口,象豕在口中也。会意。胡困切。"[1]"腴,腹下肥也。从肉臾声。羊朱切。"[2]可见,当时猪圈是与厕所相连的,"豕"已成为重要的家畜,"豕"可以帮助沤肥,制造出的肥料可以用于粮田的耕种,"这样中国从古代就超前形成了一个合理而奇妙的'生态循环圈':粮—'粪'—猪(鸡)—肥—粮"[3]。"家,

---

① (东汉)许慎:《说文解字》,中国书店 1989 年版,说文六下·四。
② (东汉)许慎:《说文解字》,中国书店 1989 年版,说文四下·四。
③ 高成鸢:《饮食与文化》,复旦大学出版社 2013 年版,第 29 页。

居也。从宀,豭省声。古牙切。"①"家"字中含"豕",可见农业生活的场景,先民们在这样的"生态循环圈"中繁养生息。我们在一些陶塑上可见这种"圂"的形象。比如,西安博物院藏的汉代"绿釉陶猪圈",就是前"厕"后"圈"的形象,厕所与猪圈同宽且前后相通,圈内的母猪呈卧位正在为三头小猪哺乳。藏于焦作市博物馆的汉代陶猪圈也是"厕""圈"相通的模式,"圈"成方形,"厕"偏置于一角,四头大猪正在吃食。

作为"粒食之民",先民们将谷物分为"粱"与"粗",即为"粗粮"与"细粮"的概念,"粱则无矣,粗则有之"(《春秋左传·哀公十三年》)。"粱"是经过精细加工过程的结果,褪去了谷壳味道好且下咽时比较润滑。"粱"大概就是孔子所讲的"食不厌精,脍不厌细"(《论语·乡党》)。之"精"食。先秦时代社会等级差异极大,不同阶层人们的饮食也是存在着天壤之别,"惟辟作福,惟辟作威,惟辟玉食。臣无有作福作威玉食。臣之有作福作威玉食,其害于而家,凶于而国。人用侧颇僻,民用僭忒"(《尚书·周书·洪范》)。在周文王时代君王作威作福食用"玉食","玉食"即为"美食",享用"玉食"就等同于"作威作福",也从侧面反映了对饮食的重视,"美食"是帝王贵族的专享。相反,臣民则不能享用"玉食",臣民若食用"玉食"则"害于而家,凶于而国","民用僭忒"即民用"美食"会导致社会秩序混乱。由此看来,尽管这种君王专享"玉食"观念与礼制观念之类属于古代饮食文化而载入史册成为今人考察历史的必备材料,但是在当今时代不宜盲目进行复制与推广,广大人民群众都能享用"美食"、每一个人都过上幸福美好的生活才是我们所期望的。

以耕种为主的农业生产成为先民们赖以生存的重要生活方式,并且"粒食"也塑造了独特的中国文化的特征。"农业为定居提供基础,为易破碎的陶器的繁荣和磨制石器的精心制作准备了条件;陶器作为炊器、饮食器和盛储

---

① (东汉)许慎:《说文解字》,中国书店 1989 年版,说文七下·二。

器,为食物制作、分享和农产品的储藏提供了最大的方便;磨制石器则逐渐成为农业生产工具的主流,此外还为早熟的木材加工——尤其是榫卯结构的出现提供了条件。这都为中国此后成为世界上最大最稳定的农业地区、最有特色的陶瓷器大国奠定了坚实基础。发展农业需要较为长期的定居,需要不断调节社会内部以保持稳定,而不需要无节制的对外扩张,尤其重整体性思维、重视传统、稳定内敛的特质或性格。"①相较于种植谷物而言,种植蔬菜的历程则要稍晚一些,先民们最初食用的蔬菜副食均来自原野中采摘而非种植,"最早的蔬菜都是野生的,是采集品,人工种植蔬菜是比较晚才出现的,有些原始民族早已从事农耕,但还不会种菜,仍以采集野菜为副食"②。可见,生活在原始社会中的先民们的食谱是以"肉""谷"为主的,通过捕猎、饲养、种植等方式获得比较稳定的"肉""谷"食材。"菜"主要以采集的方式在自然界中获取,"菜"的种植技术较为复杂而且不易保存,因而"菜"则更为珍贵。"谷"与"菜"这类植物性食材较难保存,易于腐败、发酵的特性也为先民的酿酒提供了契机。

三、 饮酒生活形态

我国自古以来就是酿酒业发达的国家,在龙山文化的早期已开始酿酒。晋代文人江统在《酒诰》中写道:"酒之所兴,肇自上皇;或云仪狄,一曰杜康。有饭不尽,委之空桑。积郁成味,久蓄气芳,本出于此,不由奇方。"《世本·作篇》有云:"仪狄始作酒醪变五味。"仪狄是史传夏代立国前后的酿酒发明者。"昔者帝女令仪狄作酒而美,进之禹,禹饮而甘之,遂疏仪狄,绝旨酒,曰:后世必有以酒亡其国者。齐桓公夜半不嗛,易牙乃煎敖燔炙,和调五味而进之,桓公食之而饱,至旦不觉"(《战国策·卷二十三·魏策二·梁王魏婴觞诸侯于范台》)。这种既能当饮料又能做调味品的甘甜的醪酒,可能属于谷物天然

---

① 韩建业:《早期中国:中国文化圈的形成和发展》,上海古籍出版社 2015 年版,第 30 页。
② 宋兆麟:《中国风俗通史·原始社会卷》,上海文艺出版社 2001 年版,第 22 页。

酒,谷米受潮发芽生霉菌,由微生物作用而引起糖化和酒化。"醪"是先民们制酒的一种重要方式,"醪,汁滓酒也。从酉翏声。鲁刀切"①。徐灏云:"醪与醴皆汁滓相将;醴一宿熟,味至薄;醪则醇酒味甜。"可知,仪狄酿的醪酒,无需特别复杂的工艺与技巧。

先民们很早就懂得了以粮食酿酒,"酉,就也。八月黍成,可为酎酒。象古文酉之形。凡酉之属皆从酉。舆久切"②。以甲骨文、金文书写的"酉"字就像一个酒坛中盛着酒。"八月黍成",将成熟的黍碾制成黄米,再以它为原料酿成酒。因此,粮食除了作为日常饮食的主食之外,酿酒就成了粮食的第二大用途。酒成为祭祀活动、日常饮食的重要饮品。此外,酒还有着其他用途,"先秦时期,人们所以重视酒,除了与祭祀有关以外,还可治病健身是一个重要原因。人们常说'医食同源',从医字的构形上可以说明这个问题。医的繁体字写作:醫"③。"醫,治病工也。殹,恶姿也;醫之性然,得酒而使。从酉。王育说。一曰殹,病声。酒所以治病也。《周礼》有醫酒。古者巫彭初作醫。余其切。"④"醫"上半部分为"殹"—"病声",下半部分为"酉"—"酒所以治病也",也就是,以"酉"为"药"来治病,"醫"就是以"酒"来治病的"工",为病人消除痛苦,不再有"殹"。

我们知道中国有着悠久的酿酒历史,"仪狄作酒"为我国关于酿酒的一种记录,"大桡作甲子,黔如作虏首,容成作历,羲和作占日,尚仪作占月,后益作占岁,胡曹作衣,夷羿作弓,祝融作市,仪狄作酒,高元作室,虞姁作舟,伯益作井,赤冀作臼,乘雅作驾,寒哀作御,王冰作服牛,史皇作图,巫彭作医,巫咸作筮。此二十官者,圣人之所以治天下也"(《吕氏春秋·审分览·勿躬》)。按照事物性质整理为表3-1。

---

① （东汉）许慎:《说文解字》,中国书店1989年版,说文十四下·八。
② （东汉）许慎:《说文解字》,中国书店1989年版,说文十四下·八。
③ 谢栋元编著:《〈说文解字〉与中国古代文化》,河南人民出版社1994年版,第53页。
④ （东汉）许慎:《说文解字》,中国书店1989年版,说文十四下·九。

表 3-1　初民"造物"情况表

序号	类别	"创立者"—"创立对象"	数量
1	衣	"胡曹"—"衣"	1
2	食/具	"仪狄"—"酒"、"伯益"—"井"、"赤冀"—"臼"	3
3	居	"高元"—"室"（"伯益"—"井"）	1
4	行	"虞姁"—"舟"、"乘雅"—"驾"、"寒哀"—"御"、"王冰"—"服牛"	4
5	时	"大桡"—"甲子"、"容成"—"历"	2
6	战	"黔如"—"虏首"、"夷羿"—"弓"	2
7	占	"羲和"—"占日"、"尚仪"—"占月"、"后益"—"占岁"、"巫咸"—"筮"（"仪狄"—"酒"）	4
8	商	"祝融"—"市"	1
9	图/文	"史皇"—"图"	1
10	医	"巫彭"—"医"	1

资料来源：本表系笔者自制而成。

　　在这里,列举了二十位官员均为某一领域的创立者(见表3-1),按照"创立者"—"创立对象"划分为："大桡"—"甲子"、"黔如"—"虏首"、"容成"—"历"、"羲和"—"占日"、"尚仪"—"占月"、"后益"—"占岁"、"胡曹"—"衣"、"夷羿"—"弓"、"祝融"—"市"、"仪狄"—"酒"、"高元"—"室"、"虞姁"—"舟"、"伯益"—"井"、"赤冀"—"臼"、"乘雅"—"驾"、"寒哀"—"御"、"王冰"—"服牛"、"史皇"—"图"、"巫彭"—"医"、"巫咸"—"筮",以上这些事物均为远古时代社会生活的必要事物。

　　由此可见,与饮食活动相关的事物有三种,分别为"酒""井""臼",其中只有"酒"这一种为可以直接食用的食品,其余两种只是饮食活动的工具,"臼"为谷物加工的器械,"井"能提供水的一种设施也可划分为"居"一类,在表3-1中用括号内容显示。"酒"对早期人类社会而言,也并非只有饮食功能,更多的是为"占"服务,因此也可以将"酒"划分为"占"一类,在表3-1中用括号内容显示。在《黄帝内经·素问·汤液醪醴论》中也有关于酿酒的记载,

"黄帝问曰:为五谷汤液及醪醴奈何？岐伯对曰:必以稻米,炊之稻薪,稻米者完,稻薪者坚"。可见,早在黄帝时期先民们便已开始以谷物为原料制作"汤液醪醴"——"酒"。

有专门负责饮酒事宜的官员——"酒正","酒正掌酒之政令,以式法授酒材。凡为公酒者,亦如之。辨五齐之名:一曰泛齐,二曰醴齐,三曰盎齐,四曰缇齐,五曰沈齐。辨三酒之物:一曰事酒,二曰昔酒,三曰清酒。辨四饮之物:一曰清,二曰医,三曰浆,四曰酏。掌其厚薄之齐,以共王之四饮三酒之馔,及后、世子之饮与其酒"(《周礼·天官冢宰·酒正》)。"酒正"负责管理饮酒的整体工作,传授酿造技艺,依照酒的清浊、浓淡、用途等一系列的标准辨别出"五齐三酒","五齐":"泛""醴""盎""缇""沈","三酒":"事酒""昔酒""清酒",以及"四饮":"清""医""浆""酏"。"医"就是《说文解字》中提到的"医酒",一种用粥加入曲蘖酿制而成的稍清于"醴"的略带酒味的饮料。清末的经学大师孙诒让在《周礼正义》中指出:"五齐三酒,皆可治病。四饮之医,虽亦名医酒,然治病之酒,实不必专用医也。""酒正"所掌管的"五齐""三酒""四饮"均兼具饮料与医治的功效,真可谓是"医食同源"。

先秦时期的酒品类多样,以适应不同场合不同人群的需要,"酒正"根据不同的情况分配不同品类、数量的酒。"酒人"专门负责酿酒制造,"酒人掌为五齐三酒。祭祀,则共奉之,以役世妇。共宾客之礼酒、饮酒而奉之"(《周礼·天官冢宰·酒人》)。在"五齐三酒"酒酿完毕之后"酒人"要将这些酒交给"酒正"。"浆人"制作"六饮","浆人掌共王之六饮,水、浆、醴、凉、医、酏,入于酒府"(《周礼·天官冢宰·浆人》)。"六饮"备齐之后交给"酒正","酒正"再根据实际情况进行分配。先民们以冰对食物与酒浆进行保鲜,由"凌人"负责保鲜事宜,"凌人掌冰正,岁十有二月,令斩冰,三其凌。春始治鉴。凡外内饔之膳羞,鉴焉。凡酒浆之酒醴,亦如之。祭祀,共冰鉴"(《周礼·天官冢宰·凌人》)。可见,先秦时代的先民们便已开始流行饮用"冰酒"。河北望都东汉墓绘有壁画"羊酒"图,"羊"—"酒"是自先秦时代业已出现的

"牲"—"酒"组合模式,这样的图像象征着先民们富足的生活景象。

"酒"与"牲"是"典礼"之上的必要食物,"女今我王室之一二兄弟,以时相见,将和协典礼,以示民训则,无亦择其柔嘉,选其馨香,洁其酒醴,品其百笾,修其簠簋,奉其牺象,出其樽彝,陈其鼎俎,净其巾幂,敬其祓除,体解节折而共饮食之"(《国语·周语中·定王论不用全烝之故》)。在这里,以"典礼"招待贵客,"柔嘉"即鲜美的牲肉,"馨香"即甜醇的酒醴,"百笾"即佐餐的坚果与果品。"簠簋""牺象""樽彝"均为青铜酒器,"鼎""俎"为青铜食器,明净的"殿堂"内"巾幂"等软性装饰也能增强宴饮"典礼"的气氛。

酒能助兴也能扰乱人的心志,先民们也早就认识到了酒的危害性,因此规定了在特定的场合才能饮酒——"祀兹酒"。"王若曰:明大命于妹邦。乃穆考文王肇国在西土。厥诰毖庶邦庶士越少正御事,朝夕曰:祀兹酒。惟天降命,肇我民,惟元祀。天降威,我民用大乱丧德,亦罔非酒惟行;越小大邦用丧,亦罔非酒惟辜"(《尚书·周书·酒诰》)。在这里,"祀兹酒"即为只有举行祭礼之时才允许饮酒,否则会招致"大乱丧德"的后果。

综上所述,我们对先秦时代的渔猎、种植、酿酒等方面有了大致的概观介绍。通过观察先秦先民的肉食、主食、蔬菜、饮料等食物的获取模式可以大致了解先秦先民基本的饮食问题,强化先秦先民对饮食的基本认知,如"民以食为天",强调粮食为立国之本,承认人们对美食追求的合理性。饮食与整个先秦文化的发展,有着密切的关系,食物生产和饮食活动也是先秦文化发展的一个重要动力。先秦文化的发展,始终围绕的中心之一就是先秦先民的饮食生活。饮食文化史是先秦文化的核心组成部分之一。先秦时代农耕文化的起源和发展,都是人类饮食需求的结果。

此外,中国文明的起源与先秦文化的发展、先秦饮食生活的发展,有着非常密切的联系。先秦先民的饮食传统,大体都为后世所继承了。先秦先民原初饮食中,可以窥见已蕴含了饮食审美因子的萌芽,如:"五味"的诞生,"和"的初步形成、饮食礼仪细节等。这说明,先秦先民已注重饮食之味、味之审美,而味美在于调,调又在于烹之调,更在于和。这种审美追求,由实践的摸索而至于理性的总结,正是这种饮食文化发展的逻辑必然。

这是华夏饮食文化特征的基本形成时期,为以后阐述饮食审美打下了坚实的理论基础。先秦文献典籍留下了先秦先民饮食文化的许多记载,让我们可以窥见先民的饮食文化世界。先秦先民的饮食不仅是延续生命的本能行为,他们的饮食活动可以被当作审美文化来解读。

第二节　宴饮的"形式"美

先秦时代的先民们珍惜源自天地自然的食物,力求尽善尽美,各类食材的摆放与切割都要呈现出食物外形的美观,既能够给人们带来视觉上的享受,又有利于人们的咀嚼、从味觉上体验食物的美味、促进人体消化吸收食物的营养。先民们对饮食外在形象的要求,是进行饮食活动审美的基本环节。

饮食者之"形"美,关乎个人形象与道德修养,直接反映出饮食者有无君子之风,是否能在社会立足,它是先秦饮食"形"之审美对主体提出的审美要求。正如张光直所讲:"这又把我们带回到中国人大概是世界上最讲究饮食的民族之一这个问题。"①

先秦时代先民们的审美意识开始生成并不断演化,由物到人,先秦饮食中对"形"的审美追求得以体现,将当时的饮食审美活动状态立体地呈现出来。同时也表现出人们审美艺术和能力的进化和提高,并且孕育出颇具中国特色的饮食审美追求,蕴含着与政治伦理观念以及原始宗教信仰等相联系的审美意识,彰显着先秦时代的伦理道德与审美理念。

一、"食官"体系

为了满足君王的"玉食"之需,组建了庞大的"食官"体系,由于烹饪之事

---

① 张光直:《中国青铜时代》,生活·读书·新知三联书店1983年版,第225页。

意义重大，"食官"的地位显著提高。"宫廷的规模化和统范五行、九畴，也使烹饪之事在王室、贵胄家庭里成为不可或缺的重要族务。庖人的地位因之提高，即便是仆奴，也可以得到特殊待遇，甚至解除奴仆身份，成为家族成员，乃是担任家族或部族中的重要职务。"①

《周礼·天官冢宰》中记载为帝王贵族饮食服务的人员约有2300人。这些"食官"在朝廷中的地位很高，位于六官（天官、地官、春官、夏官、秋官、冬官）之首、"天官"系列的前列，在"天官"中首先是"治官之属"，紧随其后的就是这些"食官"，"食官"的分工明确、层级清晰，每项事务均有长官，比如，"膳夫"作为食官之长，主管王宫的饮食，他的下属包括："庖人""内饔""外饔""亨人"；"酒正"是酒官之长，他的下属包括："酒人""浆人""凌人"。值得注意的是，"医师"是医官之长，他统管着"食医""疾医""疡医""兽医"，"医师"系列位于"膳夫"系列之后，排在"食官"行列之中，并且"食医"是这"四医"之首，"食医掌和王之六食，六饮、六膳、百羞、百酱、八珍之齐"（《周礼·天官冢宰·食医》）。"食医"并非是看病、治疾的医生，他主要负责"和"食，也就是调配各种食物的用量比例以利养身，"食医"就像是一名营养师，通过食疗以防病于未然。

每一位食官均有相应的具体职责，比如，"膳夫掌王之食饮、膳羞，以养王及后、世子。……庖人掌共六畜、六兽、六禽，辨其名物。……内饔掌王及后、世子膳羞之割、烹、煎、和之事。……外饔掌外祭祀之割亨。……亨人掌共鼎镬，以给水、火之齐。……甸师掌帅其属而耕耨王藉。……兽人掌罟田兽，辨其名物。……渔人掌以时渔为梁。……鳖人掌取互物，以时籍鱼、鳖、龟、蜃，凡狸物。……腊人，掌干肉。……食医掌和王之六食，六饮、六膳、百羞、百酱、八珍之齐。……兽医掌疗兽病，疗兽疡。……酒正掌酒之政令，以式法授酒材。……酒人掌为五齐三酒。……凌人掌冰正，岁十有二月，令斩冰，三其

_____

① 赵建军：《中国饮食美学史》，齐鲁书社2014年版，第25页。

凌。……笾人掌四笾之实。……醢人掌四豆之实。……醯人掌共五齐七菹，凡醯物。……盐人掌盐之政令，以共百事之盐"（《周礼·天官冢宰》）等。由于篇幅所限，这里仅将部分"食官"列出，"食官"名目繁多、各司其职，这也反映了帝王对饮食的重视。

当时的饮食管理体系也很完善，这样的饮食管理体系涉及食材的养殖、搜集、辨别、加工、烹制，佳肴与酒的摆放、布置，调味料的存放、食用，人的身体调养与医治，饲养动物的医治等诸多方面内容。山东沂南北寨出土的汉画像砖《备宴图》中刻画了食官紧张地准备即将开始的盛宴的情形，每张长案上均整齐排列着十只大碗，碗中为酒、菜、肉或米饭，多位食官正穿梭于厨房与宴会厅。我们可以在汉代画像砖图像的基础上推想先秦时代"食官"们在盛宴正式开始前那紧张有序的备宴景象。

二、 食物的形式美

对食材的挑选、加工、烹制、摆放等诸多环节是正式就餐之前的前期准备工作，前期工作完善才会有宴饮的完美呈现。食物的形式美反映了先民们对食材加工的精致化追求，繁而不乱的工序，精准的刀法，"割正""薄切"的标准等都体现着先民们的勤劳智慧与对美味的不懈追求。

（一）食材加工的形式美

孔子常讲，"色恶，不食。臭恶，不食。失饪，不食。不时，不食，割不正，不食"（《论语·乡党》）。这里提到的"割"，就是指食材一定要事先进行一系列的加工处理，经过清洗、剔除变质腐坏不宜食用的部分，用刀、斧等工具将食材分割成形制统一、颇具美感的形制，以确保食材的美观与新鲜。对食材进行规整化的处理是整个烹调与饮食过程的前提，若是"割不正"，即使之后烹煎得再好从视觉上也不能达到审美的要求。在孔子看来，"割不正"的食物是不好吃的，这类食物大概也不能登上王室人员的餐桌。祭祀时，按一定规格对牲体进行选择切割,否则不能进食。"不正"并不是说一定要方方正正,而是泛指刀工的优劣。

食物的外观影响着人们对食物味道的评价,"人类是一个视觉驱使的物种。在许多具有成熟烹调艺术的社会中,食品的视觉表象与它的风味和质地特性同样重要。在消费者检验中普遍相信食品色泽越深,就会得到越高的风味强度得分"①。食物的外观是人们在正式开始进食之前的"第一关",孔子提到的"色恶""臭恶""割不正"等方面是判断食物是否具有可食性的重要依据,人们通常会认为美观的食物定有美的味道。

山东诸城出土的汉画像石《庖厨图》展现了43位厨人的劳作形象,这些厨人为制作美食而忙碌着,每个人做的事情均有不同,画面描绘了制作饮食的诸多环节,包括酿造、备宴、切肉、汲水、制脯、蒸煮、过滤、杀牲、斫鱼等内容。远景中,各类"牲肉"悬挂其上,中景人物繁密、工序繁杂,近景硕大的酒缸安放在酒垆之中,先秦时代的王公贵族的后厨大概也会有如此热闹的景象。

先民们的肉食异常丰富,"六畜""六兽""六禽"是王公贵族的宴饮食材,保证他们的肉食供应是"庖人"的职责。"庖人掌共六畜、六兽、六禽,辨其名物。凡其死生鲜薧之物,以共王之膳,与其荐羞之物,及后世子之膳羞。共祭祀之好羞,共丧纪之庶羞,宾客之禽献。凡令禽献,以法授之。其出入,亦如之"(《周礼·天官冢宰·庖人》)。经过长期的生活实践,先民们掌握了动物的解剖构造,也掌握了熟练的肉食加工技巧。在《礼记·内则》中记载着先民们切割牛肉的技巧,"取牛肉必新杀者,薄切之,必绝其理"。先民们已经熟知牛肉的纹理特点,为了斩断牛肉的筋络、便于食客的咀嚼下咽,一定要趁着牛肉的新鲜横向切断牛肉的纹理,分割成薄片以备食用。

《礼记·少仪》中记录了先民们对不同种类的食材采用不同的加工方式,"牛与羊、鱼之腥,聂而切成为脍;麋鹿为菹,野豕为轩,皆聂而不切;麕为辟

---

① [美]Harry T.Lawless、Hildegarde Heymann:《食品感官评价原理与技术》,王栋等译,中国轻工业出版社2001年版,第51页。

鸡,兔为宛脾,皆聂而切之"。由此可见,先民们能够根据各类食材的肉质特征切割成有利于制成美食的形制,并且他们食材加工的刀法纯熟、技法多样。比如,像鱼肉、羊肉、牛肉这类有腥味或膻味食材的加工适宜先剔除异味浓重的部位,再把它们切成比较薄的肉片,即为"脍"。如此这般既能减少腥膻味,又有利于释放食材的鲜味。还可以切得更细一些甚至是剁成肉酱,即为"菹"。对于野猪肉可以分割成比较厚的肉片,即为"轩"。根据麋肉和兔肉的特点则可以将其切为较细的肉丝来食用。

先民们在日常生活实践中娴熟地运用各种刀法技巧,改变了食材的原初状态,形制规整的食材成为烹制美食的基本条件。我们常说的"脍炙人口"已经成为美味佳肴的代表,"脍炙"最早指的是细切且烤熟的肉,细切的肉成为美食之"形"的典型样式,孔子对此也颇为喜爱,"食不厌精,脍不厌细"(《论语·乡党》)已成为中国饮食审美的一大特色。"脍炙"往往成为餐桌上最受欢迎的佳肴,当公孙丑问孟子"脍炙与羊枣孰美"(《孟子·尽心下》),在孟子的心目中将形制精美的烤肉视为佳肴。此外,在《诗经·小雅·六月》中也记述着"脍"之美味,"饮御诸友,炰鳖脍鲤"。这里的"脍鲤"便是形美味美的食物。

对食材进行化整为零的分割造就了先民们纯熟的刀法,在此基础上还演变出一种对食材更精细的加工,利用雕刻技法来塑造食材之"形"。在《管子·侈靡》中记载:"故尝至味,而罢至乐。而雕卵然后瀹之,雕橑然后爨之。"这就是讲,供人们食用的卵,首先要经过雕琢美化,然后再煮熟食用,品尝这样的卵不仅仅是为了充饥,更是为了审美的需要。这种经过一系列雕琢的卵,首先给人们带来的是视觉上的愉悦,通过对食物之"形"的塑造,使人们的饮食活动超越了生理上的满足,引领人们心理上的审美追求。"精美的食品是令人愉快的,而且需要一定的辨别力,这一辨别力是味觉愉快长期培养的额外结果。明白地说,知觉鉴赏力和味觉享受至少是审美鉴赏力和享受的近亲。"[1]美食之

―――――――――

[1] [美]卡罗琳·考斯梅尔:《味觉:食物与哲学》,吴琼、叶勤、张雷译,中国友谊出版公司2001年版,第177页。

"形"也是培养审美鉴赏力的重要方式,当代食品的雕刻美饰加工也尤为盛行,这是"形"的审美观念的艺术魅力与不断创造发展的结果。

对食材的甄别与选用是饮食烹饪过程中的第一环节,筛选出优质的原料,剔除质量不佳的食材,这是食物之"形"美的初步保障。"牛夜鸣则庮;羊泠毛而毳,膻;狗赤股而躁,臊"(《礼记·内则》),这是对牛、羊、狗等人们经常食用的家畜、家禽的细致描绘,提醒大家要观察食物原料的外观形态,便于烹饪者明白选料取舍。"不食雏鳖,狼去肠,狗去肾,狸去正脊"(《礼记·内则》),"雏尾不盈握,弗食"(《礼记·内则》),这是在告诫人们食物原料的有些部位难于洗涤,甚至有毒不便于烹饪,还有的是与风俗有关,应弃去而不能食用。由此可见,先秦时代人们非常讲究食物的选材用料,采用适宜的烹饪方法美食才能得以呈现。

另外,食物之"形"美还表现在对切肉食刀法的重视上。《庄子》中记载了"庖丁解牛"的典故,展示了厨师高超的刀工技法,刀在庖丁手中得心应手,纯熟的刀工技法已经远超一般人切割肉食的水平。"庖丁为文惠君解牛,手之所触,肩之所倚,足之所履,膝之所踦,砉然向然,奏刀騞然,莫不中音。合于《桑林》之舞,乃中《经首》之会"(《庄子·内篇·养生主》)。不但刀法娴熟精准,而且还极富韵律感,合乎(汤时)《桑林》乐舞的节拍,又合乎(尧时)《经首》乐曲的节奏。精选的食材当然要合以考究的刀工,以充分释放其美味特性。"肉腥,细者为脍,大者为轩"(《礼记·内则》)。这是说将肉切成不同的形状,其具体称谓也有不同,比如,切成薄片者叫作"脍",切成厚片者称为"轩"。《礼记·少仪》中记载:"牛与羊鱼之腥,聂而切之为脍;麋鹿为菹,野豕为轩,皆聂而不切。"这里介绍了对不同的食物原料在精致化的加工过程中的区别对待,比如对牛、羊、鱼此类肉要切成"脍",对野猪此类肉质粗糙的适宜切成相对较厚的肉片即可,而麋或者兔这类肉质细嫩的要切成细丝,体现出先秦时代人们饮食的精致化,繁复的加工过程中传达了人们的审美需求。可见,各种切割方法要与各物相应,这均从日常饮食中归纳而来,合乎其行则"形"

美而"味"美。

《礼记·内则》中提到"渍"的制作方法,"渍:取牛肉必新杀者,薄切之,必绝其理"。这就是说,在制作"渍"的过程中一定要切断牛肉的纤维,并且切成薄片,这样便于咀嚼,充分释放牛肉特有的美味。可见,当时人们非常重视在饮食烹饪环节的精工细作,根据不同食材采用相应的刀工技法。

孔子讲"食不厌精,脍不厌细"(《论语·乡党》),"脍,细切肉也。从肉会声。古外切"①。在《四书章句集注》里对此也有分析认为:"食,饭也。精,凿也。食精则能养人,脍麤则能害人。"②精致化饮食方便人们的咀嚼,有利于人们的营养吸收获得身体健康,重要的是,这样能更好地体现出食物的鲜美。张岱对此也有阐发:"精细二字,已得饮食之微。至熟食,则概之失饪不时;蔬食,则概之不时不食。四言者,食经也,亦即养生论也。"③"曾皙嗜羊枣,而曾子不忍食羊枣。公孙丑问曰:'脍炙与羊枣孰美?'孟子曰:'脍炙哉!'公孙丑曰:'然则曾子何为食脍炙而不食羊枣?'曰:'脍炙所同也,羊枣所独也。讳名不讳姓,姓所同也,名所独也'"(《孟子·尽心下》)。"脍"之"形"是用刀切得精致至极的肉的形态,体现了时人的饮食审美追求,孟子就喜食"脍炙"这样的精致化的佳肴美味。

墨子描述过当时人们偏好饮食的状况,"古之民未知为饮食时,素食而分处。故圣人作诲男耕稼树艺,以为民食。其为食也,足以增气充虚,强体适腹而已矣。故其用财节,其自养俭,民富国治。今则不然,厚作敛于百姓,以为美食刍豢、蒸炙鱼鳖,大国累百器,小国累十器,美食方丈,目不能遍视,手不能遍操,口不能遍味;冬则冻冰,夏则饰饐。人君为饮食如此,故左右象之。是以富贵者奢侈,孤寡者冻馁。虽欲无乱,不可得也。君实欲天下治而恶其乱,当为食饮不可不节"(《墨子·第一卷·辞过》)。由此可见,墨子认为奢侈的饮食

---

① (东汉)许慎:《说文解字》,中国书店1989年版,说文四下·六。
② (宋)朱熹:《四书章句集注》,中华书局1983年版,第119页。
③ (明)张岱:《琅嬛文集》,岳麓书社1985年版,第24页。

生活是不应该值得提倡的,饮食达到"强体适腹"之目的便已经足够了,这是饮食的最终目的。墨子同时也强调"用财节""自养俭"的生活方式有利于"民富国治",而今"美食刍豢"则太过于奢侈,故"为食饮不可不节"。

在《诗经·小雅·六月》中记载着宴请好友之事,席间的"脍鲤"是一种"形"美且"味"美之物:"饮御诸友,炰鳖脍鲤。""食饐而餲,鱼馁而肉败,不食;色恶,不食;臭恶,不食;失饪,不食;不时,不食;割不正,不食;不得其酱,不食"(《论语·乡党》)。在这里,所谓"割"就是讲究其"形"的审美与规范。若"割"出的"形"不美、"不正",那么即使"烹煎"得再好,孔子也不会满意的,更不必去谈审美的品味了。在祭祀时,一定要注意严格按照规格选择切割。《四书章句集注》中记载:"割肉不方正者不食,造次不离于正也。"[①]对于肉类食材要按正确的方法制作,针对不同原料要采用相应刀法,达到"形"美、"味"美的效果。割得"正",不是说一定要将每块肉切得方方正正,它是泛指刀工技巧的优劣。钱穆对此有详细的讲解:"古者先以割肉载于俎,食时自切之,略如今西餐法。"[②]也就是说,饮食之时要会看切之"形","正"则而合"礼"而取得审美效果。

对食物的加工与摆放成"形"的要求也很高,十分注重形制的美化。在《管子·侈靡》中有记载:"故尝至味,而罢至乐。而雕卵然后瀹之,雕橑然后爨之。丹沙之穴不塞,则商贾不处。富者靡之,贫者为之,此百姓之怠生百振而食非,独自为也,为之畜化。"先秦时代君王贵族的饮食极为奢侈,在食用之卵的时候要先将其雕琢一番而后再瀹之食之,这已是刻意追求其形美了。由此可见,先民们对食物的精心选材,对刀工技法的精求,对食物的精雕细琢,无不彰显着人们对食物"形"之审美的追求。姚淦铭先生认为:"先秦饮食审美精致化对后世影响甚大,'雕卵'这一细节也影响深远。"[③]先秦时期出现的饮

---

①　(宋)朱熹:《四书章句集注》,中华书局 1983 年版,第 120 页。
②　钱穆:《论语新解》,生活·读书·新知三联书店 2002 年版,第 259 页。
③　姚淦铭:《先秦饮食文化研究》,贵州人民出版社 2005 年版,第 280 页。

食审美趣味的精致化是由日常生活的饮食、祭祀等活动中归纳而来,经过长期的审美实践最终定格下来,且广泛地渗透在华夏饮食审美文化之中。

(二)食物摆放的形式美

一定"内容"的美,总是会寻求并找到与之相适应的艺术"形式"。先秦时代的先民们对于食物陈设摆放位置也非常讲究,注重餐桌布置安排的"形"美,讲究器"形"之美,即所谓"美食美器"。先秦时期人们非常重视食物在何种场合要如何摆放,一定要合乎"礼"的要求,这样才符合审美。

按照礼制规定,菜肴要如此摆放才"美","凡进食之礼,左殽右胾,食居人之左,羹居人之右。脍炙处外,醯酱处内,葱渫处末,酒浆处右,以脯修置者,左朐右末。客若降等执食兴辞,主人兴辞于客,然后客坐。主人延客祭:祭食,祭所先进。殽之序,遍祭之。三饭,主人延客食胾,然后辩殽。主人未辩,客不虚口。侍食于长者,主人亲馈,则拜而食;主人不亲馈,则不拜而食"(《礼记·曲礼上》)。这就是说,一定要合"礼"安排饮食的放置,要善于经营位置。带骨的熟肉——"殽"摆放在左,大块的切肉——"胾"置于其右。饮食者的左边为饭,右边为羹。"羹"是先民们餐桌上的一大"主角","羹在周汉饮食中拥有重要的地位,当时主食是饭,贵族官人经常使用的脍、脯、炙以及烹、炮出的肉食,大多淡而无味,没有汤汁,非佐餐下饭的佳品,故一般人吃饭不能没有羹。进食时,羹和饭是摆在靠近食者的地方"①。细切的烤肉——"脍炙"置于外,"醯"(即为醋)和酱置于里。

先秦时代的饮食往往离不开酒,酒之类的饮品摆放靠右的位置,葱末姜汁之类的作料也摆放在酒器一侧,牛肉条腊肉之类的食品——"脯""修"按照其形状也会作出区分,比如,形状比较顺直的"末"置于右,形状弯曲的"朐"置于左。"脯,干肉也。从肉甫声。方武切。"②"脯"是一种腌制的干肉,"脩,脯

---

① 王学泰:《中国饮食文化史》,广西师范大学出版社 2006 年版,第 61 页。
② (东汉)许慎:《说文解字》,中国书店 1989 年版,说文四下·五。

也。从肉攸声。息流切"①。"脩"是一种经过捶捣后再加入姜桂的干肉，通常是切成条状食用。"先秦时期的副食，在肉类方面，腌制的半成品比较多。《说文解字》四下肉部记载了多种腌干肉及熟肉：脯、脩、膴、膴、胸、腒等。"②"膴"与"腒"等此类以鸟类制成的干肉——"鸟腊"也较为常见，"膴，无骨腊也。杨雄说：鸟腊也。从肉无声。《周礼》有膴判。读若谟。荒鸟切"③。"腒，北方谓鸟腊曰腒。从肉居声。传曰：尧如腊，舜如腒。九鱼切。"④这里是以"鸟腊"来形容日夜奔忙的尧与舜，身体消瘦的样子。"腊"又写为"昔"，"昔，干肉也。从残肉，日以晞之，与俎同意。思积切"⑤。先秦时期的"腊"非当今的"腊肉"，"腊"是晒干了的经腌制的小型动物，这类干肉由于体积较小故不做切割。与"腊"不同，"脯"则是以牛、羊、猪等大型动物为原料制成的腌制干肉，故食用"脯"时要切成条或块的形状。

先秦时期的干肉种类很多，因此由"腊人"专门负责"脯腊膴胖"之事。"腊人，掌干肉。凡田兽之脯腊膴胖。凡祭祀，共豆脯，荐脯膴胖之事，凡腊物。宾客、丧纪，共其脯腊，凡干肉之事"（《周礼·天官冢宰·腊人》）。由此可见，如此有条不紊地放置食物，既方便众人饮食操作，又使各类食物秩序井然，正因为它合乎"进食之礼"，则得其"形"美，这是时人陈设食物的审美准则。

《礼仪·少仪》中对食物的陈设也有描述："客自彻，辞焉则止。客爵居左，其饮居右；介爵、酢爵、僎爵皆居右。羞濡鱼者进尾；冬右腴，夏右鳍；祭膴。凡齐，执之以右，居之于左。"这是讲主人的爵应置于宾客的左侧，主人初献的爵，宾客将举杯饮酒，故置于右边。日常饮食若要吃鲜鱼，则把鱼尾置于前方。

---

① （东汉）许慎：《说文解字》，中国书店1989年版，说文四下·五。
② 谢栋元编著：《〈说文解字〉与中国古代文化》，河南人民出版社1994年版，第56页。
③ （东汉）许慎：《说文解字》，中国书店1989年版，说文四下·五。
④ （东汉）许慎：《说文解字》，中国书店1989年版，说文四下·五。
⑤ （东汉）许慎：《说文解字》，中国书店1989年版，说文七上·一。

冬季上鱼时鱼肚要朝右放置,夏季吃鱼时则鱼脊朝右放置。要用右手拿盐、梅等调味品,而把羹菜等放在右边,从而说明菜肴的级别。可见,先秦时期餐桌上的食物、餐具、酒具均按礼仪规矩摆放得井然有序,绝无杂乱之处,每样食物、用具都有指定的陈设位置。这样在用餐时既干净卫生,食用起来又顺手,合乎饮食者之间的饮食礼仪。

合乎"礼"所要求的食物陈设之"形"美,就是先秦饮食呈现于餐桌之上,直接诉诸人们视觉的一种审美追求。这直观地体现了中华审美中蕴藏着的一种充满审美愉悦的世俗生活状态,纯然地呈现了人们审美活动的内在意蕴,这正是中华文明之审美精神具有的普遍意义。由此可见,在人们的日常生活中饮食一直占据着重要的地位,先民们从饮食活动中摆脱了饥饿、身心获得轻松与愉悦。薛富兴先生认为:"从器质到观念,从感性到理性。这是人类早期审美意识发展之大致行程。"[1]

三、 食者的仪态美

先秦时代人们重视饮食审美,强调在礼仪规范的要求下才能进行饮食活动。"饮食是在严格的规则所支配之下的很严肃的社会活动。"[2]《礼记》中指出了有"礼"与否是人与兽的区别。"鹦鹉能言,不离飞鸟;猩猩能言,不离禽兽。今人而无礼,虽能言,不亦禽兽之心乎?夫唯禽兽无礼,故父子聚麀。是故圣人作,为礼以教人。使人以有礼,知自别于禽兽"(《礼记·曲礼上》)。我们人类作为文明的饮食者,人的饮食应不同于动物的饮食,这就要求饮食者在"形象"上有礼貌,有修养,有吃相,不失态。饮食活动中的行为举止一定要有规矩,比如,《礼记·曲礼上》中要求"食至,起","让食不唾",等等。

"礼"更进一步用规范和准则去指导人们文明地饮食。"共食不饱,共饭不泽手。毋抟饭,毋放饭,毋流歠,毋咤食,毋啮骨,毋反鱼肉,毋投与狗骨。毋

---

① 薛富兴:《山水精神——中国美学史文集》,南开大学出版社 2009 年版,第 57 页。
② 张光直:《中国青铜时代》,生活·读书·新知三联书店 1983 年版,第 236 页。

固获,毋扬饭。饭黍毋以箸。毋嚃羹,毋絮羹,毋刺齿,毋歠醢。客絮羹,主人辞不能亨。客歠醢,主人辞以窭。濡肉齿决,干肉不齿决。毋嘬炙。卒食,客自前跪,彻饭齐以授相者,主人兴辞于客,然后客坐"(《礼记·曲礼上》)。由此可见,先秦时代的先民们在日常饮食生活中是很注重遵循一些规则的,这关乎个人的"形象":与他人一起用餐,不能只顾自己吃饭;共同在一个食器内取饭吃的时候,不能搓手;抓饭的时候,不应搓饭团,不能将手中尚未吃完的饭放回碗里;等等。此外,"毋絮羹"也体现出要尊重每个人对食物的审美趣味,"所谓'絮羹'就是往端上席的羹汤里加调料,因为这样会使主人觉得自己调的羹不适合客人的口味而难堪。如果席上有不具五味的'大羹',那是主人为了表达对'饮食之本'的追念和显示筵席风格的古朴,客人更没有必要画蛇添足地添加盐、梅了"①。一句话,吃应有吃相,这是饮食者之"形象"。尽管这里提到的均为礼仪细节,然而它体现出饮食活动中"礼"的存在,"文明"的饮食举止是饮食者之"形"美的重要显现。人们的教养与修养可以通过其在饮食活动上的行为状况得以考察。《论语·季氏》中强调"不学《礼》,无以立",即是说一个人若要立足于社会,行为举止要合"礼",这其中"饮食礼"当然是必不可少的。

若要同长者一同吃饭,则要多加注意饮食礼节。《礼记·少仪》中指出,"燕侍食于君子,则先饭而后已。毋放饭,毋流歠。小饭而亟之。数噍,毋为口容"。饮酒时一定要注意,"侍饮于长者,酒进则起,拜受于尊所。长者辞,少者反席而饮。长者举未釂,少者不敢饮。长者赐,少者、贱者不敢辞"(《礼记·曲礼上》)。由此可见,饮食活动是一个非常重视礼仪的场合,长幼尊卑的秩序在饮食中得以体现。长辈在场的时候,一定要请长辈先吃,待尊长开启饮食活动。吃饭时要小口地吃饭、喝汤。席间,以怎样的方式为尊长洗酒杯、递食物也有规矩,"凡饮酒为献主者,执烛抱燋,客作而辞,然后以授人。执烛

① 王学泰:《中国饮食文化史》,广西师范大学出版社2006年版,第62页。

不让,不辞,不歌。洗盥执食饮者勿气,有问焉,则辟咡而对"(《礼记·少仪》)。不要让自己的气息直冲着尊者和食物,保持动作轻缓,轻声地回话时要注意把嘴巴偏向一侧。可见,从古至今,在大家一同就餐时,饮食举止彬彬有礼者总是能受人欢迎;如果有人没有吃相、不合礼仪,酒醉饱食之后便无礼无德,一定会令人生厌。这正所谓,"居处有礼,进退有度,百官得其宜,万事得其序"(《礼记·经解》)。

"小子走而不趋,举爵则坐祭立饮。凡洗必盥。牛羊之肺,离而不提心。凡羞有湆者,不以齐。为君子择葱薤,则绝其本末。羞首者,进喙祭耳。尊者,以酌者之左为上尊。尊壶者面其鼻。饮酒者、禨者、醮者,有折俎不坐。未步爵,不尝羞"(《礼记·少仪》)。可见,先民们很注意饮食卫生,"凡洗必盥"要求凡是洗杯子以前,一定先要洗手。"坐祭立饮"体现了对长辈的尊敬,祭礼是可以和长辈一样跪着祭酒,但是饮酒是要以站立的姿势。"羞有湆者"即本身带汁的菜肴,可不再添加调味酱料。为长者择葱、薤时,"绝其本末"即是要把那些不能吃的根须和枯叶都事先掐掉。"进喙祭耳",摆放"羞首"的时候要注意方位,一定要把牲之嘴对着尊者,尊者以牲之耳来祭。"未步爵,不尝羞",在宴会敬酒环节未结束之前,不能吃菜肴。饮食活动中最能体现长幼秩序,遵照年龄的大小而有所区别,"乡饮酒之礼:六十者坐,五十者立侍,以听政役,所以明尊长也。六十者三豆,七十者四豆,八十者五豆,九十者六豆,所以明养老也。民知尊长养老,而后乃能入孝弟"(《礼记·乡饮酒义》)。由于饮食者的年龄不同,会有"坐""立"之别,会有享受的菜品种类数量之别。可见,早在先秦时代,先民们便提倡尊老的美德,以饮食场景来体现尊长、养老、尊老是华夏饮食文明的一大特色。

君臣之间的敬酒与饮酒体现着等级有别、尊卑有序,"君若赐之爵,则越席再拜稽首受,登席祭之,饮卒爵而俟,君卒爵,然后授虚爵。君子之饮酒也,受一爵而色洒如也,二爵而言言斯,礼已三爵,而油油以退。退则坐取屦,隐辟而后屦,坐左纳右,坐右纳左。凡尊必上玄酒。唯君面尊。唯飨野人皆酒。大夫侧尊用棜,士侧尊用禁"(《礼记·玉藻》)。可见,君王赐酒,臣子则要起身离"席"行再拜稽首之礼,接过酒杯再返回到自己的"席",先祭酒再干杯。臣先干杯,君后干杯,待君干杯之后再将臣的空杯交给侍从。敬酒完毕退席后才去穿鞋,"屦"即为鞋,"坐取屦"是指跪着去拿鞋,而且还要"隐辟而后屦"到堂下隐蔽的地方将鞋穿上。

《礼记·玉藻》中细致描绘了饮食者应遵循的规矩:"若赐之食而君客之,则命之祭,然后祭,先饭,辩尝羞,饮而俟。若有尝羞者,则俟君之食,然后食,饭、饮而俟。君命之羞,羞近者,命之品尝之,然后唯所欲。凡尝远食,必顺近食。君未覆手,不敢飧;君既食,又饭飧。饭飧者,三饭也。君既彻,执饭与酱,乃出授从者。凡侑食,不尽食,食于人不饱。唯水浆不祭,若祭,为已侟卑。"先秦时代的先民们很重视饮食礼仪,饮食活动开始之前要先进行祭拜,饮食可以开始的时候也要注意尊卑秩序、君在先臣在后,取食之时要先近后远,饮食结束也要遵循君先臣后的顺序。臣子不能先于君王吃饱,待君王表示吃饱之后还要再向君王劝食多吃一些。劝食也有礼数,以吃三口为限,君王离开后臣子可将剩下的"饭与酱"打包带走再分予侍从,以示君王恩赐。陪尊者吃饭时不能只顾自己吃得开心,去做客吃饭时不能吃饱,除了水和浆之外,所有的饭食在吃饭前均要先祭,祭完再吃。可见,这些饮食上的礼节,虽然主要是晚周时期上层阶级男子的饮食习惯,但影响面较广,强调人与人之间的"尊让契敬"规则,各个阶层的人们都要遵守这样一套饮食礼仪的规范,从而能保证贵贱不逾、上下有礼之效果。先秦时代的饮食生活强调的是共同饮食与共享饮食,单人饮食固然能解决身体饥饿的问题,"可是从以饮食生活的一个重大的焦点的人的立场来看,一个人独食除了解饥以外,没有什么其他的结果,但是大家一起进餐,以及这后面的行为方式和理由,才是高潮"[1]。在一些帛画、画像石、画像砖、壁画中所保留下来的"宴饮图"里,我们依然能够看到先民们在

---

[1]　张光直:《中国青铜时代》,生活·读书·新知三联书店 1983 年版,第 235 页。

普遍遵循着这些饮食上的礼俗,汉代画像石、画像砖中记录着先民们进行集体饮食的生活场景,这也是我们现在能看得到最早的关于先民们饮食活动的画面。

"夫礼之初,始诸饮食,其燔黍捭豚,污尊而抔饮,蒉桴而土鼓,犹若可以致其敬于鬼神"(《礼记·礼运》)。先秦时代的日常生活饮食之"形"美更是饮食之"礼"美的体现。"礼包括三个方面:礼器、礼仪、礼意。礼器是礼的实物性体现,从城邑宗庙陵墓、旌旗车马、服饰衣冠、鼎簋笾豆、钟鼓舞乐中具体地体现出来。礼仪是在礼的活动中通过礼器的展示呈现人物和礼器的风采。礼意就是通过礼器的展示和人物活动而体现社会人伦的伦理秩序、家国天下的政治秩序、天地运行的天道秩序。礼器、礼仪、礼意是统一的。在三者之中,礼意是宗教、政治、伦理内容,即善;礼器和礼仪则是礼意的感性呈现,即美。善与美都统一在'礼'字之中。"①

先秦饮食中所重视的"形"正是先秦审美意识在视觉上的直观显现,它反映了先民们对于美的感受能力与审美意识不断提高的历程。先秦时代先民们的日常生活饮食之"形"美体现了中国文化的特性,是探讨中国文化起源的一个重要途径,甚至可成为研究中国古典文化的一把钥匙。由此可见,先秦饮食中涵盖的审美意识呈现出来的"形"之美的文化特征,不单是一种民族性特征和一种个性,它应该成为人类审美文化中的普遍精神,体现为一种共性,从而不断充实人类的审美精神。

---

① 张法:《礼:中国美学起源时期的核心》,《美育学刊》2014年第2期。

第四章　先秦饮食的器具美

　　先秦时代饮食活动的审美,呈现了美的多样性和复杂性,它是由多方面的原因与契机构建而成,并且在主客体相互作用下不断地变化和演进着。在先秦饮食审美中蕴含着其后各种美学思想的萌芽,比如先秦时期的饮食器具,它奠定了中国传统艺术造型的基础,为中国的艺术审美特性打上了"底色"。在饮食审美趣味上,先秦先民显示出其追求饮食审美精致的一面,体现在"形""色""味""意"四个方面。在中华文化中"美"的本义,所指的就是饮食中呈现出的色味鲜美。"本时期审美行为为此后整个美学史铺下极为浓厚的民族性底色。"①可见,先秦时期的饮食审美对于中国的饮食美学与中华审美文化均有着广泛的影响。

　　先秦饮食的"形"之审美作为先秦饮食的审美追求中重要的组成部分之一,与"色""味""意"相比,"形"更加直观化、生活化,它是更表层的审美追求,是我们探讨饮食审美认识的首要现象层。从审美角度来考察饮食的器皿是中华文化中的一种独特审美现象。"唯器与名,不可以假人,君之所司也。名以出信,信以守器,器以藏礼,礼以行义,义以生利,利以平民,政之大节也"(《春秋左传·成公二年》)。古代君王之所以重视"器"与"名",是因为先民

---

　　①　薛富兴:《山水精神——中国美学史文集》,南开大学出版社 2009 年版,第 53 页。

们认为"名"(名号)—"信"(威信)—"器"(器物)—"礼"(礼制)—"义"(道义)—"利"(利益)—"民"(百姓)为一个相互关联的系统,这一系统能保证政权的顺利施行。其中,"器"是关键要素,它是"礼"观念的物化显现。

先秦时代饮食活动作为"八政"之首,是日常生活中的重要内容,饮食所用的器具也体现着先民们的饮食观念与审美趣味。从材质上看,先秦饮食器具主要有陶制、青铜制与漆制三种。在先秦典籍《礼记·礼运》中记载着"饮食、男女,人之大欲存焉",这很好地反映了先秦时代先民们对于饮食活动对维系人类生命的重要意义的深刻认识,饮食活动是人们日常生活中所必需的,同时饮食也反映一个时代的治国方略、经济状况和社会风貌。饮食之器中蕴含着先民们的审美思想,生活实践与器物制造是我们考察人类早期审美状况的主要途径,朱光潜先生指出:"从人类学和古代社会的研究来看,艺术和美是怎样起源的呢? 并不是起于抽象概念,而是起于吃饭穿衣、男女婚嫁、猎获野兽、打群仗来劫掠食物和女俘以及劳动生产之类日常生活实践中极平凡卑微的事物。中国的儒家有一句老话:'食、色,性也。''食'就是保持个体生命的经济基础,'色'就是绵延种族生命的男女配合。"①

饮食器具是考察中国饮食文化发展的重要物质基础,饮食器具的形制与装饰蕴藏着审美观念的生发与演变,先秦时代留下来的文字材料很少,陶器、青铜器、漆器等器具成了我们探究先秦时代社会文化的重要标记。"在传统中国,工艺性器具是哲学观念的物态形式,文学艺术思接天地、贯通人神。这种人文价值的无限满溢,为以美和艺术介入国家制度文明的建构提供了通道。"②先秦时代用于烹饪的器具种类繁多,在《说文解字》中就记述了多种饮食器具,"烹饪饮食需要工具。《说文解字》在下述各部之中记载了众多的餐具和饮具:玉、角、鬲、竹、豆、凵、缶、鼎、壶、匕、瓦、金、酉、酋等。这些器具,有陶制的、玉制的、骨制的、竹木制的,也有金属的。说明了先秦饮食文化走过了

① 朱光潜:《谈美书简》,人民文学出版社2001年版,第17页。
② 刘成纪:《先秦两汉艺术观念史》,人民出版社2017年版,第770页。

漫长的岁月途程。其中有许多器具在当时既为饮食器具,同时又是礼器、祭器。这些饮食器具的形制、大小、质料,以及使用场合与范围,又和当时的政治体制、等级制度紧密关联。所有这些都是先秦饮食文化的内涵显得更加丰富而深刻。"①就目前的考古状况来看,保留至今的玉制的、骨制的、竹木制的饮食器具数量较少,陶制、漆制、青铜制的饮食器具的数量较多。

第一节 陶制饮食器具之美

器质审美文化创造是中华文明早期审美活动的最初、唯一形态。"中国(可以延伸到'儒家文化圈')传统文化中的美多来自于'形而下'。我国遗留下的大量器物、礼器、食具都是中国文化代表性的瑰宝。'形'之美首先来自于对物的实用性。饮食是人类生存之第一要务,因此,饮食之器成了实物美、形式美的依据。相比而言,在西方的传统美学中,'唯美'一直是主旋律,形而上的哲学美学滥觞古代希腊,形成了西方的美学精神和精髓。"②

先秦陶制饮食器皿不仅是这一时期物质文明的重要创造,同时,它也揭示了我国古代先民们审美意识的生成轨迹,尤其是在先秦时期的陶制饮食器具上对色彩、造型的讲究,以及对功能性与审美性的关注,这些也体现出陶制器皿作为一种具体的人造物所展现的普遍而又强烈的形式化的装饰行为。"原始时代,物质生产与精神生产、实用与审美是浑然一体、并未分离的,原始物质文明赖工艺行为产生。从这一意义说,工艺文化是'本元文化'。它起源于人类的童年,又延续于人类文化发展的整个历史进程之中。"③考察先秦时代的陶制饮食器皿,以及这类器皿的纹饰、造型、色彩与设计等问题,是揭示中国早期审美意识发生与演变的重要内容。"陶器是新石器时代的产物,它的发明

---

① 谢栋元编著:《〈说文解字〉与中国古代文化》,河南人民出版社 1994 年版,第 59 页。
② 彭兆荣:《吃出形色之美:中国饮食审美启示》,《文艺理论研究》2012 年第 2 期。
③ 长北:《中国艺术史纲》,高等教育出版社 2016 年版,第 3 页。

是古代劳动人民长期以来不断观察、实践,对黏土、水、火等客观事物进行无数次分析、研究,并加以创造的结果。从新石器时代到西周,我国共发现这一时期的陶窑 100 多处,分布在陕、豫、鲁、晋、冀、辽、川、鄂、苏、赣、黑、闽等省。"① 可见,先秦时代的制陶业发达,陶器数量多,制造产地分布广,陶器广泛地适用于百姓的日常社会生活中,陶器大多用来做饮食器皿,陶器的设计与制造融汇了先民们的智慧与审美,先秦陶制饮食器具中的审美意识极大地影响了其后中国美学的发展。

在《老子·德经·第六十章》中讲:"治大国若烹小鲜",故《尚书·洪范》将"食"列为"八政之首"。"食为政首"所讲的实质问题即是农业问题,"以农为本"的理念在先秦时代已深入人心。先秦时代的饮食文化作为考察中国早期文明的重要内容之一,彰显着中华民族在进入到耕种时代后的生活方式与思想观念的生发与演化。

陶器将功能性与艺术性融为一体,它是新石器时代人们社会生活中的必备器具。在饮食、祭祀、巫术、舞蹈、渔猎、墓葬、战争等各个社会生活层面上,都有陶器不可或缺的身影。因此,"新石器时代也被称为陶器时代"②。陶器的制作与使用,证明了先秦时期人们审美能力与工艺水平的快速发展。泥土,这一新物质的引入给新石器时代晚期带来了巨大的美术革命。"从'岩石'到'石器',只是形状改变;从'泥土'到'陶器',形状塑造的过程中引进了新的媒体——水与火。"③人们对陶土的加工,熟练了对水与火的把握,也构建起诸多对器物审美的法则,这些宝贵的器物加工经验与审美法则也为青铜器的铸造与审美奠定了基础。陶器时代器物制造主要运用于饮食活动的传统,在青铜时代依然得到传承,可以说,陶器的制作与实用一开始就源于人们的日常生活,服务于饮食活动,陶制饮食器具为陶器之大宗。陶制饮食器具伴随着人类

---

① 李发林:《战国秦汉考古》,山东大学出版社 1991 年版,第 42 页。
② 朱志荣:《商代审美意识研究》,人民出版社 2002 年版,第 153 页。
③ 蒋勋:《美的沉思——中国艺术思想刍论》,文汇出版社 2005 年版,第 31 页。

审美意识的觉醒,促使人们审美观念的进一步成熟和对审美规则的探索与构建。

一、　先秦陶制饮食器具的发展状况

先秦时代的饮食器具在经历了千百年的时代变迁后能够幸存至今,为我们探寻先秦时代的先民生活状况与思想观念提供了有力的物质条件和研究基础。我们现在能看到先秦饮食器具有青铜器、陶器、漆器等材质的器物,其中陶制饮食器具为大宗,这些陶器有的质朴、有的华丽、有的绘满纹饰、有的造型独特,这些饮食器具功能多样且实用性强,同时反映了先民们在造器方面的审美意识。人类的文明史是一部物质创造和精神观念并行发展、不断演进的历史。人在不断地改造自然,自然也为人类的发展提供着必要条件,而饮食器具的制造不但体现了先民们对自然材料的利用与加工,更体现了人类饮食生活品质的不断提升。饮食器具的制造并非单纯的技术,"它是一个涉及社会政治经济现实、人们的生活习惯、生活理想和审美趣味乃至一般价值观和世界观背景等等多种人文因素的文化现象"[①]。

迄今为止,考古发现的中国最早的陶器遗存距今超过 1 万年或 1 万年左右,这些遗址包括"淮河以北出土早期陶器的重要遗址有河北阳原于家沟、北京怀柔转年、北京门头沟东胡林、河北徐水南庄头、河南新密李家沟等遗址;淮河以南有浙江浦江上山和嵊州小黄山、江西万年仙人洞与吊桶环、湖南道县玉蟾岩、广东英德牛栏洞以及广西境内的桂林大岩、桂林庙岩、桂林甑皮岩、柳州鲤鱼嘴、邕宁顶蛳山等遗址。对于东亚大陆近 200 万年漫长的旧石器时代而言,在不到 1 万年的时间内陶器快速在相当大的范围内出现,可以说是全球范围内旧石器时代晚期的一个重要文化现象"[②]。这些原始陶器作为先民们创

---

① 徐飚:《成器之道——先秦工艺造物思想研究》,南京师范大学出版社 1999 年版,第12 页。

② 陈宥成、曲彤丽:《中国早期陶器的起源及相关问题》,《考古》2017 年第 6 期。

造思维的物证,预示着在接下来的新石器时代,陶器的制作将迎来新的发展,对早期人类的社会生活产生重大影响。

在新石器时代,陶器的制造有了飞速的发展并成为那个时代主要的饮食器具。按照坯体的呈色,可分为红陶、灰陶、黑陶、白陶等多种类型,其中色彩艳丽、纹饰精美的彩陶就属于红陶一类。"到新石器时代中晚期,东北至辽宁、西北至新疆、东南至台湾、西南至西藏,在重要的江河流域,都发现了含有彩陶的古文化。特别是新石器时代中期,中国的彩陶最流行,艺术价值也最高。"①在公元前4000年前后的庙底沟时代农业体系初步建立,形成了中原地区的旱作农业与长江地区的稻作农业的格局,农耕的进步、粮食的充足促进了陶器烧造的发展,这一时代的出土彩陶以仰韶文化东庄—庙底沟类型彩陶为代表,在色彩、纹饰、器形等方面均趋于成熟,从而迎来了早期中国陶器艺术的繁盛期。"仰韶文化东庄—庙底沟类型彩陶黑红搭配、对比鲜明、凝重典雅、大气磅礴,盛行弧线、回旋勾连,活泼灵动、浑然一体,彰显出旺盛的生命力,无疑居于核心地位,对外影响广泛,使得中国彩陶呈现出多元一体的面貌,奠定了后世中国最传统色彩的基调。"②

原始社会时期,中华远祖以采集、狩猎、捕鱼谋食谋生,从旧石器时代晚期开始,先民们的经济生活方式便逐渐由采集和渔猎向农业和畜牧过渡,呈现为以旱地农业经济与稻作农业经济为主、狩猎采集经济为辅的发展状况(见图4-1)。在田间进行耕种劳作逐渐成为一种每日的必要生产劳动,耕种农田也成为农耕时代重要的生活方式,收获的粮食作物逐渐成为先民们的主要食材,粮食的加工、水和各类食材的贮藏、食物的蒸煮、熟食的盛放也促进了各类陶制饮食器具的制造与运用。

农业时代的到来,为陶制饮食器具的发展提供了经济支撑,彩陶是在农业经济占主导的母系氏族社会出现和发展的。陶器为农业生产与生活带来了便

① 尚刚:《中国工艺美术史新编》(第二版),高等教育出版社2015年版,第15页。
② 韩建业:《早期中国:中国文化圈的形成和发展》,上海古籍出版社2015年版,第103页。

距今年代	文化分期	旱地农业经济文化区				稻作农业经济文化区					狩猎采集经济文化区		
		甘青文化区	中原文化区	山东文化区	燕辽文化区	江浙文化区	长江中游区	闽台区	粤桂区	云贵区	东北区	蒙新区	青藏区
9000	新石器早期		磁山文化	北辛文化	兴隆洼文化	仙人洞遗址			甑皮岩下层				
8000		老官台文化				城背溪文化			甑皮岩上层		新乐下层	细石器遗存	细石器遗存
7000	新石器晚期		仰韶文化	大汶口文化	红山文化	河姆渡文化	大溪文化	?	金兰寺下层		新开流		
6000						马家浜文化				?	小珠山中层		
5000	铜石并用时期	马家窑文化	中原龙山文化	小河沿文化		崧泽文化	屈家岭文化	石家河文化	石峡文化	白羊村遗址	小珠山上层	富河文化	卡若遗址
4000		齐家文化		龙山文化	?	良渚文化							

图4-1 中国新石器文化的谱系

资料来源:图表引自严文明:《中国史前文化的统一性与多样性》,《文物》1987年第3期。

利因而成为先民们广泛使用的器物,"陶器是社会各个阶层共用的器物,而铜器、玉器和宫殿则是上层人物的专享"[1]。因此,陶制饮食器具是先秦时期先民们生产实践的产物,具有普遍性,我们可以通过对陶器的探究来更好地了解先秦时代的大众社会文化与审美意识。

中国的陶制饮食器具有着悠久的历史,"就世界范围来看,陶器、玉器、漆器无疑是最具'中国'特色的几类器物。陶器当然不止中国特有,却以中国最早最盛。到新石器时代晚期,中国大部地区陶器盛行,不但房屋中常发现大量陶器,随葬品也普遍以陶器为主,炊器、饮食器、盛储器一应俱全,反映定居程度进一步提高,社会生活更加稳定,其中以黄河长江流域的陶器最为发达。黄

---

① 张光直:《中国青铜时代》,生活·读书·新知三联书店1983年版,第60页。

河流域文化区的瓶(壶)—钵(盆)—罐—鼎文化系统,器物形态简单但较为规范;长江中下游—华南文化区的釜—圈足盘—豆文化系统,器物形态复杂且富于变化。他们还共有专门炊具釜灶"①。

表 4-1　新石器时代陶器状况表

名称	时代	典型遗址	典型器物	典型特征
仰韶文化	半坡形(公元前 4800—前 4300 年)、庙底沟类型(公元前 3900 年左右)	河南渑池仰韶村、西安半坡村、河南陕县庙底沟村、甘肃省天水市秦安县	鹳鱼石斧图彩陶缸、彩陶人头器口瓶、人面鱼纹彩陶盆、网纹彩陶船形壶、黑陶枭形尊等	以红陶为主,伴有少量褐陶、橙黄陶、灰陶和黑陶;几何纹(圆点、方格、花瓣、钩叶、条、涡)、少量的动物象形(鱼、蛙、鹿、鸟、羊、猪);结构单纯、图案严整;刻画符号的出现;曲线构型、有律动感;"象生陶器";葫芦形器;圆底钵、三足钵、三足罐、圈足碗、小口瓶、尖底瓶、口足鼎、平底釜、条形盘、深腹罐等
马家窑文化	公元前 3000—前 1900 年,先后有石岭下、马家窑、半山、马厂四个类型	甘肃临洮马家窑村、甘肃和政洮河西岸的二阶台地、青海民和的马厂源	舞蹈人纹彩陶盆、漩涡纹彩陶尖底双耳瓶、葫芦形网纹彩陶长颈壶等	砂质红陶、泥质红陶、泥质灰陶;几何纹为主,动物人物纹样为辅;行笔流畅、装饰满密;器表打磨光滑、黑彩绘画于盆、钵、碗的内壁;神化的动物纹样;双耳或贯耳器形
齐家文化	公元前 2500—前 1500 年	甘肃和政的齐家坪	双耳罐	上承马家窑文化;规矩明朗、装饰质朴而不繁缛
大汶口文化	公元前 4300—前 2500 年	山东泰安的大汶口	八角星纹彩陶豆、花瓣纹彩陶壶	盆、钵、豆、壶、罐等常见器形;黑彩与白彩绘在红地上、绚丽明快
屈家岭文化	公元前 3500—前 2600 年	湖北京山的屈家岭	三角纹彩陶器座、蛋壳彩陶	多为高圈足壶、钵、碗、器座、纺轮;器壁薄如蛋壳;黑彩、红彩、橙黄彩;有晕染现象
河姆渡文化	公元前 5000 年	浙江余姚河姆渡村	—	深褐色涂料绘制
崧泽文化	公元前 4000—前 3200 年左右	上海市青浦区崧泽村	三口陶器、交叉斜线纹彩绘陶罐	器型有釜、鼎、罐、豆、壶、瓶、瓿、杯、盆、匜等。彩绘于泥质黑衣灰陶上,花纹粗放

① 韩建业:《早期中国:中国文化圈的形成和发展》,上海古籍出版社 2015 年版,第 72 页。

续表

名称	时代	典型遗址	典型器物	典型特征
良渚文化	公元前 3300—前 2000 年	浙江省余杭县和德清县境内	黑陶盖罐	以大漆彩绘
大溪文化	公元前 4400—前 3300 年	重庆市巫山县大溪遗址	筒形彩绘瓶	以红陶为主，普遍涂红衣；器型有釜、斜沿罐、小口直领罐、壶、盆、钵、豆、箓、圈足盘、圈足碗、筒形瓶、曲腹杯、器座、器盖等；横"人"字形纹、曲线网格纹
龙山文化	公元前 2500—前 2000 年	山东省济南市章丘区龙山街道城子崖	黑陶罍、蛋壳黑陶高脚杯、白陶鬶	蛋壳陶、黑陶；造型规整、胎壁薄厚均匀
红山文化	公元前 4000—前 3000 年	内蒙古中南部至东北西部一带	—	有泥制红陶、夹砂灰陶、泥制灰陶和泥制黑陶四类

资料来源:本表系笔者整理而成。

　　彩陶是经过黏土捏制或者轮制成型,最终烧制而成的,并绘有红色或黑色的装饰花纹,它是先秦时代的先民们日常生活中每家饮食活动必备的器物。数量众多的陶器出土表明了陶器中最主要的是饮食器具,先民们制作陶器的初衷就是为了满足饮食活动的需要。新石器时期的仰韶文化、马家窑文化、齐家文化、大汶口文化、屈家岭文化、河姆渡文化、崧泽文化、良渚文化、大溪文化、龙山文化、红山文化等均有陶器出现,并且呈现出不同的特色(见表4-1)。其中,新石器时代中期的黄河流域已成为先秦彩陶最为发达的地区,上游的马家窑文化与齐家文化,中游的仰韶文化,下游的大汶口文化均有大量精美的彩陶饮食器具出土。

二、 先秦陶制饮食器具的造型之美

　　先秦时代的陶制器具的造型繁多、异彩纷呈,其中形式的构成要素,几乎孕育了后来创意造型的所有母题的元素与法则。饮食陶器造型的确立源于饮食活动的实际操作和美化生活、娱悦精神,同样也离不开原始巫术的影响。"史前居民期望原始农业和牧养的牲畜获得丰产,渔猎时也有收获。为此就要求助原始巫术,于是他们那朦胧的美感,又和他们对大自然的朦胧认识——万物有灵的观念交织在一起,给原始彩陶艺术插上了原始巫术的翅膀。"①

先秦陶制器具的发展经历了一个由简入繁的过程,自早期缺乏美感、结构单一到后来陶器的造型、样式越来越丰富、制作越来越精美。趋近完美的造型与纹饰是先民们经过长期思考、实践的结果,是对自然物象的认识与体悟。正如恩格斯所言:"形的概念也完全是从外部世界得来的,而不是在头脑中由纯思维产生出来的。"②

从陶器的造型方面来看,我们比较常见的饮食器具的器形包括:豆、钵、壶、罐、瓮、盘、杯、碗、瓶等,此外,也有用途专一且造型独特的尊、鼎、爵、鬲等陶器。即使是同类型的陶器,其器形也会呈现出不同的造型。例如,尊的足部有实足、三足、高脚、袋足之别;爵的口沿部位,有折沿、敞口、斜口、小口、大口、敛口之别;壶的颈部有长颈、曲颈、短颈之别;罐的腹部有鼓腹、深腹、浅腹、折腹之别;钵的底部有平底、圆底之别。此外,陶器还有一些外在装饰,比如有造型多样的流耳、把、盖等。值得注意的是,陶器中有很多三足器的食具,三足的设计既美观又实用,"新石器时代中期以后,三足陶器如鬲、鬶、甗、甑等比偶足造型稳定,同时加大了陶器与火的接触面积,加快了蒸煮速度,可见原始先民已经摸索到了三个支点使器物稳定的力学规律"③。

陶制饮食器具的材质有灰陶、黑陶、彩陶,其器表装饰技法多样,主要包括雕镂、刻画、剌剔、压划、贴塑、捏塑、戳印、拍印等。先民们逐步掌握了制陶技术,烧造出功能与审美俱佳的陶制饮食器具。

---

① 杨泓、李力:《美源:中国古代艺术之旅》,生活·读书·新知三联书店 2008 年版,第 14 页。
② 《马克思恩格斯文集》第 9 卷,人民出版社 2009 年版,第 41 页。
③ 长北:《中国艺术史纲》,高等教育出版社 2016 年版,第 11 页。

表4-2　陶制饮食器具造型状况表

陶器部位	造型样式
口沿	折沿、敞口、斜口、小口、大口、敛口
颈部	长颈、曲颈、短颈
腹部	鼓腹、深腹、浅腹、折腹
底部	平底、圆底
足部	实足、三足、高脚、袋足

资料来源:本表系笔者自制而成。

　　陶制饮食器具的器形多样,主要有豆、钵、壶、罐、瓮、盘、杯、碗、瓶、尊、鼎、爵、鬲、甑、盆、甗、鬶等,陶制食器的各个部位也分别呈现出丰富的样式(见表4-2)。此外,还出现了大量仿生造型的陶器,其整体器形模仿人物、鸟、羊、猪、狗、龟等形象,充满浓郁的生活气息。先秦时代陶器多样的造型,已经几乎涵盖了现代饮食器物的造型,除了器物的用料变化之外,想在饮食器具形制、造型方面进行突破还是较为困难的,这些陶制饮食器具的造型之美也为人们研究人类的审美意识生发等方面的问题,找到了一个形象而生动的范例。朱志荣先生认为:"陶器自诞生伊始就在人们的日常生活、政治、经济、宗教中无处不在。陶器的发明首先满足了人们日常生活的需要。陶器自始至终都是实用和审美,艺术与非艺术的复合体。它有着'形式'和'意味'双重的质的规定性,集中体现了'器'与'道'的辩证关系。"[1]

　　陶制饮食器具的造型之美,在黑陶上表现得最为充分。比如,龙山文化的黑陶饮食器具,不用繁复的纹饰和绚丽的色彩加以装饰,单凭精巧的工艺,多变的造型,新颖的外形设计而博得世人的珍视。"这类黑陶器壁极薄,陶制分外细腻,陶色漆黑发亮。黑陶的装饰十分简朴,一般不留纹饰,只是在轮制过程中,在器体表面留下一些细密的旋轮痕,也具有一种自然的韵律美。"[2]模仿

---

[1]　朱志荣:《商代审美意识研究》,人民出版社2002年版,第156页。
[2]　杨泓、李力:《美源:中国古代艺术之旅》,生活·读书·新知三联书店2008年版,第18页。

动物的样貌与造型也是陶制饮食器具造型的一大特色,以鸟、羊、猪、狗、龟等动物造型为原型,在此基础上加以变形、夸张,制作出陶鼎、陶鬶等饮食器具,这些陶器精工而优美。

陶器的大量制造是伴随着先秦时期先民们生产水平的相对提高,为了提高生活水平而出现的。这些陶制器具大多采用模仿"葫芦"等植物造型、"猪"等动物造型以及少量的人物造型。各种陶制饮食器具均有明确的功能,有盛食器,如钵、豆、碗、盘等;有汲水器,如背水壶、尖底瓶等;有贮存器,如盆、瓮、瓶、壶等;也有一些是炊器,如灶、罐、釜、鼎等;还有一些是饮酒器具,如角、觚、杯、爵等。这些彩制食器品类齐全并富于装饰意味,能够满足先民们烹制饮食,盛放粮食、食物、酒水等物品的日常生活之用。彩陶器物的造型与纹饰精美,展现出先民们的审美意识。比如,甘肃省博物馆收藏的马家窑类型的旋纹彩陶尖底瓶,此件尖底瓶出土于陇西县吕家坪,黑彩平行条纹与四方连续旋涡纹施于红泥器表,整体造型颇像鱼,器口朝上,器两侧有对称的穿绳孔,小口尖底的造型符合汲水的力学原理。

一般来讲,钵用以盛汤、豆用来盛肉、碗用来盛饭、盘用于盛菜,饮食器具一应俱全,也由此可见当时饮食种类丰富、营养齐全。先秦时代烹调饮食的方法虽然不及现代中菜食谱多,但也已经掌握了主要的烹调方法,"在周代文献里可以看到,最主要的似乎是煮、蒸、烤、燉、腌和晒干。现在在烹饪术中最重要的方法,即炒,则在当时是没有的"①。由此可见,陶制食器的质地、结构正是能满足先民们的日常烹调之用,并且这些日用器具与他们朝夕相伴,工匠们在设计与生产陶制食器的过程中也将饮食礼仪、造物观念与审美意识融入其中。正如马克思所说:"每一种本质力量的独特性,恰好就是这种本质力量的独特的本质,因而也是它的对象化的独特方式,是它的对象性的、现实的、活生生的存在的独特方式。因此,人不仅通过思维,而且以全部感觉在对象世界中肯定自己。"②

---

① 张光直:《中国青铜时代》,生活·读书·新知三联书店 1983 年版,第 228 页。
② 《马克思恩格斯文集》第 1 卷,人民出版社 2009 年版,第 191 页。

自然物象是人类审美观念的最初来源,先民们塑造陶制饮食器具也是源于对自然物象的利用,日本学者柳宗悦曾讲:"人类曾有过用树叶做食具的历史,为了略微方便一些,只是对自然物进行了微量加工,这就是工艺最早的起源。"①陶器在新石器时代出现以后,极大地促进了器具造型样式的发展,经过先民们的长期探索和实际生活的需求,大量能满足先民们日常生活起居的各类器具已经基本完备,形成了陶制饮食器具的造型、形制从最初的萌芽到逐步演化的过程。为中国器皿的形制与造型审美观念奠定了基础,从而确立了中国传统造型设计的基本走向。

在原始陶器的制造中,先民们注意模仿动植物或人物的局部与整体的造型,并以此为原型作为参照进行陶器的制作,这类陶器也被称为"象生陶器"。比如,甘肃秦安的大地湾文化遗址出土的《彩陶人头器口瓶》,该器为仰韶文化庙底沟类型彩陶,它的瓶口就是以人体的头部为原型进行的创作,人物的五官与"齐刘海"发型清晰可辨。这类"象生陶器"的出现反映了先民们的"类象"能力的增强,他们更"在意捕捉自然万有的无限生机,将其概括成为'类象'。'类象'指高度概括、去伪取真、感应天地的大生命形象。作为审美范畴,它诞生于西晋;作为艺术实践,原始社会就已经诞生。从此,将对天地万物的体察提炼概括为'类象'亦即宇宙万有的大生命形象,成为中华艺术至高无上的追求"②。

三、 先秦陶制饮食器具的纹饰之美

中国艺术品中所展现的那种颇具动感的线条,已成为中国艺术的一大特色。英国的文艺批评家罗杰·费莱对此也很感兴趣,他曾讲:"中国艺术首先引人注目的是在其中占主要地位的线的节奏。"③在诸多的陶制饮食器具上,

---

① [日]柳宗悦:《工艺文化》,徐艺乙译,广西师范大学出版社 2011 年版,第 55 页。
② 长北:《中国艺术史纲》,高等教育出版社 2016 年版,第 12 页。
③ 蒋孔阳主编:《二十世纪西方美学名著选》(下),复旦大学出版社 1987 年版,第 533 页。

我们依然可以捕捉到原始艺术稚拙而古朴的美感,美感与实用又能够巧妙地结合,由此我们可以还原史前人类的生活状态,先民们在极为艰苦的生活条件下,竭力美化着生活,以获得精神上的愉悦。先秦先民们在长期的生活实践中,已经具有了各种与日常生活经验以及其他文化经验含混一体的审美经验。

表4-3   陶制食器纹样表

类型	名称
几何纹样	三角纹样、同心三角纹样、方格纹样、螺纹样、宽带纹样、连珠纹样、锯齿纹样、圆圈纹样、网纹样、菱格纹样、水波纹样、垂弧纹样、旋涡纹样、连贝纹样、连栅纹样、编织纹样、回纹样、米字纹样、方格纹样等
动物纹样	鱼纹(人面鱼纹、团鱼纹、鱼的变形处理)、蛙纹、蝌蚪纹、鸟纹(鸟纹的变形处理)、鹿纹、羊纹等
植物纹样	花瓣纹、荷叶纹、葫芦纹等
自然物象纹样	拟日纹、绳纹、太阳纹、月亮纹、星座纹等
人物纹样	人面纹、人面鱼身纹、舞蹈人纹、形象似蛙的神人纹等

资料来源:本表系笔者自制而成。

从陶制饮食器具的装饰方面看,先民们也同样创造了多样的形式。比如,在素陶上的装饰,除了将器表多次打磨抛光外,还会在此基础上进行多种形式的装饰,主要包括:在陶器的外表上雕镂、刻画、刺剔、压划、贴塑、捏塑、戳印、拍印等。此外,还会运用几何构图与写实、夸张、写意等手法,来塑造精美的陶器纹样(见表4-3)。在有限的器表上采用曲折、均衡、连续、反复、重叠、交叉、间隔、虚实、疏密、黑白、节奏韵律、完整对称、线的布局、四方连续、印纹等纹饰构图的手法,展现了先民们对饮食器具之美的理想追求。

陶制食器上的纹样以动植物居多,有来自几何样式的花纹,也有源自人们日常生产生活中的蝇纹、网纹,还有源于模仿自然界中的动物形态的纹饰,比如有常见的鱼纹、蛙纹、鸟纹,还有鹿纹以及羊纹等;植物纹样多数是花瓣和荷叶。"在植物装饰那里,作为艺术素材去使用的则是在植物形体中最纯粹最

直观地展现出来有机体的合规律性。"①我们现在能看到的彩陶纹饰多以几何
纹样为主,动物、人物的形象的纹饰往往不够精准,倾向于变形与夸张。这也
可能与先秦先民还没有完全把握透视与绘画技巧有关。彩陶上的几何纹饰尽
管是抽象符号,但我们还是能追溯其现实生活的来源,这些几何纹样是对天地
自然物象的抽象与演化。"开始是写实的、生动的、形象多样化的,后来都逐
步走向图案化、格律化、规范化。"②

　　陶制食器开始趋于整齐、平润、对称、均衡,与此同时人对美的需求、人对
点、线、圆、角、面等形式的感受能力以及对形式的审美能力都相应地发展起来
了。观察彩陶上的纹样,我们看到早期人类逐渐把握了图形规律,脱离了人与
自然的混沌状态,审美能力和造型能力逐步提高。

　　从审美主体方面来看,先民们在长期与天地自然的接触过程中,积累了生
活经验,探索生产生活的规律,逐渐形成了某种形式美的观念,陶器上的纹样
变化反映了先民们的审美观念。尤其是几何纹样在陶器上的出现,说明早期
人类的审美观念与造型抽象能力有了巨大的进步。从出土的众多灰陶、黑陶、
彩陶来看,器表上的纹饰种类繁多,越是发展到后期几何纹样的数量就越多,
并逐渐取得了纹样的主导地位。

　　陶器装饰中的几何纹饰、象生纹饰是先民们取法自然、观照自然的成果,
将抽象的理念与纹饰设计运用到制器过程中。"几何纹一部分直接从自然物
中得到或抽象出,一部分则经由'象形'的变化阶段而逐渐演化出,在这两种
可能性中,都离不开'观物取象'的观照方式和象形的纹化方式。从观照和纹
化的方式而言,象形纹样体系和几何纹样体系不过是同一观照方式和纹化方
式的不同表现形式。"③这种对观照自然、观物取象的方法的掌握促进了先民
们在制器、设计、艺术创作、审美等方面的能力提升。

---

① ［德］沃林格:《抽象与移情》,王才勇译,辽宁人民出版社 1987 年版,第 61 页。
② 严文明:《甘肃彩陶的源流》,《文物》1978 年第 10 期。
③ 李砚祖:《纹样新探》,《文艺研究》1992 年第 6 期。

几何纹饰种类众多,主要有螺纹、圆圈纹、三角纹、方格纹、宽带纹、连珠纹、锯齿纹等,这也反映了先民们逐渐摆脱了模仿自然物象的阶段,开始迈入更高一个层次的创造。审美观念的发展也伴随着对规律性的认识与把握,先民们开始运用曲折、重叠、交叉、疏密等手法组织点、线的布局,呈现出完整对称的构图。

先秦先民们的主体审美意识与陶制饮食器具的制作二者间是一个互相影响的过程。陶制饮食器具一旦烧制而成,器具之上的纹饰便也能够得以物化保留下来,"主体心理和视觉逐渐形成了以均衡、运动感、对比、适度、和谐、曲折、圆润、空灵、敦厚等为标志的审美尺度"[1]。某种器物纹饰一旦发展到形式自足,对先民们的形式刺激以及由此激发的兴奋愉悦程度不断下降,他们又会在以旧有纹饰造型为母体的基础之上,创作新的样式以满足不断提高的审美意识和饮食生活的实际运用。这一时期的陶器也奠定了中国传统器皿审美标准的基本法则。中国传统审美意识自此产生并对后世艺术发展提供了基础,奠定了艺术创作的基本风格,也成为后世的书画艺术注重线条、笔墨的渊源。

四、 陶制饮食器具的审美意蕴

饮食是华夏文明形成的源头之一,其中陶器作为饮食的一种文化表征,代表着远古时代物质文明的发展程度,蕴藏着深厚的文化内涵。因此,我们有必要首先探讨饮食器具的审美问题,"离开了对人类早期器质文化对象上形式装饰与美化之迹的研究,早期审美意识研究便根本无从谈起"[2]。先秦时期的日常饮食活动促进了人们审美意识的生发与演化,先民们在日常的饮食生活中所使用的饮食器皿也成为深深地影响着先民们审美观念的产生与发展的因素。

陶器是先民们打造的第一类改变了原材料分子结构的器物,而成为象征

---

① 张晓凌:《中国原始艺术精神》,重庆出版社 2005 年版,第 82 页。
② 薛富兴:《山水精神——中国美学史文集》,南开大学出版社 2009 年版,第 56 页。

早期中华文明的标志性器物。"华夏文化的首要特点'礼（禮）'，在历史上有一个发生、发展、兴旺、蜕变、衰竭的漫长曲折过程。'礼'最初的也始终重要的物化载体是陶器，因此'礼'的发展史从头到尾离不开陶器。"①陶器作为先秦时期饮食器皿中的主角，提供了食物容纳之所，也成为先民们体验饮食之美味的重要工具，从此热的食物、熟的食物成为人们主要的食用对象。为了更好地满足食用熟食的需要，先民们打造了形态多样的饮食器具，从而为烹制食物、食材调味、享受美食等环节提供了基础条件。

先秦饮食审美是先秦审美观念体系中的一个重要组成部分，也是保留着诸多中国美学观念得以生发的生活场景，"中华民族在五六千年前形成之时（在考古上，以西北的仰韶文化、东方的大汶口文化、良渚文化、北方的红山文化、南方的大溪文化、屈家岭文化、石家河等为代表，从陶器、玉器、图像、仪式等各类礼器在各文化中的普遍交流，可以见出走向一统的基础，并由此向龙山文化和二里头文化的演进。在文献上是黄帝、炎帝、蚩尤，到尧、舜、禹的演进），就是东西南北各族群的融合，就有大一统的天一观。在先秦以《山海经》《尚书·禹贡》《礼记·王制》，形成了一个以京城为中心以直接控制的华夏地区和与之紧密相关的东西南北周边的四夷地区，以及更远八荒地区的一个四方与中心的观念。这一天下观，形成了有中心和边缘的多元一体观念体系，同时也形成了多元一体的美学体系"②。中国饮食的器具使用，以陶制器具为最早形式，"先秦审美史的最早阶段处于中华史前文明时代，彩陶正是这种单纯器质文化的审美代表"③。陶制器具是早期人类社会与人们思想意识中的一种物质文化的创造物。先秦先民对于陶器的美化无时不用其审美心智，对于食物的存放，讲究的是器形之美。从实用到实用加审美，所谓"美食美器"，表

① 陈明远、金岷彬：《关于"陶器时代"的论证（之四）陶器时代："礼"的起源和发展》，《社会科学论坛》2012年第5期。
② 张法：《中华美学在当前三个重要课题》，《中南民族大学学报（人文社会科学版）》2017年第6期。
③ 薛富兴：《山水精神——中国美学史文集》，南开大学出版社2009年版，第57页。

现出一个广阔的审美心灵空间。

作为一种早期的人工制品,可以说陶器出现得最早,并且出土的种类与数量也不在少数。"半坡文化遗址出土 50 万件陶器、片,仅陶罐就有 23 种类型,45 种样式。"①人类早期用以饮食的器具是陶制的器皿,陶器最初作为日常实用物品,而我们现在将它们作为艺术品来看待。英国学者赫伯特·里德就曾对陶器艺术有这样的分析:"随着火的发现,人类学会了制作坚硬耐久的陶罐。从此,便产生了这门出身卑贱但最为抽象的陶器艺术。"②

人类的味觉体验与饮食活动对审美意识的产生有着重要的影响,陶器的产生为审美产生提供了一种物质基础。先秦陶制器具的发明使得人类的生活方式得到了改进,进一步丰富了人类的饮食生活,自此开启了人类较为稳定的熟食生活。同时,由于陶制器皿的介入也进一步发展了烹制技术,更好地发挥激发出食材的美味,为人们品尝到美食、提高味觉敏感度提供了必要条件。饮食器具是中国古代出土器物之大宗,自新石器时代的陶制器具到商周时期的青铜器具,这其中作为饮食之用的器具要占到大多数,正如老子所言,"埏埴以为器,当其无,有器之用"(《老子·道经·第十一章》)。由此可见,陶制饮食器具在先秦时代人们的日常现实生活中占据着相当重要的地位,通过考察先秦时代的器物探寻物质形态背后的精神观念。由物质到精神,由感性认识到理性认识,由味觉、触觉到人类整体的审美能力的提高,这是先民们审美意识不断发展的历程。

饮食器具作为日常生活的必备品,制作和承载美食是其核心功能,这一"功能"可以在更高、更抽象层次上将它理解为"善",先秦时代的陶制饮食器具正是美善结合、美善相融的体现。"美食美器"除了能吸引眼球("远感")之外,更独特的魅力源于其能充分调动人们的"近感"——以味觉、嗅觉和触觉为代表,这也是中国传统美学的魅力所在。比之审美经验与人们的生活实

① 廖群:《中国审美文化史·先秦卷》,山东画报出版社 2000 年版,第 20 页。
② [英]赫伯特·里德:《艺术的真谛》,王柯平译,中国人民大学出版社 2004 年版,第 18 页。

践相隔离,这在西方只是一种后来才得到发展的观念,在很多非西方文化中并未曾出现过。"东方的美与实物或来自实物的体认联系在一起。简言之,中国的饮食属于集体性、整体性、实用性和实践性的美学体系。"①

就目前的考古资料来看,陶制饮食器具在人类早期文化遗址的出土中占据多数,而其中又以炊器和盛贮器居多,"盛贮器造型美观,器表多有花纹,反映出初民们对饮食的重视。新石器时代的中期,盛贮器中以水器最为精美,最具代表性的是仰韶文化中的尖底瓶。新石器后期盛贮器以酒器最为精美"②。李泽厚先生也关注早期人类的审美发展,他说:"如同在新石器时代陶器图案纹样的由写实到抽象,是一个由内容到形式的积淀过程。"③在主体方面表现为人具有了感受与享受自然形态的能力,换言之,就是自然成为美,而人萌发了审美心理结构。

此外,先秦陶制饮食器具的出现,揭示着先民们已经开始养成了食用熟食的习惯,因而也就同时意味着中国饮食文化的开始,这也凸显了人与动物之间有自然生理意义上的分别,以至开始真正意义上的在观念文化方面的差别。陶器时代的来临,意味着一个崭新的文明时代的到来,整个中华民族的审美意识得到全面展示。

彩陶从最初的具体的功用目的,日益由模仿、写实,趋向追求规整、对称、抽象、优美甚至夸张变形的几何图案,这也彰显了人们审美能力和表现能力的逐步提高。通过考察陶制饮食器具的纹饰与造型,我们可以发现先秦先民们经过长期的生产生活的经验积累与日常实践,逐步形成了审美观念,并且在形式化与抽象化方面达到了相当的水平,拉开了整个中国美学史的大幕,奠定了中国审美观念的基本格调,深刻影响着其后历朝历代的美学思想观念与艺术创造实践。"原始陶器的圆弧造型,决定了原始陶器美感圆浑厚重,丰满安

---

① 彭兆荣:《吃出形色之美:中国饮食审美启示》,《文艺理论研究》2012 年第 2 期。
② 陈望衡:《美在境界》,武汉大学出版社 2014 年版,第 59 页。
③ 李泽厚:《美学三书》,天津社会科学院出版社 2003 年版,第 322 页。

定,由此奠定了中华器皿造型的基础,延续几千年而成为中华器皿造型的程式。后世器皿都以圆为基本造型,于弧线伸、缩、收、放之中传达出丰富的美感。对称、和谐、丰满、稳定,成为中华器皿造型形式美的基本法则。"①我们能在后世的绘画作品与雕塑作品中,清楚地看到这种审美观念的传承。先秦时代陶器上面的纹饰所呈现出的古朴、生动、流畅、自由、和谐、略带些稚气的形式,已成为那个时代具有普遍意义的审美意蕴。

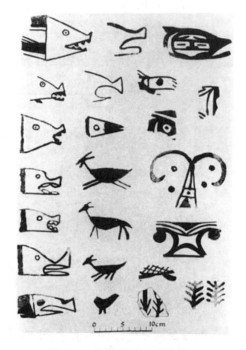

图4-2 陶器的动植物纹样

资料来源:图片引自刘良佑:《中国器物艺术》,(台北)雄狮图书股份有限公司1976年版,第9页。

　　大量的纹饰显现于陶器之上,它们多出于模仿与人类生活密切相关的动植物形象(见图4-2)。比如,在陕西半坡出土的陶器上就出现了模仿鸟、鱼、蛙、鹿、蜥蜴等动物以及人面的形象,另外还有模仿鱼网的纹饰,模仿植物形象

---

① 长北:《中国艺术史纲》,高等教育出版社2016年版,第12页。

的纹样等。

值得注意的是,像螺纹、三角纹、宽带纹、圆圈纹、锯齿纹、连珠纹与方格纹等这样的几何纹饰大量出现在陶器上,几何纹饰是中国彩陶纹饰的一种主要类型,几何纹饰是有别于世界其他地区的同时代的彩陶纹饰的一大特色。"总体来说,中国陶器图案以抽象的几何纹饰为主,少见动物、人物等具象图案。即如河南阎村出土的陶缸,绘有'鹳鱼钺'图,也只是象征性表现族群冲突和权力,不似同时代西亚埃及彩陶直接描绘胜利者形象和复杂葬仪等。"[1]由此可见,先秦时代的初民早已摆脱模仿进入一个更高层次的创造阶段。李泽厚描述了这一过程,"由动物形象而符号化演变为抽象几何纹的积淀过程,对艺术史和审美意识史是一个非常关键的问题"[2]。

先秦时代人们在长期的日常饮食实践中不断地体认自然,逐渐有意识地来对自然现象做抽象或概括的处理,开启了先秦时代先民们审美意识发展的萌芽。这一时期的人们若想表现外物,不会停留在单纯地模仿自然物自身的实际形象的阶段,而是逐步朝抽象化、概括化的方向演变。李泽厚概括为,"最早的审美感受并不是什么对具体'艺术'作品的感受,而是对形式规律的把握、对自然秩序的感受"[3]。人们运用点线间的长短疏密、重叠交叉,来营造变化繁多的图案,丰富的线条优美而流畅,颇具韵味且动态感十足,富有完整对称的构图,达到了很高的艺术水平。这些饮食器具上的纹样有的夸张、有的是经过变形处理,整个纹样简约而有力,主要采用线描的方式以线造型,这说明在先秦时代人们的审美意识、审美能力等方面的发展水平进一步提高。

李泽厚将这样的发展阶段描述为"规范化的一般形式美"。"新石器时代陶器图案纹样的由写实到抽象,是一个由内容到形式的积淀过程……变成规

---

① 韩建业:《早期中国:中国文化圈的形成和发展》,上海古籍出版社 2015 年版,第 103 页。
② 李泽厚:《美学三书》,天津社会科学院出版社 2003 年版,第 18 页。
③ 李泽厚:《美学三书》,天津社会科学院出版社 2003 年版,第 512 页。

范化的一般形式美。"①作为先秦饮食器皿主角的陶器,逐渐成为先民们的审美观念形成过程中的重要支点。"人们将所有聪明智慧都用于这种当下生理满足的饮食器具。"②饮食陶器上的纹饰经过一系列的抽象与变形,采用逐渐省略、简括原本的实际形象的艺术处理方法,显现为一种独特的抽象艺术形式,彰显出先秦时代人们把握"形式美"规律的能力,展现了他们审美意识的发展与流变的状况,它们为后来的各艺术门类开创了运用"形式美"的先河。

审美意识作为人类意识形态的重要组成部分,虽然它主要侧重于精神层面,然而,它是能够以人造物的形式流传下来,形成传承有序的、物化形态的审美文化。在文字尚未产生的石器时代,物质文明的创造及其成果成为今人了解先民生活方式与思想观念的唯一渠道。我们通过考察陶制饮食器具以还原先民们的审美观念、生活方式及情感状态。可以说,陶器保留了早期人类社会的包括审美意识在内的思想观念意识的物质载体。因此,我们若是探索中国审美意识的起源问题,也就离不开对人类早期所创造的物质文明成果的考察。

先秦时期的饮食器具中蕴含的审美意识,它既是普遍的思想观念,也蕴含着先民们的审美精神。这样的审美意识源于旧石器时期以至新石器时期的原始歌舞、原始巫术与生产活动,其审美观念逐渐成熟并且演化成为一种较为独立的审美意识,并且最终形成了别具特色的对日常饮食活动的审美追求。可以说,先秦陶制饮食器具所蕴含的审美意识是与政治伦理观以及原始宗教信仰等方面紧密相连的审美意识。

我们观察中国先秦时代人们的日常生活状况,就目前的考古成果来看,饮食器皿数量与种类都很多,很明显的是,从陶器文化开始再发展到青铜文化均以饮食器皿为主要标记。尤其是鼎,它甚至演化成为一个国家的象征。先秦时代的饮食器具无论是从造型、形制方面还是从器具上的纹饰来看,都已经显

① 李泽厚:《美学三书》,天津社会科学院出版社2003年版,第322页。
② 薛富兴:《山水精神——中国美学史文集》,南开大学出版社2009年版,第54页。

现出人类早期的审美观念的萌芽。譬如说注重秩序化、均衡化、对称构图等形式美的要素,它们反过来也深刻影响着人们的审美心理,成为先民们获取审美感知能力的重要来源。"中国发达的工艺传统——精造器物成功地阐释了一个道理:美不彼岸,就在人间;不能将美囚禁于艺术王国,而当让它全方位地融入人类的日常生活,让人们就在世俗生活中欣赏美神、感受诗意。这为当代国际美学界重新思考美善关系、日常生活经验与审美经验关系提供了有益参照,应当成为'生活美学'之基础性思想资源。"①

先秦时代的饮食器具得到了快速的发展,陶器、青铜器、漆器的大量出现也为先民们的饮食活动提供了重要的物质条件。中国古代审美意识源于味觉上的审美感受,饮食之"味"、"美味"之美深刻影响着关于中国"美"的界定和关于"美"的观念的形成。

先秦时代的陶制饮食器具之上往往有着精美的纹饰,这些纹饰有的写意,有的抽象,它们是对自然形象的加工、变形,不断压缩、简化具象成分,呈现出一种抽象化的艺术形式,我们似乎能从中可见某种中国水墨写意画的因素。经过一系列的变形与抽象,这些纹样线条灵动而稚拙、用色对比强烈而深沉,已经显现出后世中国绘画艺术的风范。陶制饮食器具造型与纹饰的多样,为我们揭示古人对自然美的形式化与抽象化的表达,古人审美意识的生成与演化过程提供了优秀的范本。后世艺术作品的创作,也脱离不了这样的发展轨迹,先秦陶制器具所呈现出的审美意识促进了后世各类作品的艺术形式的发生及演化。尤其是,陶制饮食器具之上的几何纹饰,图案颇具形式化、抽象化特征,这对中国的书法艺术、绘画艺术以线条为特例产生了深远影响。

如上所言,先秦时代陶器的出现为先民们的日常饮食生活提供了必要的物质基础,开启了古代中国独特的饮食文化生活。正如《礼记·礼运》所言,"夫礼之初,始诸饮食",源于饮食活动的礼制文化的开始,即是人类走向文化

① 薛富兴:《发扬"诗教"传统 提倡普遍意识》,《中南民族大学学报(人文社会科学版)》2017年第6期。

与自觉的起源和开始。"正因为礼的驱动,陶器于 2 万年前在中国境内出现,进而激发对陶器的美化,到彩陶于 8 千年前在中国境内产生。与礼紧密关联的中国彩陶成为世界之最美。当青铜器首现于西亚,继而出现于中国之时,同时是饮食器与礼的紧密关联,使中国青铜成为世界之巅峰。而彩陶和青铜既是饮食器,又与上古礼乐文化中的神性相连,而具有了宇宙的普遍性。正是在这里,由饮食器而来的美学概念具有了宇宙的普遍。"①追溯饮食器具的制造历史,新石器时代的到来与先秦时代陶器的出现,标志着华夏文明总体特征的建立,它孕育了中国早期审美意识的萌芽。"彩陶是中华审美史上第一笔浓墨重彩,第一段灿烂乐章,是中华史前文明审美创造的杰出成果,足以体现中华早期审美意识所达到的水平。"②

第二节　青铜制饮食器具之美

饮食器具的设计与制造体现着人与自然的辩证统一关系,"自然是人的肉体食粮和精神食粮的来源,是人的生产劳动的基础和手段。人在劳动中才开始形成社会。生产劳动就是社会性的人凭他的本质力量对自然的加工改造。在这过程中,自然日益受到人的改造,就是日益丰富化,就成了'人化的自然';人发挥了他的本质力量,就是肯定了他自己,他的本质力量就在改造的自然中'对象化'了,因而也日益加强和提高了。这就是人在改造自然之中也改造了自己"③。一般地说,器物、工具的设计与造作是工匠本人或其使用者的思想观念的物质呈现,器物的材料、形制及其装饰方法反映了当时的文明程度。

器物的功能性与审美性成为其作为具有美学价值的器皿的基础,青铜制

---

①　张法:《器、物、象作为中国美学范畴的起源和特点》,《甘肃社会科学》2014 年第 2 期。
②　薛富兴:《山水精神——中国美学史文集》,南开大学出版社 2009 年版,第 43 页。
③　朱光潜:《谈美书简》,人民文学出版社 2001 年版,第 34 页。

食具不脱离饮食的作用,又承载着先秦时代的审美观念。这些具有审美价值的青铜制食具显现了"青铜时代"的文明程度,同时也彰显了先民们注重饮食活动、饮食礼仪的社会风貌。在食具的造作过程中提高了艺术造型能力,自觉地追求材质、色彩、线条等方面艺术装饰美感。"形式美追求是人类审美意识的最核心内容,形式感是人类审美意识的起源。"①

夏、商、西周时期,制造青铜器是当代最尖端的工艺技术,代表了这一时期最重要的人造器物。青铜器的使用有着严格的社会等级和礼仪场所之别,不同的形制与纹饰也有着不同的意义。青铜器成为三代时期创作的核心,每一件青铜器物的设计都饱含着强烈的感情与虔诚的信仰,先秦先民对青铜器的高度关注,将青铜器的铸造视为"国之大事",也是成就其走向青铜艺术巅峰的重要基础。

一、 先秦青铜制饮食器具的发展状况

先秦时期的器质文化盛行,先民们重视陶器、青铜器、漆器等器物的设计与制造,这是一个观念文化、器质文化并行发展的重要时期。在《礼记·礼器》中记载着:"礼器,是故大备。大备,盛德也。礼释回,增美质;措则正,施则行。"追溯中国审美意识的发展史,青铜器而非甲骨文作为先秦时代的典型之物代表着早期审美的创造维度,青铜器已成为中国早期文明的象征,成为先秦时期的一种审美符号。青铜器物在先秦时代作为一种重要的权力符号,是彰显等级制度的显要特征。"青铜礼器具有维护和体现等级制度的作用。一般地说,各级奴隶主必须使用和他们地位相当的青铜礼器,不能超越应有的范围,否则就是非礼。奴隶主贵族把等级制这种礼和数量差别联系起来,即所谓'名位不同,礼亦异数'。青铜礼器使用数量的多寡和规模的大小,就是奴隶主等级和地位的标志。"②

---

① 薛富兴:《山水精神——中国美学史文集》,南开大学出版社 2009 年版,第 56 页。
② 马承源:《中国古代青铜器》,上海人民出版社 2008 年版,第 27 页。

青铜器作为陶制器具制造的传承与延续,更加注重审美与礼制文化的注入,文化因素也更加丰富。薛富兴先生曾对陶器和青铜器有过这样的分析:"彩陶以食器为主,审美因素集中于外在的形式美装饰;青铜器则增加了服务于精神需要的观念性因素的新功能。"①先秦时期的青铜食具出于宗教礼器与审美的设计理念,以繁缛复杂的纹饰装饰器物表面,彰显其独特的精神理念功能。青铜器出现得很早,可以追溯到黄帝时期,"黄帝作宝鼎三,象天地人也。禹收九牧之金,铸九鼎,皆尝鬺烹上帝鬼神。遭圣则兴,迁于夏商"(《史记·孝武本纪》)。考古发掘也为我国青铜器的早期发展提供了证据,"中国古代的青铜器是独立起源的,但起源地并非一处,而是分别起源于以甘肃和青海一带为中心的西北地区、以陕西省东部和河南省中西部为中心的中原地区;中国早期冶铜术的发展道路是先黄铜、青铜等原始铜合金和红铜的冶炼并举,经过红铜阶段的发展,最后逐渐形成了成熟的青铜冶铸技术;中国青铜时代的到来是在公元前 2000 年前后"②。

先秦时期的青铜饮食器其形制各异且种类多样,并且各类器物均有比较规范化的形制特征。这些象生型的抑或是几何型的器物,在早期均是由为了满足人们的日常生活目的的功能性最终上升为庄正、凝重的造型审美,在这种巨大的形式意蕴中,"制器尚象"凸显着先秦时代君主的王权意识,也体现了先秦先民与天地沟通、祈福辟邪的宗教理想。这种描绘天地自然之物象,在造型准确的基础上而又能创新形象,器物功能由日常生活用具转化为祭器,在生活实用器具的功能性的基础上延伸为宗教性、审美性,制造青铜器的造型也随之而变,逐渐趋向坚实厚重、体量加大。神秘而庄重的器物恰当地呈现了先秦时代的思想观念和艺术传达。

先秦时期的青铜器铸造大致可分为四个阶段:青铜器的"滥觞期"(夏代晚期—商代前期,夏商之交至商前期盘庚迁殷之前)、青铜器的"鼎盛期"(商

---

① 薛富兴:《山水精神——中国美学史文集》,南开大学出版社 2009 年版,第 46 页。
② 白云翔:《中国的早期铜器与青铜器的起源》,《东南文化》2002 年第 7 期。

代中期—西周早期,盘庚迁都至西周成康绍穆之世)、青铜器的"转变期"(西周中期—春秋早期)、青铜器的"更新期"(春秋中期—战国时代)。先秦时代的社会变革与先民们思想观念的变化,也使得青铜制饮食器具呈现出相应的阶段性变化(见表4-4)。

表4-4　先秦青铜器分期表

分期	代表遗址	代表器物	器物特征	思想观念	造器技术
滥觞期	二里头、二里岗、盘龙城	爵、斝、盉、夏鼎、方鼎	兽面纹、器壁匀薄、较少装饰、平面化	"铸鼎象物"	合范法
鼎盛期	殷墟妇好墓	瓿、爵、后母戊大方鼎、四羊方尊、"利"簋	胎体厚重、铜质精良、立体效果、装饰繁缛满密、高浮雕或圆雕装饰出现在大型器物的肩部、饕餮纹、夔龙纹、夔凤纹、神秘诡谲	"诸侯莫朝""聚纹时期"、重鬼神的巫教文化	复合范冶铸法、错金工艺出现
转变期	宝鸡茹家庄、宝鸡杨家村	"伯多父"簋、虢季子白盘、大盂鼎、毛公鼎	器壁趋于轻薄、简洁平实、"钟鼎文"、鳞纹、蟠螭纹、窃曲纹、几何化纹样、二方连续构图、以带状纹样环绕于青铜器口颈腹足	"夫民,神之主也。是以圣王先成民而后致力于神。"理性精神、薄鬼神而重礼仪、列鼎制度、钟鸣鼎食、"带纹时期"、重王权的礼教文化	一模多范
更新期	河南新郑、常州淹城内城河、河北平山战国中山王墓	莲鹤方壶、龙凤鹿铜方案、虎噬鹿铜器座、填漆狩猎纹铜壶、重金青铜络壶	器形厚重、造型轻快、植物图案、活泼、神秘威严、精巧灵动、流云纹、S形造型、农桑弋射宴饮攻战等人间生活母题	礼崩乐坏、重享受的政教文化	模印制范、错金银、失蜡法、鎏金、针刻、漆绘

资料来源:本表系笔者整理而成,青铜器分期的方法参见长北:《中国艺术史纲》,高等教育出版社2016年版,第24页。

二、 先秦青铜制饮食器具的造型之美

自夏、商开始,青铜器物开始进入人们的饮食活动中,这是饮食器具的一大进步。这一现象意味着中国的饮食器具从陶土时代步入金属时代。青铜制食具不易破损且方便携带,故流传广泛。

表4-5 青铜"六齐"成分表

序号	名称	铜合金占比	锡占比
1	钟鼎之齐	6/7	1/7
2	斧斤之齐	5/6	1/6
3	戈戟之齐	4/5	1/5
4	大刃之齐	3/4	1/4
5	削杀矢之齐	5/7	2/7
6	鉴燧之齐	1/2	1/2

资料来源:本表系笔者整理而成,铜合金与锡的体积比可参见杨欢:《新论"六齐"之"齐"》,《文博》2015年第1期。

先民们已掌握了不同金属比例的配置与合金技术——"六齐"(见表4-5),"金有六齐:六分其金而锡居一,谓之钟鼎之齐;五分其金而锡居一,谓之斧斤之齐;四分其金而锡居一,谓之戈戟之齐;三分其金而锡居一,谓之大刃之齐;五分其金而锡居二,谓之削杀矢之齐;金锡半,谓之鉴燧之齐"(《周礼·冬官考工记》)。随着先民们逐渐掌握关于青铜"六齐"等工艺方法,青铜器具的种类、体量、数量也有了很大的提升,诸如大簋、大尊、大鼎、大爵等,它们能给人以强烈的视觉冲击力。陶制食器与之相比,朴实而脆弱,青铜食器的华丽壮美的审美特征伴随新的金属材质的运用而生成。饮食器具的变革促进了烹饪技术的发展与革新。

青铜器物除大量作为礼器外,还有很多直接用于宴享饮食活动的器具,其形式多样,主要有盛食器、贮盛器、汲水器、盛酒器等。

表 4-6　青铜酒器状况表

类型	名称
饮酒器	角、爵、斝、杯、觚、觯、觥等
储酒器	尊、壶、瓮、罍、盉、尊缶、方彝、卣、瓿等
仿生型酒器	怪兽尊、犀尊、虎尊、象尊、豕尊、羊尊、驹尊、凫尊、鸳尊等
酒壶	圆壶、方壶、扁壶、瓠壶等

资料来源:本表系笔者整理而成。

青铜食器之中酒器为大宗,商周时期酿酒业繁荣,时人饮酒之风兴盛,青铜酒器成为社会风尚的一种标志物(见表4-6)。"殷商时代的青铜器是极其发达的,而在其出土的青铜种类中,酒器占了一半以上的比重,种类之多,数量之大,几乎是空前绝后的。而且各种酒器已完全配套,有罍(酿酒器)、壶(贮酒器)、尊(贮酒而备斟之器)、卣(盛鬯备移送之器)、盉和斝(均为温酒器)、爵、觚和觯(均为饮酒器,爵兼温酒,觚兼烫酒)、斗(斟酒器)等,可谓应有尽有。由此不难想见当年殷商人对酒特殊的钟爱和嗜好。"①尤其是商纣王沉溺酒色,导致了商代的灭亡。"在今后嗣王,酣,身厥命,罔显于民祗,保越怨不易。诞惟厥纵,淫泆于非彝,用燕丧威仪,民罔不盡伤心。惟荒腆于酒,不惟自息乃逸,厥心疾很,不克畏死。辜在商邑,越殷国灭,无罹。弗惟德馨香祀,登闻于天;诞惟民怨,庶群自酒,腥闻在上。故天降丧于殷,罔爱于殷,惟逸。天非虐,惟民自速辜"(《尚书·周书·酒诰》)。

酒是一种饮料,也通常被视为是一种珍贵的礼物,这种做法自古有之。毛公鼎的腹内铸有铭文32行497字,结体倚侧,藏锋坚实,是现存青铜器铭文中最长的一篇,这篇铭文中记载的一份长长的赐品礼单,美酒——"郁鬯"赫然列在一系列的金器、玉器之前,可见其珍贵与重要意义。"身取赉卅寽易女,郁鬯一卣,瓒圭、䙴宝、朱市、忩黄、玉环、玉钰、金车棥、络较、朱器、弘斾、虎眉

_____

①　廖群:《中国审美文化史·先秦卷》,山东画报出版社 2000 年版,第 162 页。

熏裹、右厄、画鼛、画韐、金甬、葱衡、金踵、金豪、剌鞻、金簋弼、鱼箙、马四匹、攸勒、金䥇、金雁、朱旗"(《毛公鼎铭文(部分)》)。这种铸刻在青铜器上的铭文称为"钟鼎文"或"金文",它有着独特的审美特质,从而极大地强化了青铜器的精神内涵。"如果说甲骨文笔画多直,审美尖利直拙;金文则易直为曲,审美沉雄,有庙堂气象。金文沉厚雄强的书风延续至于周秦之交而后断裂。北京故宫博物院有周秦之交石鼓十只,每鼓刻大篆四言诗四首计654字,笔力雄健,端庄凝重。从此,文字被作为审美对象,从图画的模拟演变为纯粹的线条结构,具备了达意和表情双重功能。"①

　　鬯的金文字形为 🝕(毛公鼎中的写法),它像是一个器皿中盛酒,酒中有一些小点,表示酒糟。鬯的本义是先秦时代在祭祀、宴饮活动中用的香酒,用郁金草合黑黍酿成。鬯可以饮用也可以擦涂之用。"郁人掌裸器。凡祭祀、宾客之裸事,和郁鬯以实彝而陈之。凡裸玉,濯之陈之,以赞裸事,诏裸将之仪与其节。凡裸事,沃盥。大丧之渳,共其肆器。及葬,共其裸器,遂狸之。大祭祀,与量人受举斝之卒,爵而饮之"(《周礼·春官宗伯·郁人》)。在祭祀礼仪、宴请宾客的场合,将"郁鬯"美酒盛放在彝器之中,以备饮用。"鬯人掌共秬鬯而饰之。凡祭祀,社壝用大罍,禜门用瓢赍,庙用修。凡山川四方用蜃,凡裸事用概,凡疈事用散。大丧之大渳,设斗,共其肸鬯。凡王之齐事,共其秬鬯。凡王吊临,共介鬯"(《周礼·春官宗伯·鬯人》)。在这里,"鬯"是外用的、用以擦拭涂抹在尸体表面的。又如,"大丧,大渳以鬯,则筑鬻,令外内命妇序哭,禁外内命男女之衰不中法者,且授之杖"(《周礼·春官宗伯·肆师》)。在这里,要用郁鬯浴王或王后的尸体,肆师调和香草郁金,将秬鬯调制成郁鬯。《毛公鼎铭文》中的"郁鬯"为赐品,这也是先秦时代的风俗,在《尚书》中也有赏赐"秬鬯"的记载,"父义和!其归视尔师,宁尔邦。用赉尔秬一卣鬯,彤弓一,彤矢百,卢弓一,卢矢百,马四匹。父往哉!

---

① 长北:《中国艺术史纲》,高等教育出版社2016年版,第27页。

柔远能迩,惠康小民,无荒宁。简恤尔都,用成尔显德"(《尚书·周书·文侯之命》)。

　　酒器是由专人来负责掌管的,"六尊""六彝"这样的重器均为祭祀、饮食的盛酒酌酒器具(见表4-7)。"司尊彝掌六尊、六彝之位、诏其酌,辨其用与其实。春祠、夏禴,裸用鸡彝、鸟彝,皆有舟。其朝践用两献尊,其再献用两象尊,皆有罍。诸臣之所昨也,秋尝、冬烝,裸用斝彝、黄彝,皆有舟。其朝献用两著尊,其馈献用两壶尊,皆有罍,诸臣之所昨也。凡四时之闲祀、追享、朝享,裸用虎彝、蜼彝,皆有舟。其朝践用两大尊,其再献用两山尊,皆有罍,诸臣之所昨也。凡六彝六尊之酌,郁齐献酌,醴齐缩酌,盎齐涚酌,凡酒修酌。大丧,存奠彝。大旅,亦如之"(《周礼·春官宗伯·司尊彝》)。

表4-7　青铜酒器"六尊""六彝"状况表

类别	用途	配合使用器具	适用对象	具体名称
六尊	朝践、馈献	罍	诸臣	献尊(器形为牛之形)(春季的祠祭)、象尊(器形为象之形)(夏季的禴祭)、著尊(著地无足)(秋季的尝祭)、壶尊(以壶为尊)(冬季的烝祭)、大尊(太古之瓦尊)(四时不常举行的禘祭)、山尊(刻山文云气)(四时不常举行的祫祭)
六彝	行裸礼	舟(盛盘)	祭祀的神灵	鸡彝(器形为鸡之形)(春季的祠祭)、鸟彝(器形为鸟之形)(夏季的禴祭)、斝彝(器上刻禾稼)(秋季的尝祭)、黄彝(以黄金为目)(冬季的烝祭)、虎彝(器形为虎之形)(四时不常举行的禘祭)、蜼彝(刻蛇虺)(四时不常举行的祫祭)

资料来源:该表系作者本人自制而成。

　　"六尊""六彝"是先秦时代饮食生活的重要器物,随不同的季节、不同种类的祭祀,而更换为不同的盛酒器物。在祭祀或宴饮活动中,会使用一种特殊的布——巾幂覆盖于这些食器之上,起到遮盖、装饰的效果。"幂人,掌共巾幂。祭祀,以疏布巾幂八尊,以画布巾幂六彝,凡王巾皆黼"(《周礼·

天官冢宰·幂人》)。在这里,以"疏布"覆盖"八尊",以"画布"覆盖"六彝",并且凡是天子所用的饮食器具上皆覆盖绘有黑白二色的斧状图纹的巾幂。

器物的体量、容积也决定着它的贵贱尊卑,"有以大为贵者:宫室之量,器皿之度,棺椁之厚,丘封之大。此以大为贵也。有以小为贵者:宗庙之祭,贵者献以爵,贱者献以散;尊者举觯,卑者举角。五献之尊,门外缶,门内壶,君尊瓦甒。此以小为贵也"(《礼记·礼器》)。通常来讲,器物越大越尊贵——"以大为贵",但用于宗庙祭祀仪式的礼器却遵循"以小为贵"的原则,依盛酒礼器的容积而论,"爵"(一升)、"觯"(二升)、"角"(四升)、"散"(五升),因此才会有"贵者献以爵","爵"被视为最尊贵的青铜礼器。"五献"之礼用到的盛酒陶器中,按器物容积排列,"甒"<"壶"<"缶",所以依照"以小为贵"的原则,最大的"缶"只能置于门外。

先秦时代的青铜饮食器具,其造型深刻地彰显着先民们"制物尚象"的意识。在《周易·系辞上》中记述着:"《易》有圣人之道四焉:以言者尚其辞,以动者尚其变,以制器者尚其象,以卜筮者尚其占。"在这里提到的"制物尚象"概念,旨在利用器物之造型传达其象征意义。将青铜饮食器具铸造成为象生的形态,这是借助于自然生物之形象来传达先民们的思想观念,"昔夏之方有德也,远方图物,贡金九牧,铸鼎象物,百物而为之备,使民知神奸。故民入川泽山林,不逢不若。螭魅罔两,莫能逢之,用能协于上下,以承天休"(《春秋左传·宣公三年》)。因而,实现了人与祖先、鬼神的沟通,这样的礼仪活动也能传达君王的意志。动物形象成为器物象生形态的主流。在先秦时代的祭祀活动中,牛、羊、豕、鸡等先民农耕生活中的动物成为牺牲,以此来祭祀祖先与鬼神,牺牲成为沟通天地的重要媒介。先民制造器物以动物为原型进行创作,将牺牲的意义融入到礼器之中,传达了动物形象与祭祀牺牲的庄严与神秘。

三、　先秦青铜制饮食器具的纹饰之美

先民们在设计与铸造青铜器物的过程中,非常注重传达神秘的宗教礼乐思想,着力于揣测敬重神灵、祖先的心理。在《通志·器服略·尊彝爵觯之制》一文中就曾有这样的记载:"故制爵象雀,制彝象鸡凤,差大则象虎蜼,制尊象牛,极大则象象……皆量其器所盛之多寡,而象禽兽赋形之大小焉。"因此,青铜器物的大小是符合现实生活中动物的身形比例的,并且能在此基础上进一步发挥,以象生形态的变形与夸张的方式来更好地彰显礼器所蕴含的权威与力量。

烹调美味的食物盛放于华丽精美的器具之中,正所谓"美食美器"。先秦时代人们从现实生活中汲取美感,造作器物时将其运用其中。饮食器皿的材质由陶器、青铜器、漆器、瓷器逐步演变,虽然器物的功能没有太多改变,但其形制的创新与变化融合了历代工匠对美的追求与理解。

先秦时期的青铜装饰艺术历经一个由简洁到繁缛,然后再趋于简单的演变过程。以二里头文化为代表的早期青铜器装饰纹饰较少,多以素面为主,构图稀疏,这也反映了其青铜制造工艺尚属初期探索阶段。经过先民的不断探索实践,工艺技术开始走向成熟,至商代晚期出现了繁缛绮丽的青铜装饰,繁密的纹饰布满器身。多种纹样集于器表(见表4-8)。自然界中的动物形象纹饰,譬如有鸟纹、鹿纹、象纹、龟纹、鱼纹、蚕纹、蝉纹等,还有更多的是虚幻想象之物,如饕餮纹、龙纹、夔纹、凤纹等。饕餮纹是商和西周时代青铜器上的主要纹饰,其后龙纹也成为青铜器物纹饰的主角。龙的形象被抽象为瘦长的身子,多以侧面呈现,亦被之称为"夔龙"。在《山海经·大荒东经》中有这样的记载:"其上有兽,状如牛,苍身而无角,一足,出入水则必风雨,其光如日月,其声如雷,其名曰夔。"至商末周初,多以凤纹装饰青铜器。从西周早期到穆王、恭王时代,凤纹成为器物装饰的重要形象。先民们崇尚神鸟,凤以其华丽的羽饰与鸟冠达成审美理想。

表4-8　青铜食器纹样表

类型	名称
动物纹饰	鸟纹、鹿纹、象纹、龟纹、鱼纹、蚕纹、蝉纹、饕餮纹、龙纹、夔纹、凤纹等
几何纹饰	绳纹、云纹、雷纹、雷乳纹、圆圈纹、重环纹、波带纹、瓦纹、窃曲纹等

资料来源:本表系笔者自制而成。

动物纹饰代表着自然力量,成为大自然的化身。这些青铜器物上的纹饰有的描绘写实,有的夸张变形,还有的呈现为多种动物的变形与鸟兽合体的纹饰。器物上的纹饰主题,以凸显狞厉之美的兽面纹为大宗。此外,还有抽象的几何纹饰作为填充与辅助,如绳纹、云纹、雷纹、雷乳纹、圆圈纹等,增强纹饰整体的节奏感和流动飘逸感。为了增强装饰的立体效果,通常以云雷纹为地且在此基础上绘以主纹饰,多为动物纹等的主纹饰上还会增加一些纤细的线纹,这样就形成了当时流行的三重花纹。这种纹饰层次明晰,有浅浮雕的效果,开启了错彩镂金的艺术风格,“青铜时代”盛期追求繁缛之美可见一斑。

到西周中、晚期,青铜器物装饰由繁至简,兽面纹饰更趋于简化,表现为重环纹、波带纹、瓦纹、窃曲纹等结体简单的纹饰增多,纹饰的抽象化、几何化、线条化等现象凸显,青铜器的庄严、神秘气氛,及其赋予的仪式感、厚重感、力量感随之消逝。例如,由龙纹与鸟纹演变而来的窃曲纹,它是由复杂的动物纹饰简化、抽象而来,多呈现为纤细的横向S形的纹样。

先民们将深刻的思想观念融于这些繁缛的纹饰中,使青铜器物获得了更多的审美价值。兽面纹,亦可称之为饕餮纹,是“青铜时代”盛期器物纹饰的一大特色,它杂糅了多种动物的造型,历经多重变形组合而成,普遍作为青铜食器的主要装饰纹样(见图4-3)。比如,“龙”形纹饰是先秦礼器中较为常见的母题,但有些“龙”形纹饰并非独立出现,它往往与多种动物形象元素相杂,在“殷墟时期的龙,造型中经常蕴含着羊、牛、象、犀牛、鹿、猪、凤、鸮、鹰等其

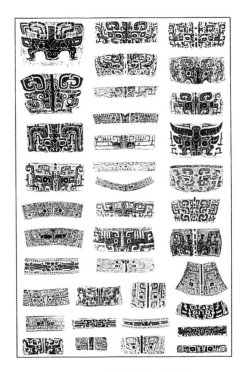

图4-3　青铜器的饕餮纹

资料来源：王朝闻主编：《中国美术史·夏商周卷》，齐鲁出版社2000年版，第111页。

他禽兽的特征，也经常有独立成形的牛头、羊头、象头、鹰头等出现"[1]。在古代传说里的"饕餮"是一种能够食人的怪兽，它一次能食多人直到塞满大嘴无法下咽为止。譬如，在《吕氏春秋·先识览·先识》中就载有："周鼎著饕餮，有首无身，食人未咽，害及其身，以言报更也。"它是由两种或两种以上的动物形象分解组合而成，杂糅成一种超越现实的想象性图景。以凶猛的饕餮作为纹饰，成为"青铜时代"食器的艺术装饰风格，反映了先民们的审美意识，细读商周时期的青铜制品，或许能够感受到那种充满神秘、威严而恐怖的原始宗教气息。青铜器的装饰纹样所呈现出的这一充满着神秘且可怕的审美风格，被李泽厚先生概括为"它们远不再是仰韶彩陶纹饰中的那些生动活泼愉快写实

---

[1]　郭静云：《夏商周：从神话到史实》，上海古籍出版社2013年版，第15页。

的形象了,也不同于尽管神秘毕竟抽象的陶器的几何纹样了。它们完全是变形了的、风格化了的、幻想的、可怖的动物形象。它们呈现给你的感受是一种神秘的威力和狞厉的美"①。

饕餮纹饰有一基本的核心图案。从具象上讲,其基本布局为,"以鼻梁为中线,两侧作对称排列,上端第一道是角,角下有目,形象比较具体的兽面纹在目上还有眉,目的两侧有的多耳,多数兽面纹有曲张的爪,两侧为左右张开的躯体或者兽尾"②。可见,饕餮纹的形象是夸张、恐怖的,巨目圆睁,嘴巴阔大,獠牙外张,头顶上一对犄角形如刀锋,还有一对利爪置于面庞。这种纹饰注重刻画它的面部,其身躯则成纤细蜿蜒状置于兽面左右。

饕餮纹是由多种动物的局部形象拼接而成的,通常会选取动物最有力量、最有特点的那一部分,重新组合成为一个新的整体,从而创造出自然界中无处寻找的新的独立个体,它充满了力量,其形象令人震撼,不得不对其产生敬畏之情,这些充分体现了此物主人的权威与高贵。饕餮纹也反映了先秦时代存在的以人为食、以刑为"吃"的酷恶习俗,"饕餮承载的'食人'含义,在图像学意义上对野蛮、恐怖、贪婪含义的淡化,使得饕餮图腾被铸之于鼎、甗、卣、鬲等食器之上,从器物造型和美感影响力方面显示了原始的狞厉之美"③。饕餮纹饰是由多种图示重新组合成的一个统一主题形象,具象的部分与抽象的整体同时出现在世人面前,这从艺术的形式上呈现出"和"的思想。由此来看,在先秦时代先民们就已经对形式美有深刻的理解和运用。

早期的青铜器物多用于宗教礼仪场合,以礼器出现,器表上的纹饰也服从于严整的礼教气氛,青铜工匠们努力将器物的功用与艺术形式表达相结合,多种器物纹饰不同层次间的排列、组合、结构布局以及纹饰与器物形制整体的巧妙结合,注重合目的性与合规律性的统一,打造成传世精品。装饰纹样由完整

---

① 李泽厚:《美学三书》,天津社会科学院出版社 2003 年版,第 33 页。
② 马承源:《中国古代青铜器》,上海人民出版社 2008 年版,第 352 页。
③ 赵建军:《中国饮食美学史》,齐鲁书社 2014 年版,第 123 页。

具象的自然形象演变为抽象的线条、图形组合,由无意的自由刻画发展到有意为之的纹饰的规则化、规范化。李泽厚先生曾讲:"原来是'有意味的形式'却因其重复的仿制而日益沦为失去这意味的形式,变成规范化的一般形式美。"①先民们探索出的器物纹饰装饰规则正是为了适应器物功能的应用,已达成形式与内容的统一。青铜器物的设计者敬仰天地、自然、神灵,以夸张抽象化的动物纹饰彰显自然的力量,他们对神秘的未知世界充满了疑惑与不安,以饕餮、夔龙、凤鸟等形象展示内心的畏惧与激情。繁缛复杂的纹饰正是先民们的情感语言,彰显着他们的审美理想与审美追求。

在青铜器物纹饰的设计与刻绘过程中以及在注视铸造成型的器物时,先民们的情感得到了释放与宣泄,也重新认识了自我与自然。如果说青铜食具是先秦文化的物质载体,那么它上面刻绘的装饰纹样便是先秦文明的图像注释。先秦时代的青铜饮食器皿之上的精美纹饰彰显着先民们的审美意蕴和造型能力,我们通过细读器物纹饰也能揭示先民们的生命意识。

四、 青铜制饮食器具的审美意蕴

青铜饮食器具作为实物遗存,是我们探究先秦时代社会风俗、审美意识的物质依托。通过细读青铜饮食器具丰富的纹饰,可以考察青铜饮食器具多样的形制,发掘其承载的观念。自先秦时代流传而来的青铜制饮食器具作为一种中国古代文明在审美创造方面的杰出成就,也能够体现早期先民们的审美表达与审美意识的发展。

青铜食器是青铜器物中的重要一类,出土数量较多,贴近人们的世俗生活,其纹饰与形制也历经由简及繁、由少而多、由轻薄至厚重、由象生到抽象、由重实用到重审美的演变。食器的设计与制造源于先民饮食生活的实际应用,其形制的演变除依据烹饪方法的需要外,在一定程度上也出于审美的需

---

① 李泽厚:《美学三书》,天津社会科学院出版社 2003 年版,第 25 页。

求。从日常实用、工艺水平所及的条件出发以应对生活饮食之需,到后来不断创新工艺技术以期达到审美之理想而不断演变为弱化功能性、强化艺术性的青铜器物。青铜食器除满足人们日常生活饮食之需的物质实用以外,其功能也不断拓展至其他精神生活领域,成为一些像祭祀、礼仪等精神活动的功能符号。这些重在满足精神生活的功能需求的器物,重视对饮食器具进行美化与装饰,也使得饮食器具从实用器具发展为极具审美价值的艺术品。经过千百年的传承与发展,青铜饮食器具的制作工艺技术不断演进,器身纹饰的设计与器形种类的不断丰富,迎来了"青铜时代"的辉煌。

先秦饮食器具是我国早期的一种独特的审美文化现象。华夏文明源于先民们的饮食生活,青铜食具作为先秦时代饮食活动的重要文化表征,不仅代表着"青铜时代"物质文明的重大发展,同时也蕴含着这一时期的精神内涵。先秦时期青铜饮食器具的创制与铸造作为人类文化史早期的文化现象影响深远。先民们将审美理想铸造于青铜器物,呈现为从实用到实用加审美。

青铜饮食器具承载中国古代传统的思想观念与审美意识。"中华早期审美意识由形式装饰向精神意蕴、由生理快感向精神快感飞跃的现实环节,此正是青铜器的独特审美价值。"①正如先秦时代的众多青铜装饰纹样,尽管它们是异常华丽繁缛、动人心魄的,但是它们更是贵族阶层、王权的象征符号。

在先民们看来,青铜食器上的纹饰符号也正是自然神灵的显现,有助于增强王权的统治力量。张光直先生指出:"商周青铜器上的动物纹样,实际上是当时巫觋通天的一种工具。"②在《春秋左传·成公十三年》中也有记载:"敬在养神,笃在守业。国之大事,在祀与戎,祀有执膰,戎有受脤,神之大节也。"先秦时代的青铜器具是古人祭祀活动的主要器物,它们的象征意义大于实用意义,代表着商周时代的政治力量与宗教力量。在《春秋左传·宣公三年》中记述:"在德不在鼎。昔夏之方有德也,远方图物,贡金九牧,铸鼎象物,百物而

---

① 薛富兴:《山水精神——中国美学史文集》,南开大学出版社 2009 年版,第 46 页。
② 张光直:《中国青铜时代(二集)》,生活·读书·新知三联书店 1990 年版,第 104 页。

为之备,使民知神、奸。"其中"物"字,应当为青铜鼎上刻绘的多种纹饰,这些纹饰能增强人的智慧与勇气。古代君主通过青铜器物以沟通天地,让臣民承受天的福祉。"鼎"象征着政治与权威,"从此,中国古人称定都为'定鼎',称迁都叫'迁鼎'。青铜礼器所负载的形而上意义,远远超出了青铜器自身"①。

　　青铜器物的纹饰与其外部造型往往浑然相成,呈现出一个真实与幻想交织,恐怖与华丽交错的神秘世界。先民们对自然,对生活的理解、观念与情感融汇在青铜器物的设计与造作中。与青铜饮食器物上的纹饰一样,青铜器物的造型起初也是模仿自然物象,自然形态成为器物造型的设计原型与基础,丰富的人兽造型与动物造型正是模仿自然的写实之作。象生形态的青铜饮食器具多见于酒器的设计与造作中,鸟兽尊是这类象生器具的代表。先秦青铜器物注重造型的象生性,流传至今的器物形象往往形神兼备,这也反映了先民们的艺术造型能力和对自然物象的观察与体悟,从而增强了青铜器物的趣味性和感染力。然而,这只是象生造型所追求的一个方面。更重要的是,这些象生青铜器物承载着君王意志观念、宗教礼制思想与审美目的。"商周青铜器是其时青铜铸造工艺与雕塑、绘画、文字结合的综合艺术品,代表了三代物质文明和精神文明的最高水平,凝聚了三代的时代精神,铸造前有明确的创作思想,铸造中有严格的工艺规范,其先进的熔铸技术、独特的形而上内涵及民族独有的风格气派,使商周青铜器成为三代艺术的标杆。"②

　　出土文物中的陶器、青铜器,按用途来分,饮食器具要占到其中的绝大多数,"中原地区的早期铜器出现年代早,但相当长的一个时期内发展比较缓慢,只是到了公元前 2000 年前后才开始迅速发展。就铜器的器类构成看,装饰品、工具、兵器、礼乐仪仗器及容器等齐备,但前者的不发达和后四者的发达,尤其是大型兵器、礼乐仪仗器及容器等,成为其突出的特征"③。正如《老

①　长北:《中国艺术史纲》,高等教育出版社 2016 年版,第 32 页。
②　长北:《中国艺术史纲》,高等教育出版社 2016 年版,第 22 页。
③　白云翔:《中国的早期铜器与青铜器的起源》,《东南文化》2002 年第 7 期。

子·道经·第十一章》中记述:"埏埴以为器,当其无,有器之用。"可见,先民们重视器物之实际功用,同时也在不断造作器物的过程中,思考器物的审美价值,饮食活动为生息繁衍提供了基础,也在此基础上为理性哲思与艺术创造提供了可能。

青铜饮食器具展现了中国古代的审美历程与审美意蕴。"从器质到观念,从感性到理性,这是人类早期审美意识发展之大致行程。"①器物造作之美也在一定程度上反映了先秦时代的审美理想与风俗观念。青铜食器的装饰纹样与造型形制为后世器物的设计与造作提供了实践范本,开启了"错彩镂金"的审美艺术风格。

饮食器具作为日常饮食活动必备工具,为人们品味美食提供了必要的物质条件。先秦时代是审美意识产生的萌芽阶段,人们关于"美"的观念源于对味觉的感受。也就是说,人们最早对"美"的感悟是以味觉感受来实现的。无论是陶制抑或是青铜制、瓷质的食具,都是为实现人们品尝美味提供了前提条件。因此,饮食器具作为物质基础为我们探求人类审美意识的生发历程提供了重要条件。

青铜制食器本身也是审美的对象,布满器身的装饰纹样经过抽象化与写意化,将原本具象、写实的成分做了夸张与分解,演变为一种独特的艺术造型,蕴含着后来的许多绘画元素。抽象的纹饰,西周后期器物上纤细而又流畅的刻线,显得灵动而又稚拙厚朴,很像是一幅幅写意绘画。

先秦时代的青铜饮食器具融实用与审美于一身。它既适用于日常的饮食活动满足青铜器物自身拥有的功利性价值,这也是设计与造作食器的实际出发点,同时它还注重审美追求,这是附着于实用性之上的。现在我们面对这些出土文物,更多的是考察它的审美价值,反而可能会对它原本的生活实用性有所忽略。格罗塞在研究人类的艺术起源问题时曾讲:"原始民族的大半艺术

---

① 薛富兴:《山水精神——中国美学史文集》,南开大学出版社 2009 年版,第 57 页。

作品都不是纯粹从审美的动机出发,而是同时想使它在实际的目的上有用的。"①先民们出于生活、巫术、祭祀等实际目的制造出厚重而华美的青铜器物,同时也流露出那个时代的审美风尚,承载了先秦时代人们的内心世界。青铜食器从实用功能逐渐发展到审美功能,它的审美价值逐渐脱离功利实用价值,以至于最后衍生为一种纯艺术品,成为先秦时代的审美符号。青铜食器通过其纹饰与造型形制来揭示其独有审美内涵以及先秦时代的审美精神。这些独特的纹饰与造型奠定了中国绘画、雕塑艺术的总体风格方向,保留了审美萌芽阶段的样貌,为后世工艺设计与艺术创作提供了灵感源泉,同时也孕育出独具特色的华夏饮食审美追求。

第三节　漆制饮食器具之美

随着时代的发展,先民们所使用的饮食器具也有着相应的变化,陶制食器材质易得、工艺速成作为新石器时代的主流成为原始先民们日常起居饮食生活的必备之物;青铜制食器庄重厚实、装饰精美作为君王祭祀与宴饮的器物风行于夏、商、西周时代,也成为彰显王权与尊卑的象征;漆制食具相对轻巧方便日用但制作工艺繁复,尽管漆器有着悠久的历史但是在西周以前从未成为主流用具,待到春秋战国时期才迎来新的发展。

一、先秦漆制饮食器具的发展状况

中国的漆器工艺有着悠久的历史,作为最早制作漆器的地区之一,成为世界漆器制造的发祥地。中国是世界上最早制作和使用漆器的国家,也是出土古代漆器最多的国家,可以说中国是一个"漆器之国"。② 在距今 7000 年前的

---

① ［德］格罗塞:《艺术的起源》,蔡慕晖译,商务印书馆 2009 年版,第 234 页。
② 诸葛铠:《墨朱流韵:中国古代漆器艺术》,生活·读书·新知三联书店 2000 年版,第 3 页。

新石器时代的河姆渡文化遗址便有朱漆筒形器和朱漆碗出土,但这并非漆器之源头。

在远古时代先民们便对食器产生了审美兴趣,"尧禅天下,虞舜受之,作为食器,斩山木而财之,削锯修之迹,流染漆墨其上,输之于宫以为食器。诸侯以为益侈,国之不服者十三。舜禅天下而传之于禹,禹作为祭器,墨染其外,而朱画其内,缦帛为茵,蒋席颇缘,觞酌有采,而樽俎有饰"(《韩非子·十过》)。由此可见,早在虞舜时代就有了髹漆的食器,在舜尧时代黑色的漆器就作为食器,而到禹时则已有内髹朱漆的祭器了。这也说明漆器应用于饮食在中国自古有之,文中提到先秦时代的漆器通常是以本材为原料制作器胎,并以黑色漆施以器外,器内施以红色的漆,这种模式逐渐固定下来成为中国漆制工艺的一项传统。"桂可食,故伐之;漆可用,故割之。人皆知有用之用,而莫知无用之用也"(《庄子·内篇·人间世》)。由此可见,先民们很早就掌握了由漆树上"割漆"的技术,为漆器的制作提供了重要的原材料。

在良渚文化遗址里,我们可以看到漆与陶器的结合,陶器的器表以漆作为保护层颇具装饰性,还可以看到漆与玉的结合,比如在漆杯上镶有玉石,这种漆制酒器是极为珍贵的。与青铜器、陶器相比,漆器对温度湿度等保存条件的要求较高,考古学家能够提供的漆器实物大多是在春秋以后出土的大量漆器。

漆器的设计与生产自商代开始逐渐兴盛,漆工艺不仅应用于饮食器具的制造,在其他领域也在不断拓展,礼器是先秦时代君王最为重视的祭祀天地神灵的器物,一直以青铜器作为礼器,这样的情况在春秋时代有所改变,漆器开始与青铜器一道纳入祭祀仪式的礼器行列,漆器制造工艺也日臻成熟。至战国时期漆工艺的发展取得了巨大的进步,髹造手工业空前发展,漆制品的质量与产量有了明显的提升。漆器以其轻巧、美观的特性赢得世人的喜爱,日常生活中的器具均尝试以漆工艺的方式来进行加工,故除了漆制的食器、酒器之外,还出现了诸如漆制的摆件、乐器、车马器、葬具等,流传至今的战国时期漆制工艺品在以湖南、湖北两省为中心的楚国故地最多,此外,在其他地区也有不少漆制器具相继被发现。

先秦时代的漆器技艺还在发展初期,其制作过程往往要耗费大量的人力物力,因此,漆器的使用尚未普及,且漆制品的价格昂贵,只有王公贵族才能享有这种华美的器具。庐江太守桓宽在《盐铁论》中记载了王公贵族不惜工本地制作精美的饮食器具——漆杯的景象,"唯瑚琏觞豆而后雕文彤漆。今富者银口黄耳,金罍玉钟。中者舒玉纻器,金错蜀杯。夫一文杯得铜杯十,贾贱而用不殊"(《盐铁论·卷六·散不足》)。漆制的食具与华美的时装、庞大的建筑、精心喂养的宠物等一同成为贵族奢侈生活的要素。"宫室奢侈,林木之蠹也。器械雕琢,财用之蠹也。衣服靡丽,布帛之蠹也。狗马食人之食,五谷之蠹也。口腹从恣,鱼肉之蠹也。用费不节,府库之蠹也。漏积不禁,田野之蠹也。丧祭无度,伤生之蠹也。堕成变故伤功,工商上通伤农。故一杯棬用百人之力,一屏风就万人之功,其为害亦多矣"(《盐铁论·卷六·散不足》)。这里提到的"一杯"或"文杯"就是指那些用金银饰口并且绘制有精美漆画的杯子,"铜杯"是指那些用铜为原料而铸造的杯子。"文杯"的交换价值是"铜杯"的十倍。

由此可见,在当时的技术水平下制作高档讲究的漆器是要耗费大量人力物力的。制造精美的漆器一般要经过多道工序,比如制胎、兑漆、髹漆、彩绘、镶嵌等,这一整套严谨的漆艺造作方法在先秦时代就已基本成熟。漆器的造作奢侈,故长期作为少数贵族的专属,以彰显其奢华的生活。直到春秋后期,漆器才进入到普通百姓的日常家居中,但其精美度较之贵族使用的漆器差之甚远。漆器的制作以楚国最为突出,楚国漆器在生产数量、器物种类、制造工艺、器物品质等方面均有不凡的表现,战国时期楚国的漆器制造行业繁荣发展,造型美、样式新、器种多、产量大,髹饰技巧也有了很大的进步,雕刻、针刻、彩绘、铜扣、贴金等多种髹饰方法运用熟练。

二、 先秦漆制饮食器具的造型之美

先秦时代的君王重视器物的礼器功用，所拥有器物的形制与数量是权力威望的体现，尤其是鼎，它由最初的饮食之器逐渐演变为国家权力的象征。漆器作为一种贴近人们日常生活起居的家庭用品器具，也体现着先秦时期先民们的审美趣味。漆器食具大多精致小巧，追求日常使用的功能性。漆制食器于春秋以后，出土量大增，这也显示了漆器的发展。战国时代的漆器食具的品类、出土数量及漆艺制造的精巧度显著提高，"楚墓中出土的饮食用漆器的数量最多，主要有杯、豆、卮、盒、盘等"①。

漆器因其易于燃烧故不适合用来烹煮，所以漆器基本上还是多以漆制储食用具、漆制盛食用具、漆制进食用具的功能使用的。这一时期的炊食具还是以陶器为主。根据饮食活动的器具用途，人们制造了种类繁多的容器用以盛放、拿取食物，常见的有杯、盘、碗、匜、钵、匕、盖豆、豆、鼎、勺、箸、匙、樽、盒、簋、笾、敦、卮、壶、鬲、耳杯、魁、俎、簠、圆盒、方壶、扁壶、方鉴等。总体来看，漆制食器的造型主要分为"仿动物形象、仿铜陶器与据生活需要而制作的器皿造型"②三种样式。漆制食具制作工艺精巧，综合运用斫、剜、挖、凿、镟、雕、磨等工艺方法，仅在雕刻方面便有斫制、镟制、锯制、圆雕、浮雕、透雕等多种形式。

每种器皿的形制也不是单一固定的。譬如，"豆"原本是一个象形字，这类食器高足托盘，先秦时代的人们用它来盛放一些蘸料，诸如肉酱与腌菜之类的调味料。豆的器形主要有两种，分为方豆与圆豆，有的豆身上具有雕饰繁复的双耳。仿生造型的漆制食器也是流行广泛，数量众多。这类食器是将实用性与装饰性融为一体，也为饮食活动带来了生趣。现实生活中的动物形象，往

---

① 湖北省博物馆编：《感知楚人的世界：楚文化展导览》，湖北美术出版社 2006 年版，第48 页。

② 陈振裕：《战国秦汉漆器群研究》，文物出版社 2007 年版，第 93 页。

往成为设计器物造型的重要参照,源于动物形象的仿生器型的大量出现是先秦时代漆制饮食器具造型的一大特色,食器的设计多是在实用功能的基础上,在食器的器座、盖、悬鼓架等部位刻画出生动的动物形象,其造型与雕饰或夸张或写实,或雄浑或灵动,富于生活气息,为人们的饮食活动带来了审美之趣。

　　漆制饮食器具也开创了日常生活中的包装设计的先河。在《韩非子·外储说左上·说一》中记载的"买椟还珠"的典故中,也可见当时漆盒制造的精美,华丽的包装设计之精巧。先秦时代的漆制酒具盒、耳杯盒、九子奁等器具均可视作日常生活中包装装饰的先导,既能保证食物的方便携带、干净保温,又能为饮食活动增添艺术的审美愉悦。

三、　先秦漆制饮食器具的纹饰之美

　　工匠们运用彩绘、雕绘结合,银扣、针刻等装饰手法打造出漆制食器的精美纹饰。

表 4-9　漆制食器纹样表

类型	名称
自然物象纹样	山形纹、云形纹、雷电纹、卷云状的纹饰、卷云纹、勾连云雷纹、水波纹、环带纹、银齿纹、波折纹等
几何抽象纹样	圆弧形纹、趋于平行直线形纹、三角纹、长方形纹、圆点、圆圈、菱形、方格、直线、绹纹等
动植物纹样	龙、凤、鹿、虎、蛇、鸟、鹤、鸡等
仿青铜器纹样	蟠螭纹、兽面纹、蟠龙纹、虺纹等

资料来源:本表系笔者自制而成。

　　先秦时代漆器之上的纹样主要有四种,分别为自然物象纹样、几何抽象纹样、动植物纹样和仿青铜器纹样(见表 4-9)。关于天地自然的景物纹样,我们能识别出的纹饰主要有山形纹、云形纹、雷电纹以及卷云状的纹饰等。关于几何抽象的纹样,我们能识别的主要有类似圆弧形的纹样、趋于平行直线形的纹样以及类似三角形的纹样等。关于模仿自然界中的动植物形象或是在此基础上想象的动物纹样也很多,我们能识别的此类题材的纹样也很多,这类纹样往往是器物纹饰的主体部分,以龙、凤、鹿、虎、蛇、鸟、鹤、鸡等形象居多,还有一些通过模仿铜器上的纹样并将其分解、组合、夸张变化而来的动物纹样,诸如蟠螭纹、兽面纹、蟠龙纹、魑纹等。

战国时期的漆器上纹饰延续商周青铜器上、玉器上的纹饰风格,"在各种漆器图案中,依然保留着青铜器上的怪兽形象"[1]。然而,战国漆器上的动物形象已经失去了青铜器上、玉器上神兽造型纹饰的神秘与庄重,转换为生动活泼、贴近世俗生活的风格。

先秦楚人尤其喜爱凤,甚至有时把君王比喻为凤,因此,我们可以在很多的楚国文物中发现凤鸟的形象,在楚国漆器中此类题材也不少见,我们通常将此类描绘凤鸟形象的器物或纹饰称之为"楚艺术的装饰母题"。[2] 凤是以自然环境中的鸟类为原型,再经过先民们丰富的想象而成的神鸟形象。在楚国文化中凤鸟备受珍视,楚人将凤鸟作为图腾,以至在民间流传着楚人是凤鸟的后代。故凤纹也成为漆制器物中的常见装饰,比如有这样一个以凤鸟形象为主要纹饰的漆制凤纹盘,器身整体髹以黑漆,以在盘中心位置施以暗红和朱红漆色彩绘凤纹、变形鸟纹、云纹及各种几何纹样。大面积的凤纹样居漆盘的中心位置,主题鲜明,凤鸟形象首尾相连呈对称状,全图华丽,姿态舒展流畅,柔美中透出力量。凤鸟纹方盖豆,器表髹黑漆,并以黄色、红色、棕色绘制变形的凤鸟纹、螭魑纹、绚纹等进行装饰。"楚人尚赤,源自远古的图腾观念——对火神祝融的崇拜。楚漆器黑、朱二色,地、文互换,对比强烈,绘以黄、褐、白、绿、蓝、金、银等彩色油漆,深邃悠远又缤纷灿烂。"[3]

---

① 胡玉康:《战国秦汉漆器艺术》,陕西人民美术出版社2003年版,第42页。

② 诸葛铠:《墨朱流韵:中国古代漆器艺术》,生活·读书·新知三联书店2000年版,第22页。

③ 长北:《中国艺术史纲》,高等教育出版社2016年版,第39页。

湖南长沙南站道坡山1号墓出土的漆耳杯现藏于湖南省博物馆,这件战国时期的漆耳杯内髹朱红漆,耳杯边缘绘有花瓣状云纹,纹饰之间点缀朱色小点旋涡纹,整个漆耳杯的形态秀美而轻盈。由于其双耳颇犹如鸟类的羽翼,故而先人们又称其为"羽觞"。羽觞在战国时为日常饮酒之器。楚国诗人屈原《楚辞·上篇·招魂》有云:"粔籹蜜饵,有餦餭些。瑶浆密勺,实羽觞些。挫糟冻饮,酎清凉些。华酌既陈,有琼浆些。"①羽觞这种器具是在当时日常生活中颇为流行的酒具。这种儒风雅俗得以流传,东晋王羲之时亦有三月三日兰庭饮酒赋诗的"曲水流觞"成为佳话。

由此可见,先秦时代的漆制食具展现了"错彩镂金"的审美倾向。商周时期的青铜器纹饰、楚国的图案纹饰、唐代精美的金银器、元代的青花瓷、明清的珐琅器,乃至当今舞台上戏剧服饰图案,它们蕴含着一脉相承的审美观念,展现了一种"镂金错采、雕缋满眼"②的美。

漆器的出现令食器真正地实现多彩的颜色,陶器的颜色基本依陶土原料的性质而定,不同产地的陶器会呈现为相应地域的陶土颜色。青铜器也是以铜锡合金的原料的颜色为基本色闪烁着金属的光泽,人们一般很难自主地改变它们的颜色,因此,相对而言,陶器与青铜器的颜色较为简单。漆制食器轻巧而多彩深受先民们的喜爱,绚丽的色彩成为漆制食器审美的一项重要内容。

《春秋谷梁传·庄公二十三年》中记载了在髹饰堂屋之经柱(楹)时要注意用色的规矩,"秋,丹桓宫楹。礼,天子、诸侯黝垩,大夫仓,士黈,丹楹,非礼也"③。在用漆的色彩上要符合礼制,红色、黑色、青色、黄色是先秦时期人们用漆的主色调,但等级分明不得越级使用,这也体现出当时的贵族社会用漆已很普遍。先秦漆器的用色不多,以传统的"墨染其外,朱画其内"的黑、红二色

---

① (西汉)刘向:《楚辞》,上海古籍出版社2015年版,第265页。
② 宗白华:《中国美学史论集》,安徽教育出版社2006年版,第15页。
③ 顾馨、徐明校点:《春秋谷梁传》,辽宁教育出版社1997年版,第28页。

为主。此后,黑赤二色为主的漆器色调被传承下来,黑赤二色对比已成为中国漆器用色的显著特点。深沉的黑色与鲜艳的红色交相辉映,使漆制食器在强烈的对比中散发出古朴深沉的气息。

先民们对某种色彩的偏好与使用不仅仅只是一种对自然的感性形式的吸引,更重要的是,对色彩的运用体现了人们的思想观念。"在对象一方,自然形式(红的色彩)里已经积淀了社会内容;在主体一方,官能感受(对红色的感觉愉快)中积淀了观念性的想象、理解。"①

先秦漆制食具装饰纹样的用色比较少,一般是以黑与红作为主色调,以黑地红彩为主,而较少有黑地黄彩的髹饰。然而,用黄、金、银、灰、绿等颜色的漆制食器也不少见,但这些颜色一般是用作配色,占据较少的空间。中华民族自古将"玄色"(黑色)视为"吉色",同时也热衷于红色,红色是火、太阳的象征,视红色为尊贵的颜色,规定只有贵族的府邸才能漆成红色。比如,杜甫就留下诗句"朱门酒肉臭,路有冻死骨"。漆制食器以黑色、红色这两种颜色作为主色,由此也彰显着中国传统的色彩审美观念。

先秦漆制食具的用色也经历了流变,呈现出简单纯朴—繁缛复杂—简洁规整的阶段式发展特点。战国早期之前用色纯正,主要有黑、红、黄、褐等基本色。至战国中期楚地漆制品繁盛,用色也更为绚丽,在以上几种基本色的基础上衍生出明度、纯度不同的近似色系。比如,红色就能衍生出深红色、棕红色、橘红色、赭石等,青色则有青绿与青蓝之别。至战国晚期,食具的用色又化繁为简归于平淡,重新回到用色简单、纯正的模式,装饰用色依然以黑、红、黄为主。

战国中期的漆制食具色彩华丽,一改陶器、青铜器食具单一的色彩感受,为注重实用性、功能性的饮食器具带来了赏心悦目的艺术美感,使食具的使用价值与艺术价值在造器过程中得到了完美结合。

---

① 李泽厚:《美的历程》,天津社会科学院出版社2002年版,第9页。

四、 漆制饮食器具的审美意蕴

"民以食为天",追求食欲是人之常情,饮食作为人们日常生活起居的一项重要活动关乎每个人的生存状态。饮食器具是承载或贮存各种肉食、素食、稻米粮食、水、酒、汤等食物的器皿,由于食器制作工艺讲究,追求形色之精美,堪称艺术品,从而增强了饮食活动的仪式感,彰显了人们日常生活的审美化。中国食器的制作有着悠久的历史,自上古时代的食器雏形诞生之始,食器的形制便经历了漫长的演变。先秦时代农业的发展、技术的进步以及社会阶层的形成,更好地促进了先秦先民们的饮食生活的发展状况,尤其在饮食的器具、食物的种类、饮食的礼仪、饮食的方式、饮食的观念等多方面发生转变。

先秦时代的饮食器具作为一种物质遗存彰显着中国古代的饮食文化,具有很高的审美价值与文化内涵。先秦时代的漆制器具,尤其是战国时期楚国漆制饮食器具的大量出土,反映了中国早期髹漆业繁盛的发展状况。如果说人工制品是人类文明的具体承载,那么从历史的角度看这种物化的呈现,以其朴实、直观的形式展示出不同历史时期的民族文化特性。相较之现代来讲,先秦时代的工匠对制造食器的取材与加工都要多付出数倍的艰辛。取材成器之难,人们便知"物以稀为贵",因此他们会以更加审慎的造物态度来造作食具。

先秦漆制食具展现了技艺之美,具体可分为两个层次:"一是器物内在功能的合目的性的美,即善的、伦理的美,二是器物功能所体现出来的外在形式美。"①先秦时代是一个技艺的大广场,漆艺工匠通过造作器物来展示各种各样的工艺技法与审美理念。这样能工巧匠在当时的社会地位较高,仅次于王公和士大夫,《周礼·考工记》中记录了当时对"百工"的优待,显示了其对造物的高度重视与对精美器物的渴求状况。"百工"能"审曲面埶,以饬五材,以辨民器"(《周礼·考工记》),可见先秦时代的工匠们已经掌握了一系列的制

---

① 杭间:《中国工艺美学史》,人民美术出版社 2007 年版,第 60 页。

器技术,作出最准确的估计和判断,造物时能做到"以料造型,物尽其用"。①漆器的造作也深刻影响了中国陶瓷的设计与制造,漆器传承了青铜器的造型,进一步拓展了实用器与礼器的功能。陶瓷的工艺技术也在漆器制造的基础上发展了暗花、磨光、朱绘,线条装饰手法也更加灵活多样地运用在器物髹饰中,漆制器具的造型以及"彩绘"装饰手法也直接应用于陶器的设计与造作过程中。

作为人们日常生活中的重要环节,饮食方式、饮食器具也随着社会的发展而不断改变,饮食关乎人类的健康水平,饮食的氛围也关乎共食者的内心感受。随着人们生活水平的提高,对饮食活动的重视,食品种类的拓展,食器由最初单纯的承载食物的器物衍生出材质、工艺、象征等含义。食器不再是单纯的日常生活中物件,它被赋予艺术的光环,作为艺术和设计的承担者,承载着人们的审美理想,食器设计体现着人们日常生活的品位与质量。

日常的饮食活动与人们审美意识的产生有着密切的联系,用更好的器物来承载美味的食物,这是先民们不断改进工艺手段制造精美而坚实器物的初衷。以至后来多用途、多形态、多纹饰、多材质的饮食器具的产生,为人们花样翻新的烹调技巧和五味杂陈的美食体验提供了可能。饮食器皿的发明与创造是源于先民们的日常饮食生活的需要,通过考察我们可以看到陶制饮食器具的纹饰、造型的演变,除了满足器物在功能性的动因外,还在很大程度上是缘于审美方面的因素。正是器物审美的因素,充分反映了先秦时代的人们在饮食生活方面,开启了对饮食器具越发强烈的审美文化追求。

---

① 邵琦、李良瑾:《中国古代设计思想史略》,上海书店出版社 2009 年版,第 45 页。

第五章　先秦饮食的审美观念

　　"先秦是中国美学史的起点,充分展示中华早期审美意识起源的基本状况和历史意义是先秦美学史的独特主题。"①先秦先民饮食审美之路,由最初的茹毛饮血到炊煮熟食到后来的烹调美味所历久远,所蕴丰富。"中国古代的饮食文化与礼仪、宗教以及哲学范式密切相关,从中也产生了很多思想观念,这些思想观念发展到战国时期直至汉代,又产生了更多的有关烹饪、味道、祭祀以及道德教化的思想。"②先秦先民在饮食上的审美追求体现在形、色、味、意等方面;饮食审美观念体现在"味""和"美学范畴上。这些生发于中国饮食第一历史时段的饮食审美对于中华美学发展有着深刻而久远的影响,为此后整个美学史铺下了极为浓厚的民族性底色。"从器质文化到观念文化,从工艺审美到艺术审美,从感性审美对象创造到审美理论观念的发生,这便是先秦审美意识发展的基本脉络。它是中国先秦美学史的独特内容,同时也足以揭示人类早期审美意识发展之共性。"③

　　"审美意识作为人类从生理快感到心理快感、从感官愉悦到精神愉悦的

---

　　①　薛富兴:《山水精神——中国美学史文集》,南开大学出版社 2009 年版,第 42 页。

　　②　[英]胡司德:《早期中国的食物、祭祀和圣贤》,刘丰译,浙江大学出版社 2018 年版,第 2 页。

　　③　薛富兴:《山水精神——中国美学史文集》,南开大学出版社 2009 年版,第 58 页。

升华,是在满足基本生理生存的基础上形成的。主体的生理机制,乃是形成心理的基础。在生理需求得到满足以后,逐步形成了心理层面的需求。"①中国古人认为,人类有两大最基本的需要,即"食"和"色"。食,乃维持个体的基本生存;色,则维持族类的基本生存,即由两性吸引以繁衍来延续人类。《礼记·礼运》:"饮食男女,人之大欲存焉;死亡贫苦,人之大恶存焉。"《孟子·告子上》引述告子的话说,"食色,性也",将饮食男女看成是人的共性。其实,"食"和"色"的意义不仅仅在于使人类得以生存延续,还在于使人的生理快感得以满足的同时,又产生了新的心理层面的需求,如基于"食"的美食和基于"色"的爱情。

饮食活动是人类培养审美能力与阐发审美观念的一种重要载体,甚至食物、食材这类作为饮食活动中的物质要素都蕴含着丰富的审美价值与"符号"功能,"食物有一种超越了即使是最为复杂的品味活动的符号功能。无论食品还是那些已被承认的艺术形式都有资格作为符号系统,这些系统内可以发现一些共同的审美特征"②。鸟类世世代代以鲜艳的羽毛和悦耳的鸣叫声来从生理上吸引异性,而人在生理的基础上形成了美容和情歌等文化形态,这就已经超越生理的层面而上升到心理的层面了。本来是盛装食物以满足实用生理需求的陶器,却被人们加上了纹饰,这也表明人们从感官的愉悦迈向了精神的追求。

先秦初民们对"食"文化的重视开启了后世中国"食"文化的持续盛行,夏丏尊先生在《谈吃》一文中认为:"在中国,衣不妨污浊,居室不妨简陋,道路不妨泥泞,而独在吃上,却分毫不能马虎。衣、食、住、行的四事之中,食的程度,远高于其余一切,很不调和。中国民族的文化,可以说是口的文化。"③"食"

---

① 朱志荣:《中国审美理论》,北京大学出版社 2005 年版,第 130 页。
② [美]卡罗琳·考斯梅尔:《味觉:食物与哲学》,吴琼、叶勤、张雷译,中国友谊出版公司 2001 年版,第 159 页。
③ 杨耀文选编:《五味:文化名家谈食录》,京华出版社 2005 年版,第 16 页。

超越了"色",也超越了"衣""住""行","食"是最基础、最普遍的人类需求,华夏"食"文化正是基于这最朴素的生活实践发展而来。

先秦先民们是在器皿的制造中体现着自己天性中的模仿本能以表情达意的。他们在器皿的造型和纹饰中对于动植物的大量再现,是出于模仿的本能,这种模仿首先得益于作为模仿对象而存在的自然环境。通过对周围环境的模仿,先民们既满足了自身的本能,又表达了拓展自我、征服世界的朦胧要求。这正是纹饰和图案的起源。仰韶文化、马家窑文化在彩陶中使用鱼纹、蛙纹、鸟纹、植物图案,为后代所继承。三代的礼器都盛行用具象的鱼纹、蛙纹、鸟纹做装饰。商部落的人出自东夷,东夷则披头散发、身上刺着花绣。"东方曰夷,被发文身,有不火食者矣"(《礼记·王制》)。文身,乃是借鉴了色彩斑斓的动物,反映了先民们征服自然的欲望。在这里,文身也具备成为审美对象的潜力。

"生存需要是人类的首要需求,中国上古时代的器皿乃至文字的发明都与人类原初的生存需求有关。那些器皿实物在日常生活中担负着重要的实用功能,从满足实用的需要到满足精神的需要,并逐渐形成自己的审美需要,其中体现出先民们审美的理想和愿望。先秦时期,实用、宗教、政治与审美的关系是互动的,它们的审美是一种单向、必然的因果关系。"①宗教礼仪中的器物既有实用的价值,又富有装饰功能,器皿不仅易拿易提,又造型灵动、富有生机,凝固的物质产品延伸出了巨大的精神意蕴空间。

在先秦时期,从元谋猿人制造石器开始,艺术就在使用器具中开始孕育了。从打制石器开始,原始人逐步感受器具外观的规律和色彩。从陶器的形制与纹饰,到神话的创构与充实,无不体现了古人的情趣与理想。陶器在烧制过程中以情感为动力,以想象力为工具,在尊重实用规律的同时,又反映了先民的情趣和审美理想。具有实用功能的感性形态,一旦脱离了实用内容,进入

---

① 朱志荣:《中国审美理论》,北京大学出版社 2005 年版,第 138 页。

韵律化和节奏化的形式之中,就具有了审美的价值。这样,在工具的制造和使用过程中,审美的意识在游戏心态中逐步觉醒。从新石器时代到春秋战国,这一审美意识逐步走向成熟。

第一节 先秦饮食审美与先秦美学史

"先秦审美意识发展的历史进程较充分地揭示了人类早期审美意识发生、发展的基本规律。人类审美意识最基本内核是什么?如何从无到有,初步展开?中国先秦美学史给了比较典型的回答。"[1]先秦饮食审美是先秦美学史的起点,是先秦审美意识的发生阶段。先秦审美意识从无到有,为整个先秦审美意识奠基,是先秦饮食审美最基本的内容,发源性是其主要特色。先秦美学史、中国美学史上许多重要现象都要追溯到先秦饮食审美才可获得较深入的解释,先秦饮食审美为此后整个美学史铺下了极为浓厚的民族性底色,它是中国先秦美学史的独特内容。

一、 先秦饮食审美对先秦审美实践的贡献

"先秦是美学思想处于萌芽状态的时代,它的基本特点是:审美和艺术潜藏在(宗教、巫术和)礼仪之中,从一定意义上说,这个时代的审美和艺术不过是(宗教、巫术和)礼仪的外化形式,很难把它们分开。"[2]我们现在能看到的最早的先秦时代的艺术品主要是造型艺术品。一般来说,审美和艺术是在人的自我意识得到较充分的发展和工具制造趋于成熟的同时发生的。"在中国,距今2.8万年的山西崎峪文化发现了一件骨制尖状器和一些骨片,上面刻画了线条纹饰。距今1.8万年前的'山顶洞人',在磨光的鹿角和鸟骨上刻有

---

① 薛富兴:《山水精神——中国美学史文集》,南开大学出版社2009年版,第56页。
② 曾祖荫:《中国古典美学》,华中师范大学出版社2008年版,第2页。

疏密不等的线痕。"①这些线条和线痕,可能与记事或表意有关,很可能有了某种装饰的意味,表明原始先民在制造工具的同时,初步萌发了某种审美的要求。例如,在先秦文献中,有不少关于人体文身的记载,它们在一定程度上反映了原始人的审美习俗。《礼记·王制》:"东方曰夷,被发文身,有不火食者矣。南方曰蛮,雕题交趾,有不火食者矣。"《疏》云:"雕,刻也。题,额也。谓以丹青雕题其额。"如果说原始人的文身含有审美的因素的话,那么这种审美因素和图腾崇拜是分不开的,而和现代人文身以求美的观念似乎并不完全相同,这只能说是审美意识的萌芽。

　　从新石器时代的彩陶文化到商代的青铜器,都雄辩地说明,形式美追求是人类审美意识的最核心内容,形式感是人类审美意识的起源。所谓人类早期审美意识,其最具体的内容便是先民在各类人造饮食器具、器物上所表现的对形状、色彩的讲究,这种讲究的趣味和实现能力,是反映在器质文化对象上普遍、强烈的形式装饰行为。"离开了对早期人类器质文化的考察,离开了对人类早期器质文化对象上形式装饰与美化之迹的研究,早期审美意识研究便根本无从谈起。"②

　　先秦饮食审美在审美实践中起着主导作用,推动了审美活动的日益深化。从器质到观念,从感性到理性,是先秦审美意识发展的大致行程。

(一)审美意识从无到有

　　人的基本需求是有优势层次之分的,美国社会心理学家亚伯拉罕·马斯洛将人的基本需求概括为生理、安全、爱、尊重和自我实现这五种基本目标。其中,生理需求是人的最基本需求,也是最优先的需求。他在《人的动机理论》一文中指出:"如果所有的需要都不满足的话,那么,有机体就会被生理需

---

① 刘锡诚:《中国原始艺术》,上海文艺出版社1998年版,第15页。
② 薛富兴:《山水精神——中国美学史文集》,南开大学出版社2009年版,第57页。

要所支配。而其他的需要简直变成不存在了,或者退到隐蔽地位。这时,可以简单地用'饥饿'二字来反映整个有机体的特征,人的意识几乎完全被'饥饿'所优先支配。全部能量都置于满足食物的需要上,而这些能量的组织,也几乎完全被追求食物这一目标所支配。"①

饮食是人类的欲求与愿望,以满足生理需要为条件能够充分调动人的积极性,激发人的行动,"饮食者也,侈乐者也,民之所愿也,足其所欲,赡其所愿,则能用之耳。今使衣皮而冠角食野草,饮野水,庸能用之?伤心者不可以致功"(《管子·侈靡》)。饮食作为人的最优先的生理需求也是人的基本目标,精神追求或文化活动都是在生理需求得到满足后方能进行,可以说,饮食是人类文化活动的基点也是审美意识生发的起点。"审美意识是指心灵在审美活动中所表现出来的自觉状态。作为一种感性的意识形态,审美意识是被意识到并被系统化的审美经验。它包括主体的感受能力、思维方式和审美理想等,是以形成生理快感为基础,在心物之间反复融通,在物我同一的基础上形成,并在各种社会生活因素的影响下造就起来的心理特征,因此受着文化形态和一般文化心理的影响,是总体社会意识的有机部分。"②

饮食既能满足人的生理需求又能满足人的精神需求,"饮食美学居于物质形态和精神形态的中端,它最本真的呈现是生活和历史"③。美感是以生理的快感为基础的。这种生理的快感,人与动物有一定的共同性,但它不是美感的全部和核心内涵,其核心内涵应该是以情感为中心、以想象力为动力的综合心理功能。《荀子·正名》云:"性者,天之就也;情者,性之质也;欲者,情之应也",以及"性之和所生,精合感应,不事而自然谓之性。性之好、恶、喜、怒、哀、乐谓之情"。以情感为中心的审美心理功能,乃以性味本体,寓情于形神

① 〔美〕马斯洛等著:《人的潜能和价值——人本主义心理学译文集》,华夏出版社1987年版,第163页。

② 朱志荣:《中国审美理论》,北京大学出版社2005年版,第129页。

③ 赵建军:《中国饮食美学史》,齐鲁书社2014年版,第28页。

统一的身之中。在人类由猿猴向人转变的漫长过程中，主体由生理向心理的生成是一个决定性的标志。《黄帝内经·素问·宝命全形论》云："天复地载，万物悉备，莫贵于人。人以天地之气生，四时之法成。"主体的心灵正寓于这种创化之中，而让主体能够感受到生命的力量。这首先是强调了生理为心理的基础，心寓于身之中。《荀子·荣辱》："目辨白黑美恶，耳辨声音清浊，口辨酸咸甘苦，鼻辨芬芳腥臊，骨体肤理辨寒暑疾养，是又人之所常生而有也，是无待而然者也，是禹、桀之所同也"；《荀子·王霸》："故人之情，口好味而臭味莫美焉，耳好声而声乐莫大焉，目好色而文章致繁、妇女莫众焉"；《荀子·正名》："心有征知。征知则缘耳而知声可也，缘目而知形可也"；等等，都强调了心理的生理基础，并且强调了心起到了统摄全身之气的作用。因此，人在生命活动的过程中，由于外物的感发激荡，引起情感的震动，使得身心突破沉寂，借以达到更高境界的平衡。这也是审美心态和审美活动产生的根源。

人类身心结构的一致性，人们所处的自然社会环境的稳定性，以及具体文化艺术载体的长久存在，使得作为精神财富的审美意识在不同的时间和空间得以传承。"文明的发展其实就是一个感官欲望不断增强的过程：时代越久远，人类与鬼神的感官受到味、声、色的诱惑就越少。《礼记·礼运》通过祭祀供品的变化来描述文明的发展演化过程：从生到熟，从无味到有味，从不割到割，从整体到切碎；从远古时期祭祀的质朴、原始与无味，发展到后世使用火来煮或烘烤，用香辛佐料来增加祭品的滋味；祭祀从用水发展为用酒。"①随着时间的推移，审美感官上的体验与刺激逐渐强化，审美意识会在一代又一代的传承中得以继续丰富和发展。

在一定的自然环境下，在物我交流的劳动中，人类开始了从动物到人、从生理到心理的发展。伴随着这种发展，人类的审美意识也逐渐生成。审美活动与人的先天本能和感性要求有关，从好奇的童心对世界的观照开始萌芽，逐

---

① ［英］胡司德：《早期中国的食物、祭祀和圣贤》，刘丰译，浙江大学出版社2018年版，第89页。

步由自发性的活动变成自觉性的活动。审美活动的诞生,取决于情感和思维的诞生。随着主体从生理快感升华为包含着生理快感的心理快感的日渐形成,主体对于符合身心需要的形式感的追求,决定了审美活动的特征及其发展的方向。因此,主体在审美活动中起着主导作用,主体的社会实践推动了审美活动的日益深化。

从最早的器质审美创造形态,如彩陶与青铜器,从器质到观念,从感性到理性,这些都是先秦审美意识之发生,或中华早期审美意识之最基本历史信息,是此后美学史不可重复的东西。从新石器时代的彩陶文化到商代青铜器,它们雄辩地说明:形式美追求是人类审美意识的最核心内容,形式感是人类审美意识的起源。所谓人类早期的审美意识,其最具体的内容便是先民在各类人造饮食器具、饮食器物上所表现出的对形状、色彩的讲究,这是强烈的形式装饰行为。离开了对先秦饮食器具形式与装饰的研究,早期审美意识研究便根本无从谈起。审美意识最初脱胎于实用功利行为,最早的审美意识是在实用器物上超实用的形式趣味与装饰行为,兼顾实用与审美的工艺器物是人类早期审美创造的典型形态。

实用对审美意识产生的意义还在于,实用技术的进步提高了人们驾驭形式的能力。石器、玉器由打制到磨制,陶器由手工到轮制,都使得工艺品更为实用,也更精美。随着分工越来越细,工艺制作业越来越精。它的节奏、对称,奇妙、自由、活泼的生命形态,可谓千变万化。从再造的自然中体现出自己的理想,一个文字、一件工艺品,就被当作一个完整的生命形态,一个完整的天地境界。从简单的模拟,到超越模拟的表现,到对图案的抽象升华,再到运用几何纹样的形式规律和表意性,在过程中主体的审美意识出现了一个个飞跃。这时的审美意识,便在器物的制造和工艺品中,借助于物态器皿的过程中,人们对自然界的法则,诸如均衡、对称、色感等形式韵律逐渐有了一定的意识。这种意识从自发到自觉,通过对物质材料的征服,使之在创造过程中得以表现,获得更多的交流和传播,并通过社会的培养,造就了一代又一代人的审美意识,使审美意识得以凝定和积累。

原始艺术通过技巧征服物质材料,实现自己的审美理想,从而日渐显著的培养并体现出审美意识。古人将自己的形式感、色彩感表现在器皿的制作和艺术的创造中,使自己的审美意识获得了物态化的形式。

(二)饮食审美实践

实物造型甚至文字,其最初的形态都是由其实用功能决定的。器皿的实用功能启迪了先民们的审美意识,物质器皿也因此具有了精神的意义。由简单摹仿到游戏性的创造性摹仿,实用便进入了审美。先秦时期饮食的产生首先是缘于先民们温饱的需要。饮食器皿、饮食礼仪等都成为表达文化和审美的传播,有了刻画符号和图像,在结构上进入感性化、节律化的状态,进入了审美状态,体现出人文的情调和生命的意识。

从实用到审美是从物质产品转化为精神产品的过程,其中体现出人们的审美意识,尤其是审美理想。早在石器时代许多实用工具如石斧、石铲就被转化为作为精神产品的玉斧、玉铲等,兼有礼器、祭器和审美欣赏品的功能,以后更逐渐变成了专门的审美欣赏品,礼仪和内容升华为"有意味的形式",高度体现了主体的审美理想,并在艺术的探索创新中推动着审美意识的发展。肇源于烹调的鼎,后来逐渐被用作礼器,并体现出审美的追求,具有审美的价值和意义。实用的器皿,受偶然现象的启发和纹饰的影响,也被加上了审美性的装饰。这些都与实用的器物本身具有被审美地对待的潜能有关系。

作为祭祀饮食活动物质载体的饮食器具也展现着先秦初民们的审美意识,"由仪式诞生而形成的仪式美感,人感到了一种外在的巨大力量进入自己成为自己可以拥有的力量而来的快感,这一快感是与宇宙整体融为一体的快感。当这一快感由仪式中的精美物象体现出来时,就成为美感"①。从实用到

---

① 张法:《中国美学的上古起源》,《西北师大学报(社会科学版)》2020年第1期。

审美,并不局限于实用的物品转化为体现审美理想的审美对象,同时还包括主体的日常生活心态转化为审美的心态,从生活感受中升华出审美的趣味来。如庄子所说的庖丁解牛,便是从日常生活中升华出来的审美体验。

以平常之心体味身边草木的审美情趣,感悟物象的亲和适性,这种方式也使日常生活变成审美的情境,实用心态转换为审美心态。日常生活和劳动中的节奏升华为艺术的节奏,也是从实用到审美的有力佐证。审美意识就是在这样心物之间的反复融通、物我同一的基础上形成的,既往的审美经验丰富和充实着主体的审美意识。可见,从实用到审美是一个历史进程,从饮食到审美也是一个历史进程。

装饰的需要是审美活动产生的内在根源。早在旧石器时期,先民们在石器和陶器的制作中有了自发的审美活动。他们在现实的生活中不断地总结,并且诗意地引申和生发,从装饰、美化的意义上去理解美。先民们真正的审美的自发意识萌芽于饮食器皿的制造。从打制石器开始,先秦先民就逐步在感受形式的规律。从北京人的石器到山顶洞人的石器,我们可以看出石器制作过程中审美意识的变迁过程,从偏重实用方便的尚无定型的形态,到象生形、几何形,再到日渐均匀规整,越来越光滑,先民们便逐渐有了审美的要求,并且出现了专门的装饰品。从陶器的形制与纹饰,到神话的创构与充实,莫不体现了先民们的审美情趣与审美理想。

在制造饮食器皿的过程中,先民们对自然界的法则,诸如均衡、对称、色觉等形式规律逐渐有了一定的意识,形成了自己对物象的形式感。这种意识从自发到自觉,并且通过对物质材料的征服,在创造过程中得以表现。在器皿的制造中,先民们体现着自己天性中摹仿的本能。器皿的造型和纹饰对于动植物形象的大量再现,就是出于摹仿。通过对周围世界的摹仿,先民们既满足了自身的本能,又表达了拓展自我、征服世界的朦胧要求,这正是人类纹饰和图案的起源。先民们在彩陶中使用鱼、蛙、鸟和植物图案,为后代所继承。三代的礼器都盛行用具象的鱼纹、蛙纹和鸟纹做装饰,体现了先民们自发的审美追求,同时也反映了他们原始宗教式的征服的欲望。

而实用的需要和宗教、政治等意识形态的影响,又推动了人们在制造工具和器皿的过程中运用法则,使得工具和器皿的造型与纹饰在为宗教和政治服务的过程中又得到深化和发展。例如,宗教对审美的推动,在商代就表现得尤为明显。由于宗教祭祀方面的原因,牛、羊等动物的头形较早且更多地成为制器之形及其中的纹饰。器皿中的鸟兽形象常常是祖神和王权的象征。商代的工艺品受宗教的影响,有了普遍的存在、逐步定型并且形成传统的母题,如人兽母题等。至今,商代的许多审美结晶还保存在我们的审美意识和民间文化中,例如,民间的小孩虎兜、老虎童鞋和各种装饰图案等,依然还有着商代审美文化的影子。

对色彩的兴趣也是审美活动起源的重要标志。原始人生活在五彩缤纷的世界里,不知不觉地就产生了对色彩的感觉和意识,对色彩的运用日渐成为先民们思想意识得以呈现的主要形式。山顶洞人佩戴的装饰品的穿孔,几乎都带有红色,似乎用赤铁矿研磨的红色粉末染过,埋葬尸体时洒上赤铁矿粉,反映了他们对色彩的有意识的运用。由于人的血液也是红色的,原始人把红色作为生命的象征,使用红色有求再生之意。这其中交织了原始宗教的观念。色彩逐渐从官能的快感发展到心灵的愉悦,乃至承载着社会文化内容,成为一种象征符号,具有宗教和审美的价值。从新石器时代开始的原始彩陶,反映了人类童年时代对缤纷五彩的迷恋。到商代的甲骨文里,已经有了四个色彩词,即幽(黑)、白、赤、黄,用来表示牲畜的色彩。总之,先秦先民们饮食审美活动的诞生经历了一个从生理到心理、从无意识到有意识、从实用到审美的过程,而后的礼仪活动等又推动了饮食审美活动的深化与发展。

装饰的需要是审美活动产生的内在根源。新石器时代,先民在石器和陶器的制作中有了自发的审美活动,他们在现实生活中不断地总结,并且诗意地引申和生发,从装饰、美化的意义上去理解美,将其推广到社会生活的一切领域。而先民真正的审美的自发意识萌芽于饮食器皿的制造。从食器的制作过程中可以看出审美意识的变迁过程,从偏重实用方便的尚无定型的形态到几何形,再到日渐均匀规整,越来越光滑,人们便逐渐有了审美的要求,并且出现了专门的饰品,反映了先民们的情趣和审美理想。

二、 先秦饮食审美观念对先秦审美观念的贡献

初始状态的饮食审美意识萌芽于原始社会时期,较为明确的饮食审美观念则形成于商周时期,先秦时代的饮食审美思想便已构建出后世中国饮食审美的主体部分,"尤其是春秋战国时代,诸子蜂起,百家争鸣,各家各派的哲学思想都得到了充分的发展并自成体系,后世历代的思想都不过是在诸子百家中择取一点,联系当时的社会现实,加以发挥、发展。因此,研究先秦两汉尤其是春秋战国的饮食美学思想,对于研究整个中国饮食美学史,是至为重要的"①。考古出土的陶制、漆制或青铜制食器是考察先秦时代初民饮食生活的直接依据,这些实物遗存和流传至今的文字材料是我们探究华夏饮食审美观念的有力支撑。"先秦审美史的最早阶段处于中华史前文明时代,彩陶正是这种单纯器质文化的审美代表。商代是中华文化从器质向观念过渡的阶段,以器质文化形态传达精神观念信息,是中华文化转型的最好证明。"②

先秦先民审美意识主要表现在以下几个方面:首先,是从这些工具的制造中,开始出现了重视形式美的萌芽。人们可以从中看出它们都程度不同地具有均衡或对称的形式,出现了具有规则性的样式,例如长方形、菱形甚至几何图形等。说明了在饮食器具的制造过程中,开始出现了真正原始意义上的形式美的萌芽。这种形式美的萌芽,无疑是此后大大丰富、发展起来的形式美之滥觞。其次,是从这些饮食器具的制造中,开始出现了重视色彩美的审美意识的萌芽。在当时的器具上已经讲究色彩和装饰,这说明先秦人的审美意识已经开始离开纯粹实用的意义,向着独立的方向起步和发展。说明了此时的人

---

① 杨东涛等:《中国饮食美学》,中国轻工业出版社 1997 年版,第 88 页。
② 薛富兴:《山水精神——中国美学史文集》,南开大学出版社 2009 年版,第 57 页。

类再生产,已经远远不只具有满足物质和肉体机能需要方面的意义,同时也有精神、文化方面的意义;并且这种创造的目的,最终只是为了人的物质和精神的需要。

饮食器具的改进及其在某种程度上的装饰美化,"两者虽然都是'自然的人化'和'人的对象化',但前者的着眼点主要在于实用的价值,后者的着眼点却是精神和意识的价值;前者是一种物化的活动,后者则是一种精神的生产,或者说是人的审美意识的一种物化。这后一种物化,正兆示着艺术的产生,以至意识形态进一步发展的胚胎。正是在这个意义上,它在美学思想发展史上的意义,才是不能低估的"①。在饮食器具的制造上,"我们发现了它们中所包含的明显的文化创造的形式,即在自然界客观规律的暗示下,自然状态的人已经开始摆脱纯粹动物性官感刺激的愉悦,而具有社会性的审美意识和能力的萌芽"②。

我们从陶器的图饰中,可以看到当时的已经开始趋向成熟的审美意识以及关于审美的观念。这些形式、品种相当繁复的彩陶,不只是着眼于满足物质生活需要这一功用目的,而且也是为了满足人类的精神文化方面的审美的需要,按照美的法则进行的创造,是先秦先民的创造性想象力的显现和胜利。在这些陶器上,有极为丰富的纹样。有些纹样显然是与人有关的自然之物的模拟,例如半坡村等地出土的陶器中的人面纹、鱼纹、鸟纹、鹿纹、蛙纹、蜥蜴纹,以及模拟鱼网的网纹,模拟植物的植物纹样等。

从审美主体方面说,除了自然存在的规律之外,先秦先民既无先验的关于某种形式美的概念,也没有现成的模式可资遵循。所以人类的任何创造,包括美的创造,是不能不自模仿开始的。但我们又不能不看到,此时出土的几何纹样中,更多的、占主导地位的则是变化多端的几何纹样,如三角纹、方格纹、螺纹、锯齿纹、宽带纹、连珠纹、圆圈纹等,这说明了此时的先秦先民已经摆脱了

---

① 敏泽:《中国美学思想史》,齐鲁书社1987年版,第6页。
② 敏泽:《中国美学思想史》,齐鲁书社1987年版,第5页。

根据自然存在规律性的暗示,即摆脱了模仿的阶段,而进入更高一个层次的创造。这从当时纹样的风格、形式上,也可以看得十分清楚。在风格上,有的出于模拟、写实,风格朴素,如陕西临潼姜寨所出土的橙红色陶盆上,用与底色对比强烈的黑色,画了一个醒目的大蛙,缩颈大腹,背上缀满圆斑,正在向盆沿爬去;宝鸡北首岭陶盆外围所画的并向游动的双鱼,西安半坡两件彩陶盆上所画的相互追逐的鱼;等等,反映了游猎生活中先民对于鱼的形象的认识和模拟;有的风格则比较夸张,富有幻想色彩,例如,西安半坡所出土的人面鱼纹彩陶盆,以及宝鸡北首岭所发现的与之大同小异的陶片,都鲜明地表现了浪漫幻想的色彩。

这些众多的几何纹样的出现,无疑说明了先秦先民们在千万次对于自然的观察和认识中,所开始形成的对于自然现象的抽象和概括。这无疑是人类审美意识发展史上的又一个飞跃;表现外物,不只是停留在简单地对自然本身的模拟上,而是产生了处于朦胧阶段的、开始脱离了模拟,逐步走向抽象和概括。他们运用点、线的大小、长短、疏密、曲折、交叉、重叠,巧妙地变化出众多的图案来,构图完整对称,富有整体感,线条优美流畅,富有动态感和韵味,在艺术上达到了很高的水平。这些画绘包含着夸张与变形,想象和概括,特别是它的以线条作为造型的基本手段,充分说明了此时进化了的原始人在审美意识、能力等方面的进一步提高,为以后我国工艺美术的图案奠定了初步的、然而又是坚实的基础。总之,彩陶从最初的具体的功用目的,日益由模拟、写实,走向抽象、规整、优美的几何图案,无疑同时也表现着人们审美艺术和表现能力的进化和提高。这有力地说明了先秦先民已经逐步形成了自己的审美观念,而且已经达到了相当的水平,对我国以后的美学思想史的进一步发展,产生了重大影响。这影响不只是审美观念方面的,同时也是美的形式方面的。这一点,在后世的绘画和造型艺术中,可以很清楚地看出来。

人类文化创造从硬碰硬的器物开始,中华早期审美意识起源研究也只能以先民制作的各类日用工具、器皿为起点。器质文化创造(即带工艺装饰因素的日常劳动工具、用品)是中华早期审美活动的最初、唯一形态。从器质文化到观念文化,从工艺审美到艺术审美,从感性审美对象创造到审美理论观念的发生,这便是先秦审美意识发展的基本脉络。它是中国先秦美学史的独特内容,同时也足以揭示人类早期审美意识发展之共性。"中国美学史上许多重要现象都要追到这里才可获得较深入的解释,本时期审美行为为此后整个美学史铺下极为浓厚的民族性底色。"①

先秦时期,随着人类物质生产劳动的发展,人的审美意识也形成并发展起来了。先秦人所面临的首要问题,首先是在与自然斗争中求温饱、求生存的问题。正是在为求温饱、求生存而进行的长期的物质生产活动中,人类才使自己得到了不断的发展,并造就、锻炼、培养了人的主体的各种机能和意识,包括人的美的创造的机能和意识。人类审美意识的发展,在最初,也是紧紧依附于人类的物质生产进程的。在长期的劳动实践中,先秦先民所创造并逐步积累起来的物质和精神财富,包括人的审美能力,作为无形的文化累积,被一代一代地传承下来,成为新的审美文化创造的起点。

因此,先秦饮食审美意识所表现出的这种极浓厚的世俗文化特征便不只是一种民族性特征,不只是一种个性,"实乃人类审美文化之普遍精神,一种共性,是对人类审美精神的最典型呈现"②。

第二节　先秦饮食活动与中国早期审美观念

中华审美意识从无到有,从最早的器质审美创造形态,如彩陶与青铜器,到最早的审美观念"味""和",以及从器质到观念,从感性到理性的最初演变线索等,这些都是中华审美意识的发生或中华早期审美意识的最基本历史信

---

①　薛富兴:《山水精神——中国美学史文集》,南开大学出版社 2009 年版,第 53 页。
②　薛富兴:《山水精神——中国美学史文集》,南开大学出版社 2009 年版,第 58 页。

息，"是此后中华美学史不可重复的东西"①。

先秦审美是中华世俗文化个性在审美领域的第一次表达，其后不绝如缕。它有发达的工艺审美传统，从彩陶到青铜器，工艺审美创造一直都是中国人的骄傲。"正如发达的饮食文化传统，在观念审美层面它也有着固执地追求文艺审美功利主义传统，'文'与'质'这个话题在中国美学史上历久不衰。"②

从器质文化到观念文化，从工艺审美到艺术审美，从感性审美对象创造到审美理论观念的发生，这便是先秦饮食审美意识发展的最基本脉络。它是中国先秦美学史的独特内容，同时也足以揭示人类早期审美意识发展的共性。先秦饮食审美意识发生的历史进程，较充分地揭示了人类早期审美意识发生、发展的基本规律。先秦饮食审美中的重要审美概念促进了先秦美学史的相当程度的发展，成为民族审美心理结构中一种重要的有机组成部分，奠定了最初的但又是稳固的基石。

一、先秦饮食审美与人类饮食审美结构

先秦时代的饮食内涵丰富，不仅仅局限于"果腹""充饥"等满足生理需求的范围，饮食是维系家族生存与发展的重要活动，饮食活动是家族中的一项重要的精神生活。"夏商周时期是中国饮食烹饪的发展期。起初，烹饪的目的是为了敬神祭祖，后来便逐渐地由部族、国家敬神拜祖性质的巫术仪式转化为家庭、家族的生活事务。"③饮食活动作为先秦初民的精神生活的重要组成部分，从而饮食活动也成为了创生观念文化、唤起审美意识的关键领域。从食物的"五味"调和，到饮食的中和之道，再到人与神关系调节的祭祀活动，先秦饮食审美无不深刻地影响着人类的饮食审美结构。

---

① 薛富兴：《山水精神——中国美学史文集》，南开大学出版社 2009 年版，第 53 页。
② 薛富兴：《山水精神——中国美学史文集》，南开大学出版社 2009 年版，第 55 页。
③ 赵建军：《中国饮食美学史》，齐鲁书社 2014 年版，第 25 页。

（一）谨和五味

先秦先民特别注重"五味"调和，因此，久而久之便养成了善于辨味和追逐美味的习俗。清代诗人曹庭栋在其《老老恒言·卷一·饮食》中讲："凡食物不能废咸，但少加使淡。淡则物之真味真性俱得。"①这种真味、真性只有在慢慢地仔细品味中才能获得。这是有闲生活的点缀，更是中国人饮食生活审美追求的体现。正因为如此，中国烹调理论的核心就是调味，使食物味道与食客的口感统一起来，并使之有利于健康。"夫人之情，目欲綦色，耳欲綦声，口欲綦味，鼻欲綦臭，心欲綦佚。此五綦者，人情之所必不免也"（《荀子·王霸》）。追求快感与美感是人的天性，不同的器官尤其对应的欲望，比如，目—"色"、耳—"声"、口—"味"、鼻—"臭"、心—"佚"，"五綦"概括了人的基本欲求，由此也作为人类审美意识的基础。"钟鸣鼎食"的生活样态能够同时满足"五綦"的审美需求，成为先秦饮食审美的典型模式。"五綦"之中有"两綦"与饮食直接相关，关乎以口、舌、鼻来品尝、辨别美食之味。"若夫目好色，耳好听，口好味，心好利，骨体肤理好愉佚，是皆生于人之情性者也；感而自然，不待事而后生之者也"（《荀子·性恶》）。"口好味"是人的本性，饮食是人的基本欲望之一，饮食活动是先秦时代先民们获得审美体验满足审美需求的重要方式。

"阴阳五行"说是中国古代文化所设定的世界模式。既然饮食烹调是世界的一部分，自然也要循此规律，因此，不仅产生了"五味"说，而且还把众多的谷物、肉类、蔬菜、水果分别纳入"五谷""五肉""五菜""五果"的固定模式。"五谷为养，五果为助，五畜为益，五菜为充。气味合而服之，以补精益气。此五者，有辛、酸、甘、苦、咸，各有所利，或散、或收、或缓、或急、或坚、或奂，四时五藏，并随五味所宜也"（《黄帝内经·素问·藏气法时论》）。饮食的"五味"均有相应的调节肌体的功能，辛味—"散"、酸味—"收"、甘味—"缓"、苦味—

---

① （清）曹庭栋：《养生随笔》，上海书店 1981 年版，第 11 页。

"坚"、咸味—"软",以"五味"之特性调节肌体,根据身体状况来调节饮食以达到最佳的饮食搭配——"气味合",充分发挥食之"五味"有益健康的作用。"阴之所生,本在五味,阴之五宫,伤在五味。……是故谨和五味,骨正筋柔,气血以流,腠理以密,如是则骨气以精。谨道如法,长有天命"(《黄帝内经·素问·生气通天论》)。食物的"五味"是合理饮食的关键,"五味调和"不仅是"合口味"的感官审美,更是符合饮食而维持生命的最原初的本义。

中国的审美文化与先秦时代的饮食生活密切相关,日常生活饮食实践为先民们审美意识的萌发提供了重要的生发场景。"'品''味'以及后来的'品味'概念的出现,是中华早期饮食文化从'裹腹饮食'发展到'口福饮食',亦即'饮食审美'的重要标志。中华早期审美意识之觉醒正大有赖于斯。"①饮食之"味"经过不断地演变最终成为中华文明中的一项重要内容,"味"的观念源于先民们的饮食,并在此基础上深刻地影响着社会生活的其他方面。

"味"从饮食烹饪中来,逐渐脱离了"食"的本体,进入到了思想观念领域成为了审美文化的一项重要内容,"'味'本是'食'的属性,是完全依附于'食'的。随着人们在进食时越来越重视'味',后来'味'竟然脱离'食'而独立,甚至变成了食的代称,让人忽略了食。仿照庄子寓言说的'得意忘言',可以说是'味'而忘'食'"②。"味"自独立于"食"之后,逐渐发展为一个内容丰富的观念体系。"中国古代美学精神,是由以'味'为美构成的一个复合的互补系统。中国美学认为,'美'是一种如同快适滋味一样的事物。不只视觉快感及其对象是'味',五觉快感乃至心灵的满足及其对象也是'味'。"③孟子将"味""声""色"之悦比之"理义"之悦,"口之于味也,有同耆焉;耳之于声也,有同听焉;目之于色也,有同美焉。至于心,独无所同然乎?心之所同然者何

---

① 薛富兴:《品:一个关于审美判断的普遍性范畴》,《南开学报(哲学社会科学版)》2019年第4期。

② 高成鸢:《饮食与文化》,复旦大学出版社2013年版,第47页。

③ 祁志祥:《中国美学通史》,人民出版社2008年版,第11页。

也？谓理也，义也。圣人先得我心之所同然耳。故理义之悦我心，犹刍豢之悦我口"（《孟子·告子上》）。

"味"是中国古典审美的重要方式，口—味、耳—声、目—美、心—理—义，在"味"的引导下建立起一个"全方位"的感官审美系统，"美是一个色声味整合的体系。中国美学的特点，不是把美作为一个独立的领域，而是将其与所有领域关联起来。这同西方把美主要看做视听的美感和艺术的美感而与其他领域区别开来是截然不同的。当中国美学在先秦成熟之时，是色声味等作为一个体系共同进入的"①。既然人类生来就有口与鼻，有味觉与嗅觉，就不应将它们的审美排除在外。中国美学观照人类的现实生活，人们在日常生活中的实际体验是审美活动的重要基础，正是由于人们能同时感知着身体各器官传递来的信号，"全方位"地感受着他们周围的世界，人们试图以审美的方式进行生活才具有可能性。没有口与鼻参与的审美是不完整也是不真实的审美。

中国饮食从先秦时代以来并不提倡厚味，"脍炙"美味也是细切而成的精细之作，"淡味"或"无味"之味成为人们追求的最高境界。"玄酒"通常为先秦时代祭祀仪式上的一种酒，"玄酒"之美古人以谓"贵五味之本"，"五味"是从无味发展而来的。"酒醴之美，玄酒明水之尚，贵五味之本也。黼黻文绣之美，疏布之尚，反女功之始也。莞簟之安，而蒲越稿鞂之尚，明之也，大羹不和，贵其质也。大圭不琢，美其质也"（《礼记·郊特牲》）。"玄酒"的味道并不厚重，但在祭祀礼仪中这种寡味的玄酒却被视为上品，这是以"淡味"为贵，故"玄酒"之"寡味"成为"五味"的根本。先民们认为厚味的烈酒不及淡味的玄酒，味浓的食物不及甘味的食物，艳丽的色彩不及轻淡的着色，"君子曰：甘受和，白受采；忠信之人，可以学礼"（《礼记·礼器》）。可见，在饮食烹制的时候，"甘味"是"五味"之根本，在"甘味"的基础之上调和百味；在绘制图画之时，"白色"是"五色"的根本，在"白色"的基础之上调和五彩；在为人方面，

---

① 张法：《"美"在中国文化中的起源、演进、定型及特点》，《中国人民大学学报》2014年第1期。

"忠信"是"礼"的根本,忠信之人才有资格进一步学礼。

在"五行"观念体系中,"五味"之"甘"属"土","土爰稼穑","甘"是谷物的味道,谷物给人们带来了精神上的愉悦,"成熟的谷物"为"乐"最初的意义,尽管粮食谷物的味道并不强烈,含在口中只有淡淡的甜味,但先民们认为这样的味道是美好的,谷物是人们辛勤劳作的成果,也是维持族群生命的必备之物,粮食是生命的基础,谷物粮食的"甘"味也成为了"五味"的根本。"在五味之中,甜(甘)最容易感到味美的愉快,辛、苦、酸都容易尝到味的不快,因此三味延伸到心理感受,都是负面的(艰辛、辛劳、辛苦,痛苦、贫苦、劳苦,心酸、酸楚、寒酸),咸是中性的。由甜而来的甘,可以代表味的美,进而成为普遍的美"①。

以"极音""致味"来满足"口腹耳目"的欲望,此种做法是有违古礼、有损身体的。"是故乐之隆,非极音也。食飨之礼,非致味也。清庙之瑟,朱弦而疏越,壹倡而三叹,有遗音者矣。大飨之礼,尚玄酒而俎腥鱼,大羹不和,有遗味者矣。是故先王之制礼乐也,非以极口腹耳目之欲也,将以教民平好恶而反人道之正也"(《礼记·乐记》)。强烈的色彩、声音、味道等对人是一种伤害,"五色令人目盲;五音令人耳聋;五味令人口爽;驰骋畋猎,令人心发狂;难得之货,令人行妨。是以圣人为腹不为目,故去彼取此"(《老子·道经·第十二章》)。不经调和的"五色""五音""五味"是危险的,可以扰乱人的生理感官和心智情态,"玄淡"是最佳的生活方式,饮食温饱即可,而不能无节制地沉迷于生理感官上的享乐。"是故五色乱目,使目不明;五声哗耳,使耳不聪;五味乱口,使口爽伤;趣舍滑心,使行飞扬。此四者,天下之所养性也,然皆人累也。故曰:嗜欲者,使人之气越;而好憎者,使人之心劳;弗疾去,则志气日耗"(《淮南子·精神训》)。在这里进一步阐释了要正确对待"五色""五声""五味""名利"这些欲望,切莫"嗜欲"放纵与滥用,适度把握这四项内容可以"养

---

① 张法:《礼乐文化中美学的三大概念:旨、甘、味》,《河南师范大学学报(哲学社会科学版)》2014 年第 3 期。

性"，过度享用这四种欲望则会为其所累。

食物能充分调动人们的"味觉"，找寻美味、烹制美味、体验美味的过程中"味觉"一直在发挥着作用。"味觉可以分为心理味觉、物理味觉、化学味觉三种类别或过程。从视觉获得的食物的形状、颜色、光泽，嗅觉获得气味，到唇、齿、舌、口腔感受的食物的硬度、黏度、温度、湿度、咀嚼感、口感，进而是舌表面味蕾的经过神经纤维传导到大脑的味觉中枢而产生的对于食物味型的感觉，应当说是一个很复杂的味的审美过程。"①"味"是一种辨别"食"之"可食性"的重要手段，也是一种甄别事物之美的重要方式。"当人能够意识到这种'味'的存在时，便又更近一层开始了对不同的'味'的鉴别，这样香嗅臭逼，恶苦呕逆，人们基于'味'而对食物挑剔性的鉴别、选择并享受其味之甘饴的生活就开始了。"②"味"的审美方式贵在"味"并不仅仅停留在生理机能阶段，而是"味"能调动人的意识，"味"能激发人的思辨。由起初的"尝味"到介入理性分析的"辨味"再到建立富于审美理想的"寻味"，正是饮食之"味"由生理到心理，由感性到理性，由理性到审美的发展路径。

"味"源自"五味"，"五味"是"五行"观念体系中的重要组成部分之一，先秦时代的先民们往往会将"五味"与"五色""五声""六气"等联用，以体现其观念体系的整体性。"天有六气，降生五味，发为五色，徵为五声，淫生六疾。六气曰阴、阳、风、雨、晦、明也。分为四时，序为五节，过则为灾"（《春秋左传·昭公元年》）。"五官"之感并列在一起进行阐发，"口"之于"味"、"耳"之于"乐"、"目"之于"色"等，生理感官之间会交叉——"通感"，并且还会将生理感官与"政事""人性"等抽象理念关联。也许我们对"通感"并不陌生，"在日常经验里，视觉、听觉、触觉、嗅觉、味觉往往可以彼此打通，眼、耳、舌、鼻、身各个官能的领域可以不分界限。颜色似乎会有温度，声音似乎会有形象，冷暖

---

① 赵荣光：《中国饮食文化史》，上海人民出版社 2006 年版，第 302 页。
② 赵建军：《"食味"与原始饮食审美》，《扬州大学烹饪学报》2014 年第 2 期。

似乎会有重量,气味似乎会有体质"①。

孔子以肉食之"味"来形容"乐"给人精神上的震撼与满足,"子在齐闻《韶》,三月不知肉味,曰:'不图为乐之至于斯也'"(《论语·述而》)。可见,"味"已不仅仅是食物的气味,"味"已成为艺术审美的一种方式。"'味',作为审美范畴,魏晋以后有很大发展,中国艺术各个门类,诸如诗、词、赋、曲、文、书法、绘画,广泛地运用这一概念,成为最具中华美学特色的范畴之一。"②孟子以食之"味"来形容"理"也使"和"的观念进一步扩展,"谓理也,义也。圣人先得我心之所同然耳。故理义之悦我心,犹刍豢之悦我口"(《孟子·告子上》)。荀子则列举了诸多"目"—"色"、"耳"—"听"、"口"—"味"、"心"—"利"、"骨体肤理"—"愉佚"等"器官"—"其欲"的组合,以说明此乃人的本性,"若夫目好色,耳好声,口好味,心好利,骨体肤理好愉佚,是皆生于人之情性者也;感而自然,不待事而后生之者也。夫感而不能然,必且待事而后然者,谓之生于伪。是性伪之所生,其不同之征也"(《荀子·性恶》)。

"味"的观念自饮食活动领域不断地被借用到其他领域,这为"味"观念的演化发展提供了广阔的应用场景。"随着'味'的内涵的逐渐丰富、发展,到后来,一切心理情感上的满足、愉悦,都可以借用饮食生理的滋味来比况示象。"③饮食引发着人的情绪、情感的波动,不同味道的食物甚至能使人们形成情感的记忆,极大地影响着"下一次"的饮食行为,"毫无疑问,精美的食品是令人愉快的,而且需要一定的辨别力,这一辨别力是味觉愉快长期培养的额外结果。明白地说,知觉鉴赏力和味觉享受至少是审美鉴赏力和享受的近亲"④。正是通过长期的饮食生活实践,人们形成了较为固定的食谱搭配、烹

① 钱钟书:《钱钟书论学文选(第六卷)·通感》,花城出版社1990年版,第92页。
② 陈望衡:《中国古典美学史》,武汉大学出版社2007年版,第84页。
③ 臧克和:《汉语文字与审美心理》,学林出版社1990年版,第67页。
④ [美]卡罗琳·考斯梅尔:《味觉:食物与哲学》,吴琼、叶勤、张雷译,中国友谊出版公司2001年版,第177页。

制方法、食用方式等,体现了独特的地方特色,味觉经验得以代代相传,饮食审美鉴赏能力逐步提高,味觉审美观念沉淀为一种集体的"味觉记忆",成为一个地方传统文化中的重要内容。

(二)"无味"之味

老子在"味"观念的基础上提出了"味无味",这是一种"无味"之"味",老子认为"无味"才是至高境界。"为无为,事无事,味无味。大小多少。报怨以德。图难于其易,为大于其细;天下难事,必作于易;天下大事,必作于细"(《老子·德经·第六十三章》)。老子倡导以"无为"的心态求"有为",以"无事"(不滋事)的方式来"做事",以"无味"(或淡味)入手品尝"滋味"。"无"是从细小入微之处着手,"无"是对看似弱势的一端的重视,"有"—"无","难"—"易","大"—"小(细)",弱势的一端孕育着向强势转化的可能,"无"有着向"有"转化的生命力。"五色令人目盲,五音令人耳聋,五味令人口爽,驰骋畋猎,令人心发狂,难得之货,令人行妨。是以圣人为腹不为目,故去彼取此。"(《老子·道经·第十二章》)在这里,人的欲望得到了否定,人们曾经认为好的、正向的事物成为了坏的、反向的事物以至伤害自身,这是一种辩证的思维,"人有福,则富贵至;富贵至,则衣食美;衣食美,则骄心生;骄心生,则行邪僻而动弃理。行邪僻,则身夭死;动弃理,则无成功。夫内有死夭之难,而外无成功之名者,大祸也。而祸本生于有福。故曰:'福兮祸之所伏'"(《韩非子·解老》)。在这里,我们可以看到事物的发展是有因果关系的,"祸兮福之所倚,福兮祸之所伏",具体的演变过程为:"福"—"富贵"—"衣食美"—"骄心生"—"行邪僻"—"动弃理"—"祸",其中,"行邪僻"的结果是"身夭死","动弃理"的结果是"无成功"。"衣食美"是导致"祸"的一项诱因,故老子发出了"五色令人目盲,五音令人耳聋,五味令人口爽"这样的警告。"执大象,天下往。往而不害,安平泰。乐与饵,过客止。道之出口,淡乎其无味,视之不足见,听之不足闻,用之不足既。"(《老子·道经·第三十五章》)"饵"即美食,"淡乎其无味"是"食"之"淡味"与"厚味"相对,老子也是借人们所熟知的"食"与"乐"来说明较为抽象的"道",只不过这里的"食"是一种"寡味"的、"淡味"的"食",意在其味之"淡","淡"近乎"无","无"才是"道"的境界。

老子以"无"论"道","老子是最先发见'道'的人。这个'道'本是一个抽象的观念,太微妙了,不容易说得明白。老子又从具体的方面着想,于是想到一个'无'字,觉得这个'无'的性质、作用,处处和这个'道'最相像"①。"无"的观念与"道"的含义趋同,"无"成为了"道"的一个代名词。老子是这样给"道"下的定义,"视之不见名曰夷,听之不闻名曰希,搏之不得名曰微。此三者不可致诘,故混而为一。一者,其上不皦,其下不昧,绳绳兮不可名,复归于无物。是谓无状之状,无象之象,是谓惚恍。迎之不见其首,随之不见其后。执古之道,以御今之有,能知古始,是谓道纪"(《老子·道经·第十四章》)。以目视而不得见——"夷",以耳听而不得闻——"希",以手搏而不能得——"微",老子以这三种生活中的实例来讲解"道"的状态,"道"是"无状之状,无象之象","无"是"道"的显著特征,"惚恍"是"道"的形态。"孔德之容,惟道是从。道之为物,惟恍惟惚。惚兮恍兮,其中有象;恍兮惚兮,其中有物;窈兮冥兮,其中有精;其精甚真,其中有信"(《老子·道经·第二十一章》)。大"德"的形态是由"道"决定的,"德"与"道"相通,"惚兮恍兮"为"无"的形态。"道生一,一生二,二生三,三生万物。万物负阴而抱阳,冲气以为和"(《老子·德经·第四十二章》)。"道"即为"无","有"呈现为"物","无"为这个世界的最初状态,"有"从"无"中来,"无"创生了"物"。

"味无味","无味"是最基本的"味",也是最高级的"味"。"无味"之中蕴含着"美味"的可能,"无味"是达成"美味"的起点,"无味"能生发出"美味","无味"之中蕴藏着无限的生机。"是故乐之隆,非极音也;食飨之礼,非极味也"(《史记·八书·乐书》)。"乐"之美好"非极音也","食"之美好"非极味

---

① 胡适:《中国哲学史大纲》,天津人民出版社2016年版,第43页。

也",在这里体现了"无味""淡味"的观念。

"玄酒""腥鱼""大羹"均为食材之味的原初状态,"玄酒"清淡近乎水,"鱼"未经加工处理故而保留其"腥","大羹"不具"五味",未经加入调味料的调制而保留其本味,这是"食"的起点、"食"的本真状态。"酒"—"食"组合依然是"飨礼"的重要内容,只不过均以"淡味"为主要基调,故有"玄酒"—"大羹"组合出现。这种饮食组合也是祭献鬼神的典型祭品,祭品往往是"无味"或"淡味"的,"鬼神的饮食与常人不同。尽管祭祀的时候还是要依据人的饮食而做成各种各样的祭品,但是,这些祭品最终还是要超越人的味觉标准。普通的'食味之道'是不能达到与鬼神交流的目的的"①。

祭祀重在精神而不在实际意义上的对祭品(食物)的食用与味觉上的享受,祭祀仪式引发了人们精神观念上的体验,常人喜爱之食味是符合"五味调和"原理的,这种食味是可口的且能充分激发味觉审美体验的,"常人之味"——"五味"是重在物质层面上的审美过程;而"无味"或"淡味"则是一种去"五味"化,一种主动的味觉感官上的钝化,一种去物质化的精神追求的过程,"祭品之味"——"无味"或"淡味"是重在精神层面上的审美过程。"其为人也,发愤忘食,乐以忘忧,不知老之将至云尔"(《论语·述而》)。在这里,"忘食"成为追求"无味"或"淡味"的一种特殊方式,以"不食"而远离"味"的诱惑,以减少"感性输入"的方式增强"理性输出"的能力,从而能够集中精力专心做事。

"淡味""寡味"不能激发人的欲望,扰乱人的心智,"非以极口腹耳目之欲"。"此皆质素之食,人所不欲也。虽然有遗余之味,以其有德质素,其味可重也。"②以"清庙之瑟"与"玄酒"—"大羹"的方式教育臣民"反人道之正",怀有"淡味""寡味"之心才能保持人之本性的"虚静"状态,重新返回到那种

---

① ［英］胡司德:《早期中国的食物、祭祀和圣贤》,刘丰译,浙江大学出版社 2018 年版,第82页。

② (清)孙希旦:《礼记集解》,中华书局 1995 年版,第983页。

心平气和的理性的生活。"淡味"可谓影响深远,王充在《论衡》中讲道:"大羹必有淡味,至宝必有瑕秽,大简必有大好,良工必有不巧。然则辩言必有所屈,通文犹有所黜"(《论衡·第三十卷·自纪》)。可见,"大羹必有淡味"是对"玄酒"—"大羹"的继承与发展。"有以素为贵者:至敬无文,父党无容,大圭不琢,大羹不和,大路素而越席,牺尊疏布幂,樿杓。此以素为贵也"(《礼记·礼器》)。在这里,倡导以"无"为"贵"——"无文""无容""不琢""不和""素""越席""疏布""樿"等,它们都以其最简单的形式以示尊贵。上等的羹汤尊重本味而不加调味料进行调和——"大羹不和",正是像"大羹"这样最本真的状态的饮食,备受先民们的推崇并以此为贵。"酒醴之美,玄酒明水之尚,贵五味之本也。黼黻文绣之美,疏布之尚,反女功之始也。莞簟之安,而蒲越稿鞂之尚,明之也。大羹不和,贵其质也。大圭不琢,美其质也。丹漆雕几之美,素车之乘,尊其朴也,贵其质而已矣。所以交于神明者,不可同于所安亵之甚也。如是而后宜"(《礼记·郊特牲》)。"五味"源自"无味","礼"讲究遵循古法,"礼"的原初状态是"朴",以"朴"为"贵",以"朴"的外在形式彰显其"质"的深厚内涵。

日常生活与祭祀之"礼"有着明显的区别,比如,甜的"酒醴"—淡的"玄酒",华美的"黼黻"—粗糙的"疏布",柔软的"莞簟"—生硬的"蒲越","丹漆雕几"的豪车—祭祀所乘的"素车",等等,并非时人没有财力、物力来用于祭祀活动,而是为了追念祖先,不忘其初,承袭古制,"尊其朴也,贵其质而已矣"。人类祖先的初始状态便是"质朴"的,正是"质朴"孕育了后世的"繁华","质朴"就是起点,祭祀活动也是不断地提醒时人要回望过去,反本修古,不忘其初,"以素为贵""尊其朴也"作为总的原则可以施用于多个方面,对于"味"便是"甘味",对于"色"便是"白色",对"德行"便是"忠信","甘受和,白受采;忠信之人,可以学礼"(《礼记·礼器》)。对于"饰"便是"不琢",去除雕饰回到原初的质朴状态才能静下心来接近"质"的本真。

庄子认为感官欲望会使人失去天性,具体来讲:"且夫失性有五:一曰五色乱目,使目不明;二曰五声乱耳,使耳不聪;三曰五臭熏鼻,困惾中颡;四曰五味浊口,使口厉爽;五曰趣舍滑心,使性飞扬。此五者,皆生之害也"(《庄子·外篇·天地》)。可见,庄子对"五官"之欲的看法与老子类似,主张从减少"五官"之欲开始着手,使人们返回到正常的生活秩序。"五色"—"目"—"不明"、"五声"—"耳"—"不聪"、"五臭"—"鼻"—"中颡"、"五味"—"口"—"厉爽"、"趣舍"—"心"—"性飞扬",对这五种途径进行关注是防止人们丧失本性的关键环节。

"味无味"中前一个"味"是"体味","无味"是"体味"的内容,"无味"是一种至高之善的"味",非"五味"(甘、苦、酸、辛、咸)中的其中某一种味,也非"和味"。"无味"观念被后世所传承,宗炳在老子的"无味""淡味""寡味"观念基础上提出了"澄怀味象"的理念。宗炳有言:"圣人含道应物,贤者澄怀味象。至于山水,质有而趣灵。是以轩辕、尧、孔、广成、大隗、许由、孤竹之流,必有崆峒、具茨、藐姑、箕、首、大蒙之游焉。又称仁智之乐焉。夫圣人以神法道,而贤者通;山水以形媚道,而仁者乐。不亦几乎?"①"贤者"是具有高深的学问与礼乐道德修养的人,"澄怀"是放松心情、敞开胸怀、放下欲望、保持虚静的状态,"澄怀"是"味象"的前提条件;"味象"即"观照""品味"天地自然之物象,这种"品味"既是眼观又是心观,眼前之实像与心中之意象相结合。

"澄怀味象"以"味""道",自然物象——山水之质体现着精神上的审美蕴涵。"昔之得一者:天得一以清;地得一以宁;神得一以灵;谷得一以盈,万物得一以生;侯王得一以为天下贞"(《老子·德经·第三十九章》)。"神得一以灵","灵"即精神,"灵"即"道";"质有而趣灵","灵"即山水之质中的精神要素,故"澄怀味象"即为"澄怀味道"。"山水以形媚道","味"("观照""品味")是"山水"蕴含着的精神要素("道")的物质形态转化为精神形态的关键环节和必要途径。

---

① (南朝宋)宗炳著,陈传席译解:《画山水序》,人民美术出版社1985年版,第1页。

山水之"仁智之乐"在于山水中蕴含着"道",游走于山水之间得以"澄怀味象"。"子曰：知者乐水，仁者乐山。知者动，仁者静。知者乐，仁者寿"(《论语·雍也》)。"智者"—"动"—"水"—"乐"、"仁者"—"静"—"山"—"寿"，"动""静"之间体现着"道"的存在，"山""水"之"乐"在于放下对欲望的追逐，面对天地自然返回人的本真状态，体悟生命的意义。"正是'味'这一词汇的圆转性，一方面在'甘'被批判时保持了美的正面性，另一方面本与深层之味相连，在儒家是大羹不和的至淡遗味，在道家是超越诸味的至味无味，从而具有了味之美的形上品质。因此，当后来魏晋时期诗书画园林等作为相对独立的艺术用来表达士人情志之后，产生了艺术美感的滋味。"①

"味"有时是可以远离食物(或实物)的，"味"与"物"的分离凸显了"味"的精神性，"回味""余味"都是与"物"相分离的结果，"味"亦不仅仅停留在"口鼻"感官上，"不仅口舌可得味，其他的感官皆可得'味'，'味'成为各种感官、心灵与世界万物相互作用的'共同方式'。所以，我们会说绘画有味，音乐有味，思想有味。"②刘勰以"味"来评价"文"，"是以声画妍蚩，寄在吟咏，滋味流于下句，风力穷于和韵。异音相从谓之和，同声相应谓之韵。韵气一定，则余声易遣；和体抑扬，故遗响难契"(《文心雕龙·卷三十三·声律》)。在这里，以"滋味"谓"文"之意蕴。"数逢其极，机入其巧，则义味腾跃而生，辞气丛杂而至。视之则锦绘，听之则丝簧，味之则甘腴，佩之则芬芳，断章之功，于斯盛矣"(《文心雕龙·卷四十四·总术》)。"义味""味之"均已脱离了饮食活动，仅作为"文"之品评用语。

司空图以"味"论"诗"并提出"味外之旨"的理念，"文之难，而诗之难又难。古今之喻多矣，而愚以为辨于味而后可以言诗也。江岭之南，凡足资于适口者，若醯，非不酸也，止于酸而已；若鹾，非不咸也，止于咸而已。华之人以充

---

① 张法：《礼乐文化中美学的三大概念：旨、甘、味》，《河南师范大学学报(哲学社会科学版)》2014年第3期。

② 贡华南：《味与味道》，上海人民出版社2008年版，第86页。

饥而遽辍者,知其咸酸之外,醇美者有所乏耳。……盖绝句之作,本于诣极,此外千变万状,不知所以神而自神也,岂容易哉? 今足下之诗,时辈固有难色,倘复以全美为工,即知味外之旨矣"(《与李生论诗书》)。由此可见,"味"已经从最初的烹调技艺、饮食行为逐步走向了文学与艺术的批评与审美,"味"从生理享受走向了精神满足,"味"的审美观念得以确立并延续至今。

(三) 中和之美

在酸、苦、甘、辛、咸这五味中,"五"代表多样性,"味道"是舌的味觉和鼻的倒流嗅觉的结合,因为"五味"有"甘"跟作为核心的"中"对应,所以从老子开始就用五味代表"和",即美食。

饮食中的味之"和"、"五味调和"是中国美学"和"观念得以生成的重要依据。先秦先民特别强调进食与宇宙节律的谐调同步,春夏秋冬、朝夕晦明要食用不同性质的食物,加工烹调时也要考虑到季节、气候等因素。这种适应宇宙节律的意识是中国饮食文化所特有的。"在中国思想中,一物的性质,主要不是由个物自身决定的,而是由个物于他物的关联,最终由与宇宙整体的关联决定。"①更令人感到惊奇的还有《礼记·郊特牲》所云,"凡饮,养阳气也;凡食,养阴气也",认为饮与食与天地阴阳互相谐调,这样才能"交与神明",上通于天,从而达到"天人合一"的效果。《礼记·中庸》:"中也者,天下之大本也;和也者,天下之达者也。至中和,天地位焉,万物育焉。"天地万物都在"中和"的状态下找到自己的位置以繁衍化育。这种审美理想建筑在个体与社会、人与自然的和谐统一之上。这种通过调谐而实现的"中和之美",正是在先秦先民饮食理论的影响下产生的,而反过来又影响人们的整个饮食生活。

"和"作为一种审美理念,已运用于先民们日常生活的诸多层面,东汉后期的荀悦曾讲,"君子食和羹以平其气,听和声以平其志,纳和言以平其政,履

---

① 张法:《作为艺理基础和核心的美学》,《艺术学研究》2020 年第 3 期。

和行以平其德。夫酸咸甘苦不同,嘉味以济,谓之和羹;宫商角徵不同,嘉音以章,谓之和声;臧否损益不同,中正以训,谓之和言;趋舍动静不同,雅度以平,谓之和行"(《申鉴·杂言上》)。"嘉味"—"和羹"—"气"、"嘉音"—"和声"—"志"、"中正"—"和言"—"政"、"雅度"—"和行"—"德","和"观念施于人的行为而影响人的情志道德的构建。"中庸"之道是先秦"和"观念、"中和"观念的实践过程,倡导"礼""乐"的教化作用、强调提高"德行"修养、致力于"仁政"的施行。"中和"思想是"中庸"之道的实践成果与审美理想。先秦时代的饮食活动与祭祀乐舞活动为"和""中和""中庸"等重要观念的衍生与发展提供了生动的实践场景。

先秦时代饮食器具的三种主要形态:陶制食器、青铜制食器、漆制食器,再加上玉器和帛构成了先秦时代"五大器物"体系,而在精神方面,先秦日常饮食生活为"礼""乐""味""和""中和"等观念的产生提供了重要的实践场景,"上古美学之美,概而言之,体现在礼的整体结构之中,其核心思想是中和,具体展开在与礼紧密相关的以五大器物为核心的整体体系之中"①。先秦饮食生活为中国早期审美观念的发展提供了重要的实践基础,先秦饮食审美也成为上古美学中的重要组成部分。

饮食活动是人类维系生命的生存手段,饮食也是人们日常生活中的重要内容,"告子曰:'食、色,性也。仁,内也,非外也;义,外也,非内也'"(《孟子·告子上》)。"食"是人类的天性,是人类生存的必需品。"故圣人所以治人七情,修十义,讲信修睦,尚辞让,去争夺,舍礼何以治之?饮食男女,人之大欲存焉;死亡贫苦,人之大恶存焉。故欲恶者,心之大端也。人藏其心,不可测度也;美恶皆在其心,不见其色也,欲一以穷之,舍礼何以哉?……故人者,天地之心也,五行之端也,食味别声被色而生者也"(《礼记·礼运》)。"食"也是人类一大欲望,但在文明的社会中,人的欲望不能无节制地发展下去,先民

①　张法:《中国美学的上古起源》,《西北师大学报(社会科学版)》2020年第1期。

们以"礼"来规范人们的行为。

先秦先民们珍视生命,尊重自然,逐渐认识到天地、阴阳、刚柔、虚实等是万物得以生成的对立统一的关键因素。《淮南子·氾论训》中载有:"天地之气,莫大于和。和者,阴阳调,日夜分,而生物。"《左传·昭公二十年》中列举了一系列对立要素,诸如"清与浊、小与大、短与长、疾与徐、哀与乐、刚与柔、迟与速、高与下、出与入、周与疏",这些对立的事物经过"相济"调和,配合适中,以达到一种统一、和谐的状态,这也是"中和""中庸"等理念生成的先导。各种相异对立的东西相互渗透、相反相成,体现出宇宙生命的节奏,物与物之间恰到好处的谐调与融合,"和"在这里则是万物相生的最佳样态。

"中和"之美是中国审美文化中的基本精神之一,"中和"也是先秦"礼乐相合"观念的基础内容。"中"的本义表示为中心或中间的位置,"中"与"正"相关,"中"即"正","中"则"正","'中'的意义遍及人们生活与人类社会之中,我们古人最重视这个'中',把它当作最高的形态和最理想的状态"①。能够达到"中"则为人称赞,"太史!司寇苏公式敬尔由狱,以长我王国。兹式有慎,以列用中罚"(《尚书·周书·立政》)。"中"则不走极端,量刑审慎,刑罚适中。"非佞折狱,惟良折狱,罔非在中。察辞于差,非从惟从。哀敬折狱,明启刑书胥占,咸庶中正"(《尚书·周书·吕刑》)。在这里,"中"的观念在先秦司法方面的体现,"在中""中正"要做到不滥用刑罚,刑罚据实有据,公正处治。"汝分猷念以相从,各设中于乃心。乃有不吉不迪,颠越不恭,暂遇奸宄,我乃劓殄灭之,无遗育,无俾易种于兹新邑"(《尚书·商书·盘庚中》)。在这里,提出"设中于乃心"即为做人的准则,要有和善之心,要行正道。

若出现"非中"的行为,即"不吉不迪""颠越不恭""暂遇奸宄"等行为则是不可饶恕的,应接受严厉的惩罚,为人不"中"则会有杀人之祸。可见,"中正"是为人之本,回归到"中""和"的状态才能保证人的身心健康。医和给晋

---

① 雷庆义:《"中"、"中庸"、"中和"平议》,《孔子研究》2000 年第 3 期。

平公看病,指出了"中和""有节"的重要性,"节之。先王之乐,所以节百事也。故有五节,迟速本末以相及,中声以降,五降之后,不容弹矣。于是有烦手淫声,慆堙心耳,乃忘平和,君子弗德也。物亦如之,至于烦,乃舍也已,无以生疾。君子之近琴瑟,以仪节也,非以慆心也。天有六气,降生五味,发为五色,徵为五声,淫生六疾。六气曰阴、阳、风、雨、晦、明也。分为四时,序为五节,过则为灾。阴淫寒疾,阳淫热疾,风淫末疾,雨淫腹疾,晦淫惑疾,明淫心疾"(《左传·昭公·昭公元年》)。人的健康需要"六气""五味""五色""五声"等多种要素的和谐与平衡,"过则为灾","节之"是回归"中声""平和"这种健康状态的重要方法,人的身心健康与社会生活的正常运转均需要遵循"中和"的观念。"中是和的本体,而和是中的呈现,天人相协相通是中和的根本,其比五行与阴阳观念更为古远。"①"中"与"和"为一体,"中和"是先民们对宇宙自然、天地鬼神的一种体察,对生命存续规律的一种认识,为初民们的社会生活提供指引。

"中"是实现"和"(和谐)的具体方法和实践路径,"和"(和谐)是"中"的追求与目的,"这种和谐需要一个条件,就是:各种不同成分之间,要有适当的比例,这就是'中','中'的作用则是达成'和'"②。就审美而言,"中"的审美观念在中国美学史中有着重要的地位,"远古美学的核心,也由中国文化的核心,即由最初的立杆测影的村邑之'中'产生出来"③。"中"是中国文化里的核心观念之一,先秦饮食生活实践中也不例外地体现着"中""中和"的观念意识。

先民们认为"执中"是做事的准则,"人心惟危,道心惟微,惟精惟一,允执厥中。无稽之言勿听,弗询之谋勿庸"(《尚书·虞书·大禹谟》)。"允执厥中"是中国早期的关于政治管理方面的总结之一,并且"执中"观念对后世产

---

① 郑涵:《中国的和文化意识》,学林出版社2005年版,第87页。
② 冯友兰:《冯友兰文集第六卷:中国哲学简史》,长春出版社2008年版,第115页。
③ 张法:《中国美学的上古起源》,《西北师大学报(社会科学版)》2020年第1期。

生了深远的影响。"子曰:舜其大知也与! 舜好问而好察迩言。隐恶而扬善。执其两端,用其中于民。其斯以为舜乎"(《礼记·中庸》)。孔子认为"舜"的伟大之处在于能够采用"执中"原则造福于民,"执中"即为"中正",善于倾听多种意见和建议,经过权衡再作出比较适中的决策。此外,"和"观念的衍生与发展与"舜"也有很大的关系,诸如"神人以和""和声""乐舞""天人合一"等观念,"舜曰:'然。以夔为典乐,教稚子,直而温,宽而栗,刚而毋虐,简而毋傲;诗言意,歌长言,声依永,律和声,八音能谐,毋相夺伦,神人以和。'夔曰:'於! 予击石拊石,百兽率舞'"(《史记·十二本纪·五帝本纪》)。可以说,正是"舜"时代的"执中""神人以和"等观念为"中庸""中和"观念的产生起着先导作用。"执中"彰显了先秦时代的理性精神,"中"则"正","正"则"治政安君","是故,礼者君之大柄也,所以别嫌明微,傧鬼神,考制度,别仁义,所以治政安君也。故政不正,则君位危;君位危,则大臣倍,小臣窃"(《礼记·礼运》)。

文王强调"中德"的重要性,"尔大克羞耇惟君,尔乃饮食醉饱。丕惟曰尔克永观省,作稽中德,尔尚克羞馈祀。尔乃自介用逸,兹乃允惟王正事之臣。兹亦惟天若元德,永不忘在王家"(《尚书·周书·酒诰》)。"观省"即要求官员们自省,"中德"即要求官员们能力行中正之德。在这里,"中"与"德"相结合,首次创建了"中德"观念,孔子在"中德"的基础上又提出了"至德"观念。

孔子认为"君子"的言行举止要符合"中庸"之道,"喜怒哀乐之未发,谓之中;发而皆中节,谓之和;中也者,天下之大本也;和也者,天下之达道也。致中和,天地位焉,万物育焉"(《礼记·中庸》)。在这里,人们的行为与情绪能做到"中"与"和"是符合"礼"的要求,"中和"是顺应天地自然运行、万物生长的理想状态。"庸"即为"得","唯达者知通为一,为是不用而寓诸庸。庸也者,用也;用也者,通也;通也者,得也;适得而几矣。因是已。已而不知其然,谓之道"(《庄子·内篇·齐物论》)。在这里,"庸"经过了一系列的转化:"庸"—"用"—"通"—"得",所以可以将"庸"理解为"得"。"故德者得也。得也者,其谓所得以然也。以无为之谓道,舍之之谓德。故道之与德无间,故言之者不别也"(《管子·心术上》)。可见,"德"与"得"同,"道"与"德"无间,形成了"庸"—"得"—"德"—"道"这样一组含义相近的概念。

不中断地持续地坚持"中庸"绝非易事,"子曰:人皆曰'予知',驱而纳诸罟擭陷阱之中,而莫之知辟也。人皆曰'予知',择乎中庸,而不能期月守也。子曰:回之为人也,择乎中庸,得一善,则拳拳服膺而弗失之矣"(《礼记·中庸》)。普通的人很少能坚持为"中庸"之道一个月以上,颜回异于常人的是他能长期坚持"中庸"之道。"子曰:道之不行也,我知之矣。知者过之,愚者不及也。道之不明也,我知之矣。贤者过之,不肖者不及也。人莫不饮食也,鲜能知味也"(《礼记·中庸》)。做事太过或不及都不是最好的状态,理解"中庸"之道"过犹不及",正如同"人莫不饮食也",要经过反复咀嚼体悟才能理解"中庸"之道的真谛。

"中庸"与"中和"是一组相近的观念,"中庸"是"和"或"中和"观念的运用与实施,侧重于理念的实践环节;"中和"是"中庸"之道成功实施后的结果与终极理想。因此,"中庸"往往会与日常生活中的"礼""乐""仁""政事"等相连。"发号出令而民说,谓之和;上下相亲,谓之仁;民不求其所欲而得之,谓之信;除去天地之害,谓之义。义与信,和与仁,霸王之器也。有治民之意而无其器,则不成"(《礼记·经解》)。在这里,"和"—"仁"—"信"—"义"是社会和谐发展、国家逐步壮大的重要基石,"民悦"是"和"的重要特征,"悦"是食之"和"、味之"和"、政之"和"的必要心理状态。

"中庸"为"和"的实现提供了"度"的界限,"中庸在传统思维方式中表现为 A 而不是 A′ 的形式,A 是在这个度之内的,而 A′ 则是使 A 成为非 A 的临界点。它强调的是泄 A 之过,勿使 A 走向极端"[①]。"A 而不 A′"的句式也成为表达"中庸"思想的一种固定的范式,通过一系列"A 而不 A′"的句式表达体现

[①] 张黔主编:《设计艺术美学》,清华大学出版社 2007 年版,第 41 页。

了达成"中和"所必需的多维度考量。"为之歌《颂》,曰:'至矣哉!直而不倨,曲而不屈,迩而不逼,远而不携,迁而不淫,复而不厌,哀而不愁,乐而不荒,用而不匮,广而不宣,施而不费,取而不贪,处而不底,行而不流,五声和,八风平,节有度,守有序,盛德之所同也'"(《春秋左传·襄公二十九年》)。"中庸"体现了不极端、不过度、不偏颇,是在一定范围内的灵活,在一定限度内的活动,使内心情感与外在行动保持在"适中"的状态。

人们饮食的食量也要注意"适中","凡食之道:大充,伤而形不臧;大摄,骨枯而血沍。充摄之间,此谓和成,精之所舍,而知之所生,饥饱之失度,乃为之图"(《管子·内业》)。"大充"(饱食)或者"大摄"(饥饿)均不利于身体健康,饮食至"充摄之间"(大概相当于现在人们常说的"八分饱")达到最佳状态——"此谓和成",饮食做到饥饱不"失度"才能做到饮食之"和"成。饮食的方式与数量往往是能作为解析伦理抽象概念的实例,"适当或'适中'的量的饮食才是对人真正有益的。由于食物是可计量的,因此它作为一个方便的例子,亚里士多德也用它来说明在两种极端之间取乎其中——这才是有德行的活动——并不是在所有的人那里都是一样的"①。可见,以饮食之生活实例来阐发道德伦理等抽象观念的做法成为中外哲人的一种较为普遍的方式。

"政在人",君王的道德关乎政事的兴衰,"哀公问政。子曰:文武之政,布在方策。其人存,则其政举;其人亡,则其政息。人道敏政,地道敏树。夫政也者,蒲卢也。故为政在人,取人以身,修身以道,修道以仁。仁者人也。亲亲为大;义者宜也。尊贤为大。亲亲之杀,尊贤之等,礼所生也。在下位不获乎上,民不可得而治矣!故君子不可以不修身;思修身,不可以不事亲;思事亲,不可以不知人,思知人,不可以不知天。天下之达道五,所以行之者三。曰君臣也,父子也,夫妇也,昆弟也,朋友之交也,五者天下之达道也。知,仁,勇,三者天

---

① [美]卡罗琳·考斯梅尔:《味觉:食物与哲学》,吴琼、叶勤、张雷译,中国友谊出版公司2001年版,第21页。

下之达德也,所以行之者一也"(《礼记·中庸》)。可见,治国需施以"仁政",要经过诸多环节:"政"—"身(臣)"—"人(君)"—"道(德)"—"仁",其中君王之"德"是实施"仁政"的关键环节。君子实行仁政提高"德"行,要进行"修身"—"事亲"—"知人"—"天理","天理"以"三德"("知""仁""勇")呈现。"子曰:好学近乎知,力行近乎仁,知耻近乎勇。知斯三者,则知所以修身;知所以修身,则知所以治人;知所以治人,则知所以治天下国家矣"(《礼记·中庸》)。"修身(修养道德)"—"治人"—"治天下","修身"为"治天下"的先决条件。"修身则道立,尊贤则不惑,亲亲则诸父昆弟不怨,敬大臣则不眩,体群臣则士之报礼重,子庶民则百姓劝,来百工则财用足,柔远人则四方归之,怀诸侯则天下畏之。齐明盛服,非礼不动"(《礼记·中庸》)。"修身(修养道德)"是最重要的基础,在这种合"天理"合"三德"的观念基础上,"仁政"才得以顺利地实施。"修身"—"尊贤"—"亲亲"—"敬大臣"—"体群臣"—"子庶民"—"来百工"—"柔远人"—"怀诸侯"为实施"仁政"之后社会和谐、国家繁荣的景象。"修身(修养道德)"则要保持内心"虚静""寡欲",外表端庄,不违背"礼""乐"相合的制度。

"齐明盛服"是一种"威仪",先民们认为"威仪"是内在德行修养的体现,"文王之功,天下诵而歌舞之,可谓则之,文王之行,至今为法,可谓象之。有威仪也。故君子在位可畏,施舍可爱,进退可度,周旋可则,容止可观,作事可法,德行可像,声气可乐,动作有文,言语有章,以临其下,谓之有威仪也"(《左传·襄公三十一年》)。在这里,着重描绘了"文王"的"威仪","威仪"体现了良好的德行修养和精神风貌深受人们敬仰。先民们认为君子的外貌、行为预示着人内心的高尚道德,表里一致,"服物昭庸,采饰显明,文章比象,周旋序顺,容貌有崇,威仪有则,五味实气,五色精心,五声昭德,五义纪宜,饮食可飨,和同可观,财用可嘉,则顺而德建"(《国语·周语中·定王论不用全烝之故》)。在这里,也体现了"五行"观念体系的相关内容,"五味""五色""五声""五义"等方面内容均有助于"德建"。

以"威仪"释"礼"释"德"成为"中庸"之道的重要内容,影响着先民们对"正身""中正""平正"等理念的重视。因此,从本质上说"中庸""仁政""修身"与"和""中和""礼乐"相合是一致的,前者是后者的运用,后者是前者的思想源流。"践"是"修身"的关键,"中正"的言行是"礼"的本质要求,"礼,不妄说人,不辞费。礼,不逾节,不侵侮,不好狎。修身践言,谓之善行。行修言道,礼之质也"(《礼记·曲礼上》)。

孔子认为"政和"是符合"中庸"之道的理念,"仲尼曰:善哉! 政宽则民慢,慢则纠之以猛。猛则民残,残则施之以宽。宽以济猛,猛以济宽,政是以和"(《春秋左传·昭公二十年·子产论政宽猛》)。"政宽"—"民慢"、"政猛"—"民残"这两组矛盾的解决方案在于"宽猛相济"施行"政和",这是"中和"观念在政策制定方面的具体应用。有子提出了"礼之用,和为贵","和"是运用"礼"的重要特点和最终目的,"礼"是一种方法,而"和"则是追求的结果,"有子曰:礼之用,和为贵。先王之道斯为美,小大由之。有所不行。知和而和,不以礼节之,亦不可行也"(《论语·学而》)。应该引起注意的是,不能"知和而和",即为了和谐而和谐而忽视了以"礼"对"和"的节制,在"礼"与"和"的共同作用下才能长远。

"礼之用"就是"中庸"之道,在"中庸""仁政"的实施过程中,"和""中和"观念起着精神引领作用。"君子所以异于人者,以其存心也。君子以仁存心,以礼存心。仁者爱人,有礼者敬人。爱人者,人恒爱之;敬人者,人恒敬之"(《孟子·离娄下》)。孟子认为君子的可贵之处在于能够"以仁存心""以礼存心","仁"与"礼"是为人的重要的道德修养,这样的人才有人格魅力能够获得众人的赏识。"无害曰美","政令"于民无害即为"和","夫美也者,上下、内外、小大、远近皆无害焉,故曰美。若于目观则美,缩于财用则匮,是聚民利以自封而瘠民也,胡美之为? 夫君国者,将民之与处;民实瘠矣,君安得肥?且夫私欲弘侈,则德义鲜少;德义不行,则迩者骚离而远者距违。天子之贵也,唯其以公侯为官正,而以伯子男为师旅。其有美名也,唯其施令德于远近,而小大安之也。若敛民利以成其私欲,使民嚣焉望其安乐,而有远心,其为恶也甚矣,安用目观"(《国语·楚语上·伍举论台美而楚殆》)。在这里,"上下、内外、小大、远近皆无害焉"是为"中",处"中"则"美",有"德"君主施行"仁政",让利于民则能社会安定。"中和""中正"之"美"体现了"政和"的核心观念,"美充当了将华夏民族团结在一起的精神标识,同时也代表了中国上古制度文明的核心价值"①。

先秦时代先民们经过长期生产和生活实践,创造了独具特色的生活方式与生活观念,成为我们探究中华文明审美意识的重要源泉。先民们有着一种生活习俗、生活规则,而且随着农耕的收获、捕获猎物的成功会举行庆祝仪式,以家族、血缘关系维系着亲情,从而构建了一种以"和"为基础的集体意识。关于"和""调和""中和"等一系列观念是中国优秀的传统文化,同时以"和"美也是中国美学所关注的一项重要内容。先民们顺应天地自然,注重家族成员生活的和平与稳定。这样一种意识追求圆融,消解对立,注重协调多元因素,形成了一种富有广博的胸怀能够涵纳对立要素的文化精神,逐渐构建起"天人合一"的理想境界,"和"的观念自此也作为先秦时代先民们的一种重要的审美原则。

"和"作为一个重要的美学范畴,不仅关注对外在形式上的相似与统一,更重要的是,注重对内容上的功利与道德的肯定。这样的"和"观念有别于西方早期的"形式和谐论"。"中国古代美学对于同'乐'相连的'和'的认识,是从生理感官上的'和',进到心理、精神上的'和',然后再进到整个自然和社会的'和'。后者正是中国古代美学所追求的最高的'和',也是最高的美。"②"和"有着丰富的内涵,在饮食与音乐,味觉、触觉与视觉、听觉,家族血亲生活的和睦与神秘的祭祀崇拜等各个方面均有呈现,这是一种早期农耕时代先民们的生活观念。"和"的观念发轫于饮食活动,通过调节达到一种和谐、平衡

---

① 刘成纪:《先秦两汉艺术观念史》,人民出版社 2017 年版,第 771 页。
② 李泽厚、刘纲纪:《中国美学史:先秦两汉编》,安徽文艺出版社 1999 年版,第 86 页。

的"和",随着时代不断演化,"和"的审美观念又深刻影响着饮食文化内涵,不断优化食材选用与搭配、饮食器具的塑造与使用、饮食的礼仪等各方面内容。

"和"的审美理想是构建在人与自然、个体与社会的和谐统一基础之上的,这种通过调谐而实现的"中和之美",正是在先秦先民饮食审美的影响下产生的,最终衍生成为中国古典美学的最高审美理想。先秦时代饮食活动中"和"观念的出现,标志着中国先民们对事物的抽象思维能力的极大发展,他们试图以整体式的哲学思维把握"和"的审美理想。

"和"的观念发端于先秦时代的饮食活动,在对饮食之美味的追求过程中,"和"的理念也起到了极为重要的作用,而日常饮食生活的烹饪过程中对各种食材及其用量比例的把握也反映了先民们对"和"审美观念的理解与运用。"和"并非特指一致性或是一味的单调,"和"是谐调具有多样性和差异性的要素以达到适中与平衡。中国的美学理论研究学者在谈及"和"的美学观念之时,也往往会涉及古代的饮食活动与饮食理念。"'和'是'中'的引申、发展,亦是'中'的补充、提高。"①相对而言,儒家重视人伦之和,强调人们应该做到刚健有为;道家则注重人与天地自然之和,倡导人们应善于顺应天道自然之变,以期达到一种无为而为的理想境界。这种"儒道互补"的模式在千百年来的演化过程中逐渐构建成为一种重要的"中和"审美观念。

先秦时代的饮食活动深刻地揭示出中国美学"和"观念的产生过程,彰显出先秦时代的"和"文化观念所注重的思想意识与日常生活、家族血缘伦理与现实功利效用之间的相互融合。另外,关于"和"的审美理念也彰显着中国"和"文化意识所具有的神圣而庄严的奋发作为的伟大精神。由此可见,先秦时代饮食活动中所带来的"和"文化意识并非是一种被动的屈从,更不是所谓的一团和气,而是表现出积极作为、凝聚力量、直面困境的一面。

"和"是先秦时代先民们所向往的至高境界和理想状态,强调"礼乐"的重

---

① 陈望衡:《中国古典美学史》,武汉大学出版社 2007 年版,第 104 页。

要性是先秦时代君王治国理政的普遍模式。表面上看,"礼"和"乐"有着明确的分工与差别,但两者终极目的一致,均是为了社会的整体和谐。"礼"旨在营造雍容而典雅的饮食氛围,长幼尊卑有序、社会等级差异显著。相形之下,"乐"则是隐性的、潜移默化的教育人们遵从社会道德秩序,增强个人修养,"以乐德教国子,中、和、祗、庸、孝、友;以乐语教国子,兴、道、讽、诵、言、语"(《周礼·春宫宗伯·大司乐》)。即是说,"和"是强调通过礼仪、音乐等多方面的教育,不断促进着社会的和谐与进步,不断增强人们的技能与修养。孔子曾讲:"礼之用,和为贵,先王之道斯为美"(《论语·学而》),这是将"和"观念视为一种崇高的审美理想。"孔子是一个著名的美食家,他的这个形象也体现出了他行为处世所坚持的中庸原则。孔子认为,食物的烹调、享用在本质上体现的就是中庸与修身的思想。"①

通过考察先秦时代的典籍,我们经常能看到关于君王饮食的场景,君王们通常是每食必乐,美味与音乐相伴而至。君王的整个饮食活动充满着仪式感,除饮食之外,还包括:奏乐、舞蹈、吟诗、唱歌等内容,营造了良好的饮食氛围,以此娱悦君王身心,正所谓"服物昭庸,采饰显明,文章比象,周旋序顺,容貌有崇,威仪有则,五味实气,五色精心,五声昭德,五义纪宜,饮食可飨,和同可观,财用可嘉,则顺而德建"(《国语·周语中·定王论不用全烝之故》)。先秦饮食中的"和"观念具有本体论的意义,交融着宇宙意识与超验的存在体验,形成后世"和"意识形态的内核,中国文化及其审美意识显现的最大特征由此可窥见一斑。"昔者舜作五弦之琴,以歌《南风》;夔始作乐,以赏诸侯。故天子之为乐也,以赏诸侯之有德者也。德盛而教尊,五谷时孰,然后赏之以乐。故其治民劳者,其舞行级远;其治民佚者,其舞行级短。故观其舞而知其德,闻其谥而知其行"(《史记·乐书》)。这些无不预兆着先秦饮食中"和"的美学思潮的萌动。

---

① 〔英〕胡司德:《早期中国的食物、祭祀和圣贤》,刘丰译,浙江大学出版社 2018 年版,第45 页。

先秦先民对于"饮食须与礼仪相和"的注重程度则具体到在不同场合下要严格按照不同的礼仪规定进行饮食,如饮食的种类、食物的摆设次序,摆设的方位,食物与食具的配合,音乐的配合,等等。《荀子·修身》里讲,"凡用血气、志意、知虑,由礼则治通,不由礼则勃乱提僈;食饮,衣服、居处、动静,由礼则和节,不由礼则触陷生疾;容貌、态度、进退、趋行,由礼则雅,不由礼则夷固僻违、庸众而野。故人无礼则不生,事无礼则不成,国家无礼则不宁"。先秦时代的先民们重视礼乐,无论是日常饮食活动,还是在会见亲朋,甚至是在比武游乐之时,均有歌诗与琴瑟相随。《诗经·小雅·鹿鸣》是一首关于宴请来访宾客场景的诗句:"呦呦鹿鸣,食野之苹。我有嘉宾,鼓瑟吹笙。吹笙鼓簧,承筐是将。人之好我,示我周行。"音乐与美食交错,并且乐器丰富多样。还有一首《诗经·郑风·女曰鸡鸣》描写了丈夫去涉猎,妻子说道:"弋言加之,与子宜之。宜言饮酒,与子偕老。琴瑟在御,莫不静好。"可见,即便是家常饮宴,也讲究"琴瑟在御",一幅温馨而和睦的日常生活画卷,饮食礼仪与饮食之和已走进了先秦时代先民们的日常现实生活。射箭比赛这样的户外活动中也少不了饮食与饮酒,"古者诸侯之射也,必先行燕礼;卿大夫士之射也,必先行乡饮酒之礼。故燕礼者,所以明君臣之义也;乡饮酒之礼者,所以明长幼之序也"(《礼记·射义》)。周人在进行射箭比赛时,行宴饮之礼是必要条件,通过彼此间的敬酒与还礼彰显着尊卑长序的礼仪规范。可见,"饮食之和"与"礼乐之和"涉及了先秦时代日常生活的诸多方面,成为先民们的一种日常社会交往的准则。至此,先秦饮食中的制礼作乐精神,使得整个生活自然而然孕育出了新的审美理想。

饮食能够改变人的体质与情绪,"天产"这类动物性的食物(肉食)能使人"阴"气上升,以"中礼"应对;"地产"这类植物性的食物(谷物)能使人"阳"气上升,以"和乐"应对。"以天产作阴德,以中礼防之;以地产作阳德,以和乐防之。以礼乐合天地之化,百物之产,以事鬼神,以谐万民,以致百物"(《周礼·春官宗伯·大宗伯》)。在"礼"和"乐"两方面相互协调与配合下,有利于万物生长、社会和谐，人的体内能够"阴阳"平衡，肌体与情志达到"中和"状态。

"夫乐，天子之职也。夫音，乐之舆也。而钟，音之器也。天子省风以作乐，器以钟之，舆以行之，小者不窕，大者不㩹，则和于物。物和则嘉成。故和声入于耳而藏于心，心亿则乐。"（《春秋左传·昭公二十一年》）可见，音乐也要体现"中和"的观念才能使聆听者心情舒畅，有节制地调节各声部的乐音，以"中和"之声激发心中之"和"。"和"为"礼乐"之"和"，"和"不仅是"食"的追求同样也是"乐"之理想。"'和'的思想出现较早，继之又有'平'、'中'的思想出现。音乐之和有政治的、哲学的思想内涵，也有音乐本体的意义。音乐不仅要'和'，而且要'平'、'中'，即协和、平和、中和、中平的音乐思想，这样才能达到古人所追求的'德音'。协和、平和、中和的音乐，在音乐本体上表现为音响协调，高低音适度；在哲学和思想层面表现为乐、心相和，政通民和，这样的音乐才是古人心目中理想的'德音'。"[①]

"乐"能促进人的血液循环，改变人的情绪，鼓舞人的精神，调和端正人心。"故音乐者，所以动荡血脉，通流精神而和正心也。故宫动脾而和正圣，商动肺而和正义，角动肝而和正仁，徵动心而和正礼，羽动肾而和正智"（《史记·乐书》）。在这里，"五声"作用于"五脏"而对人产生影响，"宫"—"脾"—"正圣"、"商"—"肺"—"正义"、"角"—"肝"—"正仁"、"徵"—"心"—"正礼"、"羽"—"肾"—"正智"。可见，"乐"能够起到端正、纠正的作用，使人的"六德"得到提升。"正"即为"中"，"中，和也。从口丨。上下通。陟弓切"[②]。朱骏声的《说文通训定声》里，"中"的原义为"正"，"古训中为和者乃中字之转注，其本训当为矢箸正也"[③]。由此，"中""正"同意合称为"正直"。

"中和"观念也体现为身体的调理与医治方面，"故因其轻而扬之，因其重

---

① 方建军：《古乐"和""同"思想试探》，《天津音乐学院学报（天籁）》2008年第3期。
② （东汉）许慎：《说文解字》，中国书店1989年版，说文一上·七。
③ （清）朱骏声撰：《说文通训定声》，武汉古籍书店1983年版，第36页。

而减之,因其衰而彰之。形不足者,温之以气;精不足者,补之以味。其高者,因而越之;其下者,引而竭之;中满者,泻之于内。其有邪者,渍形以为汗;其在皮者,汗而发之;其栗悍者,按而收之,其实者,散而泻之。审其阴阳,以别柔刚。阳病治阴,阴病治阳。定其血气,各守其乡"(《黄帝内经·素问·阴阳应象大论》)。根据"中和""平衡"的原则,"轻"—"重"、"足"—"不足"、"高"—"下"、"满"—"泻"、"发"—"收"、"阴"—"阳"、"柔"—"刚"等"两端",以"执两用中"的方式调和便能恢复健康状态。

"乐"还能起到防止"淫佚"保证君子的"中和"状态。"故乐音者,君子之所养义也。夫古者,天子诸侯听钟磬未尝离于庭,卿大夫听琴瑟之音未尝离于前,所以养行义而防淫佚也。夫淫佚生于无礼,故圣王使人耳闻雅颂之音,目视威仪之礼,足行恭敬之容,口言仁义之道。故君子终日言而邪辟无由入也"(《史记·八书·乐书》)。"乐"是君子用来修养义心的,所以"乐"不离身谨防"淫佚"。"乐"之"中和"理念、"礼乐""仁义"思想存于胸中,"邪辟"便无从侵入。

"礼乐"关乎政令的顺利实施,"君子于其所不知,盖阙如也。名不正,则言不顺;言不顺,则事不成;事不成,则礼乐不兴;礼乐不兴,则刑罚不中;刑罚不中,则民无所错手足。故君子名之必可言也,言之必可行也"(《论语·子路》)。刑罚"不中"则会导致社会的混乱,"名"—"言"—"事"—"礼乐"—"刑罚"—"民"此为前后相关的系列,兴"礼乐"、"中正"、"刑罚"、施行"中庸"之道则能恢复社会和谐的秩序。

先民们认为"乐"之"和"能带来"政"之"和"。"夫乐不过以听耳,而美不过以观目。若听乐而震,观美而眩,患莫甚焉。夫耳目,心之枢机也,故必听和而视正。听和则聪,视正则明。聪则言听,明则德昭。听言昭德,则能思虑纯固。以言德于民,民歆而德之,则归心焉。上得民心,以殖义方,是以作无不济,求无不获,然则能乐。夫耳内和声,而口出美言,以为宪令,而布诸民,正之以度量,民以心力,从之不倦。成事不贰,乐之至也。口内味而耳内声,声味生气。气在口为言,在目为明。言以信名,明以时动。名以成政,动以殖生。政成生殖,乐之至也。若视听不和,而有震眩,则味入不精,不精则气佚,气佚则不和"(《国语·周语下·单穆公谏景王铸大钟》)。可见,声音、色彩过于大声、绚丽会伤害人的耳、目,"乐"之"和"可以引起一系列的"正向"反应:"听和"—"视正"—"聪明"—"昭德"—"民归心"—"求无不获";"声味"—"生气"—"政成生殖"。相反,则会引起"反向"反应:"视听不和"—"震眩"—"味入不精"—"气佚"—"不和"。"乐"之"和"能为"政"之"和"提供思路与方法,"夫政象乐,乐从和,和从平。声以和乐,律以平声。金石以动之,丝竹以行之,诗以道之,歌以咏之,匏以宣之,瓦以赞之,革木以节之。物得其常曰乐极,极之所集曰声,声应相保曰和,细大不逾曰平"(《国语·周语下·单穆公谏景王铸大钟》)。在这里,以"乐"之"和"比拟"政"之"和",多种乐器声音、韵律的调和能产生"和乐",各种乐器本身发出的声音为"乐极",多种乐器的"乐极"汇集在一起为"乐声","乐音"的调和与和谐为"乐和",高低"乐音"不相干扰称为"乐平"。

"中和"是正确的处世方式,"中和"才能"无害",而"无害"是一种"美"。"臣闻国君服宠以为美,安民以为乐,听德以为聪,致远以为明。不闻其以土木之崇高、彤镂为美,而以金石匏竹之昌大、嚣庶为乐;不闻其以观大、视侈、淫色以为明,而以察清浊为聪。……夫美也者,上下、内外、小大、远近皆无害焉,故曰美。若于目观则美,缩于财用则匮,是聚民利以自封而瘠民也,胡美之为?夫君国者,将民之与处;民实瘠矣,君安得肥?且夫私欲弘侈,则德义鲜少;德义不行,则迩者骚离而远者距违"(《国语·楚语上·伍举论台美而楚殆》)。爱民、不伤害民意则政事兴,以"中和"为美,则百姓才能生活富足、社会秩序安定。

先秦时代任用官员注重其"德行",早在"禹"时期就提出了官员的"九德"标准,"皋陶曰:'都!亦行有九德。亦言,其人有德,乃言曰,载采采'。禹曰:'何?'皋陶曰:'宽而栗,柔而立,愿而恭,乱而敬,扰而毅,直而温,简而廉,刚而塞,强而义。彰厥有常,吉哉'"(《尚书·虞书·皋陶谟》)。值得注意的是,在"九德"中富有"中""执中"的意味,这也可视为"中和"观念在"德"中的体现。

"德"是"仁政"的前提基础,"仁政"的目标在于"养民","德惟善政,政在养民。水、火、金、木、土、谷,惟修;正德、利用、厚生、惟和"(《尚书·虞书·大禹谟》)。"德"是一个人的思想道德修养的集中体现,孔子认为"中庸"是"德"最高的、最核心的观念,"子曰:中庸之为德也,其至矣乎! 民鲜久矣"(《论语·雍也》)。"中庸"即为最高等的"德"——"至德"。先民们注重"和"观念的培养并将"和"作为教育后代的一项"必修课","以乡三物教万民而宾兴之:一曰六德:知、仁、圣、义、忠、和。二曰六行:教、友、睦、姻、任、恤。三曰六艺:礼、乐、射、御、书、数"(《周礼·地官司徒·大司徒》)。"和"作为"六德"之一是教育子民的一项重要内容,与"知""仁""圣""义""忠"一并构成人们思想观念的根基"六德"。

以"礼"向"中",以"乐"向"和",授人"礼""乐"是使人达到"中和"的重要方法。"以五礼防万民之伪而教之中,以六乐防万民之情而教之和"(《周礼·地官司徒·大司徒》)。以"礼"规范人的行为使其符合"中正",以"乐"感化人的情感使其"平和"。"以乐礼教和,和民不乖"(《周礼·地官司徒·大司徒》)。因此,"礼乐"是教民"中和""中正"的主要途径,拥有"中和"理念的人们便不易走向极端、性情也不会乖戾。"礼者,所以正身也;师者,所以正礼也。无礼何以正身? 无师,吾安知礼之为是也? 礼然而然,则是情安礼也;师云而云,则是知若师也。情安礼,知若师,则是圣人也。故非礼,是无法也;非师,是无师也"(《荀子·修身》)。以"礼""正身","正身"是遵循"礼"的必然要求,"正身"也是有"德"的表现。

"正身"要求人的行为举止符合礼仪规范,"朝,与下大夫言,侃侃如也;与上大夫言,訚訚如也。君在,踧踖如也,与与如也。……入公门,鞠躬如也,如不容。立不中门,行不履阈。过位,色勃如也,足躩如也,其言似不足者。摄齐升堂,鞠躬如也,屏气似不息者。出,降一等,逞颜色,怡怡如也;没阶,趋进,翼如也。复其位,踧踖如也"(《论语·乡党》)。孔子的言行举止是非常谦恭守礼的,动作、仪态彰显着个人的道德修养,形身、威仪是君子人格的体现。

"中和""平正"是做人的重要准则。"论伦无患,乐之情也;欣喜欢爱,乐之官也。中正无邪,礼之质也;庄敬恭顺,礼之制也"(《礼记·乐记》)。"中正"是"礼"的内在要求,"礼"之"中正"观念的外部显现为"庄敬"与"恭顺"。"凡人之生也,必以平正。所以失之,必以喜怒忧患。是故止怒莫若诗,去忧莫若乐,节乐莫若礼,守礼莫若敬,守敬莫若静。内静外敬,能反其性,性将大定"(《管子·内业》)。大的情绪波动违反了"中和"原则,并且会影响人的身心健康。"诗""乐""礼""敬""静"等是纠正偏激情绪的有效方法,通过"内静""外敬"就能恢复精气,这也是人们重返"中和""平正"状态的重要途径。孔子认为君子应该是"文质彬彬"的样子,"子曰:质胜文则野,文胜质则史。文质彬彬,然后君子"(《论语·雍也》)。"质"与"文",质朴与文采体现了两种人格特征,君子要"执两用中",故"质"与"文"相结合——"文质彬彬"为君子的理想样态。

"中得"是"中和"思想的体现,"形""德""静""治""五官""心"是"中和"的重要内容,"形不正,德不来;中不静,心不治。正形摄德,天仁地义,则淫然而自至神明之极,照乎知万物。中义守不忒,不以物乱官,不以官乱心,是谓中得"(《管子·内业》)。外在之"形"是内在之"德"的反映,内"心"不"治"是由于内里不"静",以"正形摄德"的做法进行纠正,注意内心守"静",避免外物扰乱眼、耳、口、鼻、舌"五官",从而导致以"五官"之欲乱"心","内静外敬"则可达到"中得"的状态。同样,"中事""中说"也体现着"中和"的思想,那些"失中"的行为都是不可取的,应断然弃之。"凡事行,有益于理者立之,无益于理者废之,夫是之谓中事。凡知说,有益于理者为之,无益于理者舍之,夫是之谓中说。事行失中谓之奸事,知说失中谓之奸道。奸事奸道,治世之所弃,而乱世之所从服也"(《荀子·儒效》)。这里强调"理"的重要性,有

"理"则有"礼"。

由于"中事""中说"遵从"中和"原则,能够理性地思考问题、解决问题,所以这种做法是可取的。与此相反,与"中和"原则相悖则不能正当地做事,此谓"失中""奸道",将会破坏社会的安定与和谐,因此,这种"失中"行为绝不可取。"礼者,因人之情,缘义之理,而为之节文者也,故礼者谓有理也。理也者,明分以谕义之意也。故礼出乎义,义出乎理,理因乎宜者也"(《管子·心术上》)。"礼"是根据人"情"义"理"产生的行为规范,"礼"—"义"—"理"—"宜",行事所宜当为"中和"观念的现实情境。

(四)礼乐审美

先秦时代的饮食生活中,"祭"是一项重要的环节,"祭"是"礼之三本"中的重要内容,最贴近人们的生活也得到最为广泛的实施,"故礼,上事天,下事地,尊先祖而隆君师,是礼之三本也"(《荀子·礼论》)。以饮食来"尊先祖"是先秦时代"礼"制观念的重要体现。"礼者,谨于治生死者也。生,人之始也,死,人之终也。终始俱善,人道毕矣"(《荀子·礼论》)。"礼"贯穿人的整个生命历程,从出生到逝去,"礼"关乎人的情感与生活。

先秦时代初民们对待神鬼也像处理人际关系一样,总是通过食物来打通关节、疏通关系。"人们认为食物既对人有营养价值,又可以用来祭祀鬼神,而且这两个方面密不可分,这一点尤为显著。食品可以滋养人的身体,培养人的道德品质,同样,人们也认为,贡品的祭献以及与此相关的宰杀烹调等手艺也是与神灵沟通的一种方式。一般来说,中国古人并不对礼仪的宗教的食物与普通的食物作出区别。"①古代祭祀鬼神时都有食物,而且根据鬼神的贵贱亲疏和对他企望的大小决定祭祀食品的丰俭。祭祀的目的,除纪念他们外,便是祈求福佑、保佑丰收、消除灾祸等。祭祀中人们感到祭品(主要是食物)是

---

① [英]胡司德:《早期中国的食物、祭祀和圣贤》,刘丰译,浙江大学出版社2018年版,第2页。

人和天的联系物,因而把祭祀食品神圣化。总之,祭祀是国家的重要祭事,其中贯穿着饮食文化,具有丰富的内涵。

祭礼是先秦初民们的精神信仰与生活实践的结果,以饮食的模式表达对天地自然、鬼神祖先的敬仰,"凡礼义者,是生于圣人之伪,非故生于人之性也。故陶人埏埴而为器,然则器生于陶人之伪,非故生于人之性也。故工人斫木而成器,然则器生于工人之伪,非故生于人之性也。圣人积思虑,习伪故,以生礼义而起法度。然则礼义法度者,是生于圣人之伪,非故生于人之性也"(《荀子·性恶》)。祭祀礼仪并非仅是先民的情感迸发,朴素的理性意识、规则意识蕴含其中。饮食沟通天上与人间,沟通天帝与天子,沟通天子与宗室臣子,用饮食去消除灾难,赢得福佑。直到清代,满族仍把"祭于寝"的白煮肉称作"福肉",亲贵大臣以能分得此肉为荣耀。当然,这只体现了浅层次的人天关系,许多民族的童年时期都有这种奇想。

"礼"自饮食扩展至社会生活的各个方面,比如:"道德仁义""教训""纷争辩讼""人际关系""宦学事师""班朝治军""莅官行法""祷祠祭祀"等诸多事物,自此人们再也离不开"礼","道德仁义,非礼不成,教训正俗,非礼不备。分争辨讼,非礼不决。君臣上下父子兄弟,非礼不定。宦学事师,非礼不亲。班朝治军,莅官行法,非礼威严不行。祷祠祭祀,供给鬼神,非礼不诚不庄。是以君子恭敬撙节退让以明礼"(《礼记·曲礼上》)。"凡礼之大体,体天地,法四时,则阴阳,顺人情,故谓之礼"(《礼记·丧服四制》)。"礼"成为"天地""四时""阴阳""人情"等先民们所认为的核心思想观念的集中体现。

以"礼"来理顺社会生活秩序规范人们的行为,通过情欲与理性的和谐统一来构建起社会生活行为之"和"。古代教王公贵族的老师将"礼"列为"六艺"①之首,源于"礼"已成为反映人们的生活面貌与精神力量,呈现人们的思

---

① 《周礼·保氏》中讲到了"六艺","掌谏王恶,而养国子以道。乃教之六艺:一曰五礼,二曰六乐,三曰五射,四曰五驭,五曰六书,六曰九数"。《周礼·大宗伯》中具体讲到了"五礼",分别为吉礼、凶礼、宾礼、军礼、嘉礼。

想观念的表达工具和象征形态。通过各种传统礼制与社会风俗信仰创建的礼仪规范,这一整套严格的礼法力图理清尊亲关系,以"天人合一"为信仰基础,从而达成了审美与实用相结合,实现了情理一体、政教合一、内在认同与外在规范的统一,最终成就了君王的统治。

"礼"是社会生活中的规定性要素,强调人的行为举止的规范,以期人人都能成为"有方之士"。"礼之于正国也,犹衡之于轻重也,绳墨之于曲直也,规矩之于方圆也。故衡诚县,不可欺以轻重;绳墨诚陈,不可欺以曲直;规矩诚设,不可欺以方圆;君子审礼,不可诬以奸诈。是故,隆礼由礼,谓之有方之士;不隆礼不由礼,谓之无方之民"(《礼记·经解》)。"礼"成为先民们做人处世的标准,"君子曰:无节于内者,观物弗之察矣。欲察物而不由礼,弗之得矣。故作事不以礼,弗之敬矣。出言不以礼,弗之信矣。故曰:礼也者,物之致也"(《礼记·礼器》)。"节于内"即内心中要有"礼"的标准,以"礼"为准则来"察物""作事""出言"才能达成正确的结果。

先民们相信"礼者,人道之极也","礼"是最佳的社会治理方式,以"礼"治天下则人们生活幸福、社会安稳、国家强大,"故绳者,直之至;衡者,平之至;规矩者,方圆之至;礼者,人道之极也。然而不法礼,不足礼,谓之无方之民;法礼、足礼,谓之有方之士。礼之中焉能思索,谓之能虑;礼之中焉能勿易,谓之能固。能虑能固,加好者焉,斯圣人矣。故天者,高之极也;地者,下之极也;无穷者,广之极也;圣人者,人道之极也"(《荀子·礼论》)。"礼"最初是单纯的,后来愈加繁复,"凡礼,始乎棁,成乎文,终乎悦校"(《荀子·礼论》)。

"礼""乐"有别,各有功用,"乐者,天地之和也;礼者,天地之序也。和故百物皆化;序故群物皆别"(《礼记·乐记》)。"礼""乐"相合则有利于社会秩序的建立与社会生活的和谐发展。"礼乐"是成为社会生活状况的表征,"礼也者,反其所自生;乐也者,乐其所自成。是故先王之制礼也以节事,修乐以道志。故观其礼乐,而治乱可知也"(《礼记·礼器》)。制"礼"以溯源,作"乐"以悦情,以"礼"节制行为,修"乐"引导情志,以"礼乐"彰显国家"治乱"状况,也就是说,人们的行为举止、情志样貌是社会文明发展的最直观的体现。"礼乐"制度成为中国传统政治制度中的重要内容,也是中国古代政治文化的特色,"礼乐"是一种审美化的政治文明,了解中国的传统文明不能缺失对"礼乐"制度的考察。"以礼乐合天地之化,百物之产,以事鬼神,以谐万民,以致百物"(《周礼·春官宗伯·大宗伯》)。"礼乐"依日月四时而变,随天地流转而调整,促进经济发展——"百物之产",社会和谐发展——"事鬼神""谐万民",良好的社会秩序进一步为经济发展——"致百物"提供保障。这样,就形成了"礼乐"思想—"谐万民"秩序—"致百物"建设的一种正向发展的循环。

中国"礼乐"中的诸多环节与内容体现出对"美"的追求,"礼乐"的审美化成为其典型的样态,"礼涉及社会政治体制(礼制)、人的行为举止(礼容)、典礼仪式(礼仪)、器具配置(礼器)等诸多环节,它追求的社会的有序、人行为的雅化、礼仪的昌隆、礼器的庄重,无一不是以美作为基本目标。乐在表现形式上指称诗、乐、舞,在价值取向上涉及快乐、和谐等社会或人生目标,审美的意味更加浓厚。就此而言,中国传统礼乐,虽然以政治或伦理面目出现,但艺术化的人文精神依然构成了它的灵魂;所谓礼乐制度或礼乐文明,本质上则是一种审美化的社会制度和文明形态"①。

二、 先秦饮食审美观念与人类饮食审美观念

先秦饮食审美观念"味""和"的提出对中国古典美学产生了重大影响,五味在"调和"中获得了美。由此,我国古典美学史上形成了以"味""和"为核心的审美观念。

先秦饮食讲究调和鼎鼐,把味道放在首位,促进了中国烹饪技术的高度发展,使烹饪成为艺术。同时,在中国文化背景下,饮食不仅是延续生命的需要,也不仅是出于保健养生的需要,甚至也不仅是出于赠送或共享等融洽感情的

----

① 刘成纪:《先秦两汉艺术观念史》,人民出版社 2017 年版,第 772 页。

需要,而且是一种在严格规则支配下的郑重的社会活动。中国饮食文化具有超越功利欲望满足的特点,不仅是需求吃饱肚子而已。这便使得人类最初从味觉的快感中感受到了一种和科学的认识、实用功利的满足的考虑很不相同的东西,于是把"味"和"美"联系到一起。另外,先秦饮食审美又深深地陷入功利之中,和礼仪伦理教化、真善等有着千丝万缕的联系,这一点同样也给予中国古典美学以深刻的影响。林语堂在他的《中国人》一书中说:"英国人不郑重其事地对待饮食,而把它看作一件随随便便的事情……英国人所感兴趣的是怎样保持身体的健康与结实,比如多吃点保卫尔(Bovril)牛肉汁,从而抵抗感冒的侵袭,并节省医药费。"①这是科学、实用的态度。中国人对待吃饭则采取了艺术的态度,特别是生活优裕、有一定文化教养的人,更注重食物的美(包括色、香、味、形)、饮食器具、进餐环境等,其中的核心就是"味"。老北京人把吃到美食叫作"得味",正反映了这种追求。"'味'是中国人感性认知的方式之一,其他的感性都比不上'味'觉内涵丰盈,这注定了它迟早成为一个美学的概念。"②

　　"中和"之美是中国传统文化的最高审美理想。在先秦饮食文化中,我们可以发现无论是具体的食物制作还是饮食的享受,最后都归趋于一个轴心,即是"和""中和"。这是饮食文化的哲学,也是自先秦饮食文化以来延伸至今的中国饮食文化的哲学。先秦先民对粮食有着浓郁审美情绪及感恩理念,先民又用"禾"作为"和"的构件,或者正是经过了深思熟虑的选择,而在这种选择中将对"禾"的审美与感恩的理念也转移并灌注于其中了。因此,饮食文化的"和",说到底就是和谐生成,膳食均衡,阴阳平衡,这就是"中和""中庸"之道。中华民族的饮食文化导引着过去、今天以及未来,虽然食物层出不穷,非古人之所见所思所及,但人性相通,趋归于"和"哲学,这是符合人性的一种永远的饮食智慧,这也正是我国古典美学的审美境界及审美观的根基。"先秦

①　林语堂:《中国人》(全译本),郝志东、沈益洪译,学林出版社1994年版,第327页。
②　李天道:《老子美学思想的当代意义》,中国社会科学出版社2008年版,第273页。

美学史作为中华审美意识发展的最初阶段，其审美意识的发展已经历过从无到有，从器质到观念，从感性到理性的自我拓展、超越的宏观历史进程，有器质—观念、感性—理性多层次展开的审美对象、意识结构，为中华审美意识建构了最基本框架。作为早期审美意识，民族审美之起点，它一开始便气度不凡。"①

先秦饮食审美为此后整个美学史铺下了极为浓厚的民族性底色，它是中国先秦美学史的独特内容。在先秦饮食文化中，审美的意义要远远超出于"吃"本身，因此在其自身已经潜在地蕴含了大量的审美文化的因素，这就使得中国古典美学思想直接从先秦饮食审美观念中酝酿生成。"中国的饮食，正是在某种意义上寄寓了中国人的哲学思想、审美情趣、伦理观念和艺术理想。这样，中国饮食文化的内涵就已超越了维持个体生命的物质手段这一表象，从而进到了一种超越生命哲学的艺术境界，成为科学、哲学和艺术相结合的一种文化现象。"②

中国古典美学肇端于饮食之嘉味，而嘉味的获得正在于"味""和"，是符合人性的一种永远的饮食智慧，是我国古典美学的审美境界以及审美观的根基。"味"已然不是"五味"之味，而是一种纯粹的审美享受，由此成为美学范畴。烹调是构成"味"的诸要素融合，所以称为"和"。"和"是中国美学特有的概念，"和"这一观念的出现，则标志着先秦中华抽象思维已进入到关系把握的阶段，是古典和谐审美理想的雏形。

综上所述，先秦先民的饮食审美可以看成是具体而微的先秦美学史、中国美学史。中国古典美学的许多特征都在先秦先民的饮食生活中有所反映，如"五味调和""中和审美"等都渗透在烹调原则、饮食心态、进食风俗之中。"中也者，天下之大本也；和也者，天下之达者也。至中和，天地位焉，万物育焉"（《礼记·中庸》）。天地万物都在"中和"的状态下找到了自己的位置以繁衍

---

① 薛富兴:《山水精神——中国美学史文集》,南开大学出版社 2009 年版,第 53 页。

② 林少雄:《中国饮食文化与美学》,《文艺研究》1996 年第 1 期。

化育。而这种通过调谐而实现的"中和之美",正是在先秦烹调理论影响下产生的,反过来又影响了人们的整个饮食生活。先秦先民的饮食审美体现了中国古典美学的特性,因此,研究先秦先民的饮食审美不仅是研究先秦美学史、中国美学史的必要组成部分,甚至成为研究先秦美学、中国美学的一把钥匙。

参 考 文 献

一、著 作 类

（一） 基本典籍及今人整理成果

[1]《十三经注疏》整理委员会整理,李学勤主编:《十三经注疏》(标点本),北京大学出版社 1999 年版。

[2]《诸子集成》,岳麓书社 1996 年版。

[3] 杜预等注:《春秋三传》,上海古籍出版社 1987 年版。

[4] 杨伯峻译注:《论语译注》,中华书局 1980 年版。

[5] 杨伯峻译注:《孟子译注》,中华书局 1960 年版。

[6] 游国恩著,游宝谅编:《游国恩楚辞论著集》,中华书局 2008 年版。

[7] 朱谦之:《老子校译》,中华书局 1984 年版。

[8] 陈鼓应:《老子注译及评价》,中华书局 1984 年版。

[9] 陈鼓应注译:《庄子今注今译》,中华书局 1983 年版。

[10] 郭庆藩辑:《庄子集释》,中华书局 1961 年版。

[11] 曹础基:《庄子浅注》,中华书局 2007 年版。

[12] 徐中舒主编:《甲骨文字典》,四川辞书出版社 1998 年版。

[13] 宗福邦、陈世铙、萧海波主编:《故训汇纂》,商务印书馆 2003 年版。

[14] 周振甫译注:《周易译注》,中华书局 1991 年版。

[15] 周振甫:《诗经译注》,中华书局 2002 年版。

［16］徐元浩撰,王树民、沈长云校:《国语集解》,中华书局 2002 年版。

［17］王先廉撰,沈啸寰、王星贤点校:《荀子集解》,中华书局 1988 年版。

［18］袁珂校注:《山海经校注》,上海古籍出版社 1980 年版。

［19］孙诒让撰,孙启治点校:《墨子间诂》,中华书局 2001 年版。

［20］聂石樵注:《楚辞新注》,上海古籍出版社 1980 年版。

［21］陈戍国点校:《周礼·仪礼·礼记》,岳麓书社 1989 年版。

［22］陈戍国校注:《尚书校注》,岳麓书社 2004 年版。

［23］王弼著,楼宇烈校释:《王弼集校释》,中华书局 1980 年版。

［24］闻人军译注:《考工记译注》,上海古籍出版社 2008 年版。

［25］杨树达:《论语疏证》,上海古籍出版社 1986 年版。

［26］(明)张岱著:《琅嬛文集》,岳麓书社 1985 年版。

［27］钱穆:《论语新解》,生活·读书·新知三联书店 2002 年版。

［28］顾馨、徐明校点:《春秋谷梁传》,辽宁教育出版社 1997 年版。

［29］钱玄等注译:《周礼》,岳麓书社 2001 年版。

［30］王洪图主编:《黄帝内经素问白话解》,人民卫生出版社 2004 年版。

［31］刘勰著,王志彬译注:《文心雕龙》,中华书局 2012 年版。

［32］(春秋)左丘明:《国语》,岳麓书社 1988 年版。

［33］(西汉)司马迁:《史记》,岳麓书社 2006 年版。

［34］(西汉)刘向:《战国策》,岳麓书社 1988 年版。

［35］(西汉)刘向:《楚辞》,上海古籍出版社 2015 年版。

［36］(东汉)许慎:《说文解字》,中国书店 1989 年版。

［37］(东汉)班固:《汉书》,岳麓书社 1993 年版。

［38］(南朝宋)宗炳著,陈传席译解:《画山水序》,人民美术出版社 1985 年版。

［39］(宋)朱熹:《诗经集传》,上海古籍出版社 1987 年版。

［40］(宋)朱熹:《四书章句集注》,中华书局 1983 年版。

［41］(汉)高诱注,(清)毕沅校、徐小蛮校:《吕氏春秋》,上海古籍出版社 2014 年版。

［42］(清)袁枚:《随园食单》,中华纺织出版社 2006 年版。

［43］(清)曹庭栋:《养生随笔》,上海书店 1981 年版。

［44］(清)孙希旦:《礼记集解》,中华书局 1995 年版。

［45］(唐)杜佑:《通典》(上中下),岳麓书社 1995 年版。

［46］容希白编:《金文编正续编》,(台湾)大通书局 1971 年版。

[47]中国科学院考古研究所编:《甲骨文编》,中华书局1965年版。

[48]吉联抗译注:《嵇康·声无哀乐论》,人民音乐出版社1964年版。

[49](汉)韩婴撰,许维遹校释:《韩诗外传集释》,中华书局1980年版。

[50](晋)葛洪:《抱朴子》,上海书店1986年版。

[51](汉)董仲舒著,周桂钿译:《春秋繁露》,中华书局2011年版。

[52]高明注译:《大戴礼记今注今译》,天津古籍出版社1988年版。

[53]陈广忠译注:《淮南子》,中华书局2012年版。

[54](清)朱骏声:《说文通训定声》,武汉古籍书店1983年版。

[55](清)王筠:《说文句读》,上海古籍书店1983年版。

[56](汉)刘向辑,(汉)王逸注,(宋)洪兴祖补注,孙雪霄校点:《楚辞》,上海古籍出版社2015年版。

[57](南朝梁)刘勰著,王运熙、周锋译注:《文心雕龙》,上海古籍出版社2010年版。

[58](战国)宋玉著,吴广平编注:《宋玉集》,岳麓书社2001年版。

[59](汉)荀悦著,孙启治、黄省曾校:《申鉴注校补》,中华书局2012年版。

（二） 近人著述

[1]宗白华:《中国美学史论集》,安徽教育出版社2006年版。

[2]宗白华:《美学散步》,上海人民出版社1981年版。

[3]朱光潜:《谈美书简》,人民文学出版社2001年版。

[4]钱穆:《中国思想通俗讲话》,生活·读书·新知三联书店2002年版。

[5]钱穆:《国史大纲》,商务印书馆1996年版。

[6]钱穆:《国学概论》,商务印书馆1997年版。

[7]钱穆:《先秦诸子系年》,商务印书馆2001年版。

[8]钱钟书:《钱钟书论学文选(第六卷)·通感》,花城出版社1990年版。

[9]吕思勉:《先秦学术概论》,云南人民出版社1989年版。

[10]吕思勉:《中国制度史》,生活·读书·新知三联书店2009年版。

[11]王朝闻主编:《中国美术史·原始卷》,齐鲁出版社2000年版。

[12]王朝闻主编:《中国美术史·夏商周卷》,齐鲁出版社2000年版。

[13]薛富兴:《山水精神——中国美学史文集》,南开大学出版社2009年版。

[14]薛富兴:《东方神韵:意境论》,人民文学出版社2000年版。

[15]王学泰:《华夏饮食文化》,中华书局1993年版。

[16]王学泰:《中国饮食文化史》,广西师范大学出版社2006年版。

[17]赵荣光:《中国饮食文化史》,上海人民出版社2006年版。

[18]姚淦铭:《先秦饮食文化研究》,贵州人民出版社2005年版。

[19]万建中:《饮食与中国文化》,江西高校出版社1995年版。

[20]王仁湘:《饮食与中国文化》,人民出版社1996年版。

[21]王仁湘主编:《中国史前饮食史》,青岛出版社1997年版。

[22]王仁湘:《往古的滋味:中国饮食的历史与文化》,山东画报出版社2006年版。

[23]张征雁、王仁湘:《昨日盛宴》,四川人民出版社2004年版。

[24]郭沫若:《郭沫若全集·历史编》第一卷,人民出版社1982年版。

[25]周新华:《调鼎集》,杭州出版社2005年版。

[26]李春祥:《饮食器具考》,知识产权出版社2006年版。

[27]岳洪彬、杜金鹏:《酒具》,上海文艺出版社2002年版。

[28]陈彦堂:《人间的烟火:炊食具》,上海文艺出版社2002年版。

[29]马承源:《中国古代青铜器》,上海人民出版社2008年版。

[30]李零:《郭店楚简校读记》,北京大学出版社2002年版。

[31]李零:《简帛古书与学术源流》,生活·读书·新知三联书店2004年版。

[32]李春光:《吃的历史》,天津人民出版社2008年版。

[33]贤之:《历史食味:古代经典饮食故事》,中国三峡出版社2006年版。

[34]王立娜主编:《饮食文化》,内蒙古人民出版社2006年版。

[35]万伟成、丁玉玲:《中华酒经》,百花文艺出版社2008年版。

[36]李争平:《中国酒文化》,时事出版社2007年版。

[37]李波:《口腔里的中国人》,东方出版中心2007年版。

[38]宋兆麟:《中国风俗通史·原始社会卷》,上海文艺出版社2001年版。

[39]宋镇豪:《中国风俗通史·夏商卷》,上海文艺出版社2001年版。

[40]陈绍棣:《中国风俗通史·两周卷》,上海文艺出版社2003年版。

[41]彭卫、杨振红:《中国风俗通史·秦汉卷》,上海文艺出版社2003年版。

[42]宋兆麟:《洪水神话与葫芦崇拜》,中国广播电视出版社1994年版。

[43]向柏松:《中国水崇拜》,上海三联书店1999年版。

[44]冯先铭主编:《中国陶瓷》,上海古籍出版社2001年版。

[45]于民:《春秋前审美观念的发展》,中华书局1984年版。

[46]李山:《先秦文化史讲义》,中华书局2008年版。

[47] 杨宽:《先秦史十讲》,复旦大学出版社 2006 年版。

[48] 霍然:《先秦美学思潮》,人民出版社 2006 年版。

[49] 彭亚菲:《先秦审美观念研究》,语文出版社 1996 年版。

[50] 姚淦铭:《先秦饮食文化研究》,贵州人民出版社 2005 年版。

[51] 李学勤:《中国古代文明研究》,华中师范大学出版社 2005 年版。

[52] 王晖:《商周文化比较研究》,人民出版社 2000 年版。

[53] 顾希佳:《礼仪与中国文化》,人民出版社 2001 年版。

[54] 廖群:《中国审美文化史·先秦卷》,山东画报出版社 2000 年版。

[55] 贡华南:《味与味道》,上海人民出版社 2008 年版。

[56] 朱志荣:《中国审美理论》,北京大学出版社 2005 年版。

[57] 朱志荣:《商代审美意识研究》,人民出版社 2002 年版。

[58] 李天道:《中国古代人生美学》,中国社会科学出版社 2008 年版。

[59] 李天道:《老子美学思想的当代意义》,中国社会科学出版社 2008 年版。

[60] 李天道:《中国美学之雅俗精神》,中华书局 2004 年版。

[61] 李泽厚、刘纲纪:《中国美学史:先秦两汉编》,安徽文艺出版社 1999 年版。

[62] 李泽厚:《美学三书》,天津社会科学院出版社 2003 年版。

[63] 李泽厚:《华夏美学(修订彩图版)》,天津社会科学院出版社 2002 年版。

[64] 李泽厚:《美的历程》,天津社会科学院出版社 2002 年版。

[65] 赵载光:《中国古代自然哲学与科学思想》,湖南人民出版社 1999 年版。

[66] 叶朗:《中国美学史大纲》,上海人民出版社 1985 年版。

[67] 张法:《中国美学史》,上海人民出版社 2000 年版。

[68] 张法:《中西美学与文化精神》,北京大学出版社 1994 年版。

[69] 张法:《美学导论》,中国人民大学出版社 1999 年版。

[70] 敏泽主编:《中国美学思想史》,齐鲁书社 1987 年版。

[71] 刘锡诚:《中国原始艺术》,上海文艺出版社 1998 年版。

[72] 诸葛志:《中国原创性美学》,上海古籍出版社 2000 年版。

[73] 劳承万:《审美的文化选择》,上海文艺出版社 1991 年版。

[74] 王振复:《中国美学的文脉历程》,四川人民出版社 2002 年版。

[75] 徐复观:《中国艺术精神》,华中师范大学出版社 2001 年版。

[76] 樊美筠:《中国传统美学的当代阐释》,北京大学出版社 2006 年版。

[77] 陈望衡:《境外谈美》,花山文艺出版社 2004 年版。

[78] 陈望衡:《中国古典美学史》,武汉大学出版社 2007 年版。

［79］陈望衡：《美在境界》，武汉大学出版社2014年版。

［80］王建疆：《修养·境界·审美：儒道释修养美学解读》，中国社会科学出版社2003年版。

［81］曾祖荫：《中国古典美学》，华中师范大学出版社2008年版。

［82］祁志祥：《中国美学通史》，人民出版社2008年版。

［83］乔迁：《艺术与生命精神》，河北教育出版社2006年版。

［84］孙中山：《建国方略》，中国长安出版社2011年版。

［85］谢栋元编著：《〈说文解字〉与中国古代文化》，河南人民出版社1994年版。

［86］周锡保：《中国古代服饰史》，中国戏剧出版社1984年版。

［87］夏曾佑：《中国古代史》（上），吉林人民出版社2013年版。

［88］王子初：《中国音乐考古学》，福建教育出版社2004年版。

［89］徐中舒：《徐中舒论先秦史》，上海科学技术文献出版社2008年版。

［90］张岱年：《中国哲学大纲——中国哲学问题史》（上），昆仑出版社2010年版。

［91］樊树志：《国史十六讲》（修订版），中华书局2009年版。

［92］杨耀文选编：《五味：文化名家谈食录》，京华出版社2005年版。

［93］方建军：《商周乐器文化结构和社会功能研究》，上海音乐学院出版社2006年版。

［94］徐复观：《中国艺术精神》，华东师范大学出版社2001年版。

［95］修海林：《中国古代音乐美学》，福建教育出版社2004年版。

［96］王贵元：《汉字与历史文化》，中国人民大学出版社2008年版。

［97］马承源：《中国古代青铜器》，上海人民出版社2008年版。

［98］瞿明安、秦莹：《中国饮食娱乐史》，上海古籍出版社2011年版。

［99］刘成纪：《先秦两汉艺术观念史》，人民出版社2017年版。

［100］张光直：《中国青铜时代》，生活·读书·新知三联书店1983年版。

［101］张光直：《中国青铜时代（二集）》，生活·读书·新知三联书店1990年版。

［102］季鸿崑：《烹饪学基本原理》，上海科学技术出版社1993年版。

［103］封孝伦：《人类生命系统中的美学》，安徽教育出版社1999年版。

［104］杨东涛等：《中国饮食美学》，中国轻工业出版社1997年版。

［105］史红编著：《饮食烹饪美学》，科学普及出版社1991年版。

［106］诸葛志：《中国原创性美学》，上海古籍出版社2000年版。

［107］冯友兰：《冯友兰文集第六卷：中国哲学简史》，长春出版社2008年版。

［108］郑涵：《中国的和文化意识》，学林出版社2005年版。

[109]张黔主编:《设计艺术美学》,清华大学出版社 2007 年版。

[110]于民:《春秋前审美观念的发展》,中华书局 1984 年版。

[111]高成鸢:《饮食与文化》,复旦大学出版社 2013 年版。

[112]高成鸢:《饮食之道:中国饮食文化的理路思考》,山东画报出版社 2008 年版。

[113]周家春编著:《食品感官分析基础》,中国计量出版社 2006 年版。

[114]臧克和:《汉语文字与审美心理》,学林出版社 1990 年版。

[115]胡适:《中国哲学史大纲》,天津人民出版社 2016 年版。

[116]徐中舒:《先秦史论稿》,巴蜀书社 1992 年版。

[117]韩建业:《早期中国:中国文化圈的形成和发展》,上海古籍出版社 2015 年版。

[118]赵建军:《中国饮食美学史》,齐鲁书社 2014 年版。

[119]长北:《中国艺术史纲》,高等教育出版社 2016 年版。

[120]李发林:《战国秦汉考古》,山东大学出版社 1991 年版。

[121]蒋勋:《美的沉思——中国艺术思想刍论》,文汇出版社 2005 年版。

[122]徐飚:《成器之道——先秦工艺造物思想研究》,南京师范大学出版社 1999 年版。

[123]杨泓、李力:《美源:中国古代艺术之旅》,生活·读书·新知三联书店 2008 年版。

[124]尚刚编著:《中国工艺美术史新编》(第二版),高等教育出版社 2015 年版。

[125]蒋孔阳主编:《二十世纪西方美学名著选》(下),复旦大学出版社 1987 年版。

[126]张晓凌:《中国原始艺术精神》,重庆出版社 2005 年版。

[127]刘良佑:《中国器物艺术》,(台北)雄狮图书股份有限公司 1976 年版。

[128]郭静云:《夏商周:从神话到史实》,上海古籍出版社 2013 年版。

[129]王朝闻总主编:《中国美术史·夏商周卷》,齐鲁书社 2000 年版。

[130]诸葛铠:《墨朱流韵:中国古代漆器艺术》,生活·读书·新知三联书店 2000 年版。

[131]湖北省博物馆编:《感知楚人的世界:楚文化展导览》,湖北美术出版社 2006 年版。

[132]陈振裕:《战国秦汉漆器群研究》,文物出版社 2007 年版。

[133]胡玉康:《战国秦汉漆器艺术》,陕西人民美术出版社 2003 年版。

［134］顾馨、徐明校点:《春秋谷梁传》,辽宁教育出版社 1997 年版。

［135］杭间:《中国工艺美学史》,人民美术出版社 2007 年版。

［136］邵琦、李良瑾等编著:《中国古代设计思想史略》,上海书店出版社 2009 年版。

［137］曾祖荫:《中国古典美学》,华中师范大学出版社 2008 年版。

［138］中国香料香精化妆品工业协会编:《中国香料香精发展史》,中国标准出版社 2001 年版。

［139］王国维:《王国维手定观堂集林》,浙江教育出版社 2014 年版。

［140］俞晓群:《数术探秘:数在中国古代的神秘意义》,生活·读书·新知三联书店 1994 年版。

（三） 外文译著

［1］《马克思恩格斯文集》第 3 卷,人民出版社 2009 年版。

［2］《马克思恩格斯选集》第 4 卷,人民出版社 2012 年版。

［3］［德］马克思:《1844 年经济学哲学手稿》,人民出版社 2000 年版。

［4］［德］恩格斯:《反杜林论》,人民出版社 1993 年版。

［5］［德］康德:《实用人类学》,邓晓芒译,重庆出版社 1987 年版。

［6］［德］黑格尔:《历史哲学》,王造时译,上海书店出版社 2006 年版。

［7］［德］黑格尔:《美学》(第一卷),朱光潜译,商务印书馆 1979 年版。

［8］［德］W.沃林格:《抽象与移情》,王才勇译,辽宁人民出版社 1987 年版。

［9］［德］格罗塞:《艺术的起源》,蔡慕晖译,商务印书馆 2009 年版。

［10］［日］柳宗悦:《工艺文化》,徐艺乙译,广西师范大学出版社 2011 年版。

［11］［日］笠原仲二:《古代中国人的美意识》,杨若薇译,生活·读书·新知三联书店 1988 年版。

［12］［日］篠田统:《中国食物史研究》,高桂林、薛来运等译,中国商业出版社 1987 年版。

［13］［英］胡司德:《早期中国的食物、祭祀和圣贤》,刘丰译,浙江大学出版社 2018 年版。

［14］［英］霭理士:《性心理学》,潘光旦译注,生活·读书·新知三联书店 1987 年版。

［15］［英］罗宾·乔治·科林伍德:《艺术原理》,王至元、陈华中译,中国社会科学

院出版社 1985 年版。

[16][英]赫伯特·里德:《艺术的真谛》,王柯平译,中国人民大学出版社 2004年版。

[17][英]马林诺夫斯基:《巫术科学宗教与神话》,李安宅译,中国民间文艺出版社 1986 年版。

[18][奥]马赫:《感觉的分析》,洪谦、唐钺、梁志学译,商务印书馆 1986 年版。

[19][美]卡罗琳·考斯梅尔:《味觉:食物与哲学》,吴琼、叶勤、张雷译,中国友谊出版公司 2001 年版。

[20][美]Harry T.Lawless、Hildegarde Heymann:《食品感官评价原理与技术》,王栋等译,中国轻工业出版社 2001 年版。

[21][美]马斯洛等著:《人的潜能和价值——人本主义心理学译文集》,林方主编,华夏出版社 1987 年版。

[22][意]克罗齐:《美学原理》,朱光潜译,外国文学出版社 1983 年版。

[23]林语堂:《中国人(全译本)》,郝志东、沈益洪译,学林出版社 1994 年版。

二、期刊论文

[1]万建中:《先秦饮食礼仪文化初探》,《南昌大学学报(人文社会科学版)》1992年第 3 期。

[2]苏振兴:《先秦饮食与礼仪文化初探》,《华夏文化》2003 年第 2 期。

[3]王雪萍:《先秦饮食文化的区域特征》,《青海社会科学》2006 年第 4 期。

[4]朱希祥:《"人莫不饮食也,鲜能知味也"——孔孟的"吃"道》,《食品与生活》1998 年第 6 期。

[5]申宪:《商周贵族饮食活动中的观念形态与饮食礼制》,《中原文物》2002 年第2 期。

[6]姚伟钧:《商周饮食方式论略》,《浙江学刊》1999 年第 3 期。

[7]谢定源:《先秦楚国的饮食风俗》,《中国食品》1996 年第 1 期。

[8]沈刚:《周代食政的特点与形成因素探论》,《史学集刊》2001 年第 2 期。

[9]陈永祥、蓝湘:《先秦楚人饮食文化》,《华夏文化》1998 年第 2 期。

[10]陈永祥:《浅谈先秦时期楚人的饮食文化》,《黄淮学刊(哲学社会科学版)》1998 年第 4 期。

[11]陈文华：《新石器时代的饮食》，《南宁职业技术学院学报》2004 年第 2 期。

[12]陈文华：《新时期时代饮食文化的萌芽》，《农业考古》1999 年第 1 期。

[13]徐文武：《楚国饮食文化三论》，《长江大学学报（社会科学版）》2005 年第 2 期。

[14]宋涛：《齐家文化时期先民的饮食生活》，《丝绸之路》1999 年第 S1 期。

[15]刘军社：《"先秦人"的饮食生活》，《农业考古》1994 年第 1 期。

[16]胡志祥：《先秦主食烹食方法探析》，《农业考古》1994 年第 1 期。

[17]霍彦儒：《炎帝与中国饮食文化》，《华夏文化》2002 年第 3 期。

[18]杨钊：《中国先秦时期的生活饮食》，《史学月刊》1992 年第 1 期。

[19]赵荣光：《箸与中华民族饮食文化》，《农业考古》1997 年第 1 期。

[20]吴晓林：《从餐饮礼器看中华饮食文化之发展》，《浙江工艺美术》2007 年第 2 期。

[21]乔宇：《半坡文化饮食器具设计研究初探》，《美术观察》2016 年第 3 期。

[22]薛富兴：《先秦美学的历史进程》，《云南大学学报（社会科学版）》2004 年第 6 期。

[23]薛富兴：《"味"：意境欣赏论》，《云南社会科学》1999 年第 5 期。

[24]薛富兴：《〈诗经〉中的酒》，《求索》2006 年第 12 期。

[25]薛富兴：《品：一个关于审美判断的普遍性范畴》，《南开学报（哲学社会科学版）》2019 年第 4 期。

[26]薛富兴：《普遍意识：中国美学自我超越的关键环节》，《江海学刊》2005 年第 1 期。

[27]薛富兴：《先秦儒家乐论两境界》，《首都师范大学学报（社会科学版）》2018 年第 6 期。

[28]薛富兴：《发扬"诗教"传统　提倡普遍意识》，《中南民族大学学报（人文社会科学版）》2017 年第 6 期。

[29]黄宇鸿：《〈说文解字〉蕴涵的中国饮食文化〈说文〉汉字民俗文化溯源研究之三》，《钦州师范高等专科学校学报》2003 年第 2 期。

[30]孟庆茹、索燕华：《〈诗经〉与酒文化》，《北华大学学报（社会科学版）》2002 年第 3 期。

[31]华献：《古籍中的饮食文化》，《华夏文化》1999 年第 2 期。

[32]周凤英：《礼的见证——从〈诗经〉的饮食器具管窥周代的礼》，《开封大学学报》2005 年第 4 期。

[33]冯尔康:《从〈论语〉、〈孟子〉饮食规范说到中华饮食文化》,《史学集刊》2004年第2期。

[34]霍彦儒:《炎帝与中国饮食文化》,《华夏文化》2002年第3期。

[35]马悦宁:《论诗味理论的缘起与发展》,《兰州大学学报》1999年第1期。

[36]张光直:《中国饮食史上的几次突破》,《民俗研究》2000年第2期。

[37]高建平:《"美"字探源》,《天津师大学报(社会科学版)》1988年第1期。

[38]韩朝、李方元:《周人传统与西周"礼乐"渊源》,《音乐研究》2019年第5期。

[39]李泽厚:《阴阳五行:中国人的宇宙观》,《中国文化》2015年第1期。

[40]张法:《先秦饮食美学体系演进及其天地关联》,《江苏师范大学学报(哲学社会科学版)》2019年第1期。

[41]张法:《礼乐文化中美学的三大概念:旨、甘、味》,《河南师范大学学报(哲学社会科学版)》2014年第3期。

[42]张法:《"美"在中国文化中的起源、演进、定型及特点》,《中国人民大学学报》2014年第1期。

[43]张法:《礼:中国美学起源时期的核心》,《美育学刊》2014年第2期。

[44]张法:《礼:中国之美在远古的基本框架》,《湖南科技大学学报(社会科学版)》2020年第1期。

[45]张法:《中国美学的上古起源》,《西北师大学报(社会科学版)》2020年第1期。

[46]张法:《中华美学在当前三个重要课题》,《中南民族大学学报(人文社会科学版)》2017年第6期。

[47]张法:《器、物、象作为中国美学范畴的起源和特点》,《甘肃社会科学》2014年第2期。

[48]张法:《作为艺理基础和核心的美学》,《艺术学研究》2020年第3期。

[49]刘成纪:《中国美学研究亟待重回中国历史本身》,《中南民族大学学报(人文社会科学版)》2017年第6期。

[50]刘纲纪:《坚持和发展马克思主义实践观美学》,《中南民族大学学报(人文社会科学版)》2017年第6期。

[51]彭兆荣:《吃出形色之美:中国饮食审美启示》,《文艺理论研究》2012年第2期。

[52]季羡林:《美学的根本转型》,《文学评论》1997年第5期。

[53]萧兵:《从"羊人为美"到"羊大则美"——为美学讨论提供一些古文字学资

料》,《北方论丛》1980 年第 2 期。

[54]林少雄:《中国饮食文化与美学》,《文艺研究》1996 年第 1 期。

[55]严文明:《中国史前文化的统一性与多样性》,《文物》1987 年第 3 期。

[56]严文明:《甘肃彩陶的源流》,《文物》1978 年第 10 期。

[57]陈望衡:《论孔子的礼乐美学思想》,《求索》2003 年第 1 期。

[58]林万孝:《我国历代人的平均寿命和预期寿命》,《生命与灾祸》1996 年第 5 期。

[59]庞广昌:《五味调和的科学基础》,《美食研究》2017 年第 2 期。

[60]雷庆翼:《"中"、"中庸"、"中和"平议》,《孔子研究》2000 年第 3 期。

[61]方建军:《古乐"和""同"思想试探》,《天津音乐学院学报》2008 年第 3 期。

[62]赵建军:《"食味"与原始饮食审美》,《扬州大学烹饪学报》2014 年第 2 期。

[63]靳桂云:《中国史前居民的饮食结构》,《中原文物》1995 年第 4 期。

[64]陈宥成、曲彤丽:《中国早期陶器的起源及相关问题》,《考古》2017 年第 6 期。

[65]白云翔:《中国的早期铜器与青铜器的起源》,《东南文化》2002 年第 7 期。

[66]李砚祖:《纹样新探》,《文艺研究》1992 年第 6 期。

[67]陈明远、金岷彬:《关于"陶器时代"的论证(之四)陶器时代:"礼"的起源和发展》,《社会科学论坛》2012 年第 5 期。

[68]杨欢:《新论"六齐"之"齐"》,《文博》2015 年第 1 期。

后　记

　　本书稿是我的博士学位论文,后又申报国家社科基金项目"先秦饮食审美研究"的最终成果。本着实证主义的精神,本书梳理了先秦饮食审美在实践上和理论上的发展进程,并主要探讨了先秦饮食审美追求、审美趣味、审美观念以及先秦饮食审美的普遍价值,对先秦饮食审美对于后世美学的影响也做了较为深入的阐释。

　　本书的核心观点是:先秦饮食审美作为一个不断发展的历史动态过程,从上古、西周春秋时期到战国时期,先秦饮食文化从满足生理活动到后来的满足心理和精神上的审美,在其自身已经潜在地蕴含了大量的审美文化的因素,这就使得中国古典美学思想直接从先秦饮食审美中酝酿生成。从生理上的快感到精神上的审美享受,其在先秦时期奠定的审美趣味,如"五味""淡味""无味""中和""调和""礼乐"等,不仅对当时的审美观念及审美趣味有着深刻影响,而且对后世古典文化及美学也产生了重大影响。

　　从器质文化到观念文化,从工艺审美到艺术审美,从感性审美对象创造到审美理论观念的发生,先秦饮食审美意识发展经历了如上的历程。它是中国先秦美学史的独特内容,同时也足以揭示人类早期审美意识发展的共性。

　　先秦饮食审美是一个具有重要意义的选题。我们把它纳入视野,主要是基于作为先秦饮食审美的专题性研究,先秦饮食审美不仅属于饮食文化的研究,更是属于先秦美学的研究。但在以往的研究中,两种维度同时建立却是没有的:人们在进行美学史研究时,往往忽略了饮食美学的研究,尤其是先秦饮食审美在先秦美学史研究中的地位问题几乎是一个学术盲点;而在对先秦饮食文化的研究中,人们较多关注饮食的文化内涵及社会内容,而很少涉及饮食审美的研究,特别是先秦饮食审美的一些基本理论问题,更缺少一种形而上学的理论建构和梳理。

正是基于以上学术研究背景,我们才有勇气和力量来选取先秦饮食审美作为我们的研究课题,以此来对中国饮食审美意识及其特点加以考察,借以突出饮食审美与其他审美的内在差异、中国饮食审美与西方饮食审美的不同,从而希冀对先秦饮食美学的建构提供一点有益的思考,并间接地对中国传统美学的特点加以重新反思。基于此,本书尝试重建一种饮食研究的特殊视角,重新审视中国美学史,从而改变过去美学研究忽略对饮食审美研究的缺憾与断裂。借此展现饮食审美的独特品格,挖掘饮食审美对美学的重要意义,最终目的是重建一种新的审美关系。这样就在一定的学理意义上实现了先秦审美研究与先秦饮食研究的双重结合,在某种程度上也是对前人所做工作的一种有力拓展与延伸。

事实上,只有当生活中不存在更高尚、更优雅和更有意义的审美追求、审美体验的时候,饮食之乐的审美价值和审美效应才会如此强烈而鲜明地凸显出来。先秦时期人们的生活正是如此。当时的中国并未形成真正的典型的艺术审美活动,先秦人生活中的审美追求主要只能是以饮食之乐为基础为中心发展起来。因此,这种审美活动一方面在现象上呈现出非常原始的娱乐状态:它一般不具有真正的艺术审美活动所具有的非现实而又高于现实的性质和方式,因此在大多数情况下显得只不过是世俗生活本身的精致化、享乐化和审美化;另一方面,则在观念上表现出感性化和生理享乐主义的倾向与色彩,他们由此认为所谓美不过是感官评价的对象,而所谓审美活动则不过是具有生理享乐性质的感性占有方式罢了。这就是为什么他们可以用美来评价视觉欣赏的对象,又同时可以用美来评价任何一种感官愉悦的对象的真正原因。

在研究过程中,本书时时注意饮食视角与审美视角的双维度结合。既注意美学学科的既定学科规范,避免先秦饮食审美研究陷入先秦饮食文化、风俗史的研究误区;同时注意美学学科理论研究的空疏性问题,尽量以丰富的先秦审美材料作为论述的支撑理论力量。

饮食,其实是窥察中国文化的一个极好的窗口,饮食是非常具体的生活方式。中国人好吃,中国文化的林林总总,在这个文化的窗口里,都显得特别清晰。中国文明史,其实很大部分体现在这个看起来"浅薄"的具体饮食之中。遗憾的是,长时期以来,我们对自己文化的丢失和遗弃,使我们对这一切已变得十分陌生。这种丢失和遗弃,形成文化的断裂。

作为一种历史的考察,先秦饮食审美的历史事实告诉我们,它已经建立起了自己独特的审美原则、审美观念和审美理想。所以,先秦饮食审美在我们这里的研究中占有十分重要的历史意义。

通过对先秦饮食审美的研究,我们发现中国传统美学实际上是一个以饮食做隐喻的象征系统,有着很深的饮食文化的影子。比如中国传统美学中的很多美学概念、范畴、审美风格,甚至美学精神都有着饮食审美文化的浸淫,如"淡味""平淡""中和""和谐"等。特别是先秦饮食审美更是对中国传统美学影响至深,它不仅直接影响了先秦美学思想的形成,而且对后世中国古典美学的生成,对后世中国饮食审美都有着极为重大的影响。

中国美学史研究不能以呈现本民族审美精神个性为满足,更应当以中华审美的特殊性材料解决人类审美的普遍性问题,以此提升中国美学研究的学术价值,促进美学基础理论研究。所以,为了深入地了解中国传统美学的内在精神和气质,我们就必须采取一种饮食文化的审美目光来加以审视和解读,从先秦饮食审美特殊性材料中见出中华审美意识发展的普遍规律。

当然,本书在写作过程中,还存在着很多问题。

首先,饮食的材料相对匮乏。中国饮食比较复杂,一方面是有文字记录能力的士人,长期奉行"君子远庖厨",对于饮食烹饪不甚重视,很少有见诸记载;此外,即使有饮食记载也很疏略,非常简单。在研究先秦饮食文化时,深感文献、资料的不足,如果仅仅依靠文献资料来研究先秦饮食方式就更为困难了,所以必须努力借助当代的考古资料,以补充文献训诂考证的不足,文献与考古结合起来,这样才会有所突破。凭借有限的史料来对事物做更多的推理和推测,这种原因造成了本书有些章节的阐述比较单薄。

其次,如何从审美的角度来阐述先秦的饮食文化;先秦的饮食审美观念是如何形成的,对于整个先秦美学史、中国美学史产生了怎样的影响,这些都是笔者需要着力解决的问题。因为从目前所掌握的资料来看,还未有前人从美学角度来做这方面的研究,我们只能根据审美事实本身,从中抽绎出一定的饮食美学理论。通过对先秦有关饮食信息的细致梳理,呈现先秦饮食审美实践和饮食审美观念之大致情形。

此外,先秦典籍繁多,如何从浩如烟海的材料中梳理出关于饮食的审美信息,应该说不是一件轻松的研究工作。作为一种初浅尝试也好,投石问路也罢,我更加需要有严谨的学术态度和学风来做好这方面的研究工作。清代学者袁枚在其著书《随园食单·须知单》中讲:"学问之道,先知而后行。饮食亦然。"由此,先秦饮食审美研究,于我而言,是一条永远没有止境的征途。

感谢我的博士导师薛富兴教授对我的博士论文以及书稿的悉心指导,并为拙著作序。南开园求学时光里,导师谦虚低调的人格以及严谨治学的学术态度都深深地影响着我的学术以及人生之路。他提出:"中国美学史研究不能以呈现本民族审美精神个性为满足,更当以中华审美之特殊性材料解决人类审美之普遍性问题,以此提升中国美学研究之学术价值,促进美学基础理论研究。"①这种中国美学史研究思路也内在地影响着本书的写作

---

① 薛富兴:《山水精神——中国美学史文集》,南开大学出版社 2009 年版,第 58 页。

内容。感谢人民出版社孟雪博士为拙著付出的辛劳,并不厌其烦地提出中肯的修改意见。

2020 年 8 月 11 日谨记

于厦门

责任编辑：孟　雪
封面设计：石笑梦
封面制作：姚　菲
版式设计：胡欣欣　王欢欢
责任校对：吴容华

图书在版编目（CIP）数据

五味境界：先秦饮食审美研究/张欣 著. —北京：人民出版社,2021.4
ISBN 978－7－01－023145－7

Ⅰ.①五⋯　Ⅱ.①张⋯　Ⅲ.①饮食-文化-中国-先秦时代　Ⅳ.①TS971.2

中国版本图书馆 CIP 数据核字（2021）第 021665 号

五味境界
WUWEI JINGJIE
——先秦饮食审美研究

张　欣　著

人民出版社 出版发行
（100706　北京市东城区隆福寺街 99 号）

北京汇林印务有限公司印刷　新华书店经销

2021 年 4 月第 1 版　2021 年 4 月北京第 1 次印刷
开本：710 毫米×1000 毫米 1/16　印张：18
字数：250 千字

ISBN 978－7－01－023145－7　定价：65.00 元

邮购地址　100706　北京市东城区隆福寺街 99 号
人民东方图书销售中心　电话 （010）65250042　65289539